westermann

Diercke
Praxis

Abiturwissen
Geographie

Dr. Norma Kreuzberger

Mit Beiträgen von:
Prof. Dr. Boris Braun · Andreas Bremm · Klaus Claaßen ·
Dieter Engelmann · Matthias Felsch · Prof. Dr. Paul Gans ·
Thilo Girndt · Martin Häusler · Prof. Dr. Jürgen Herget ·
Guido Hoffmeister · Antje E. Kapsch · Wolfgang Latz ·
Frank Morgeneyer · Winfried Sander · Winfried Waldeck ·
Silke Weiß · Dr. Dorothea Wiktorin

unter Mitwirkung der Verlagsredaktion

Titel: Jennifer Kirchhof, Braunschweig

westermann GRUPPE

© 2018 Bildungshaus Schulbuchverlage
Westermann Schroedel Diesterweg Schöningh Winklers GmbH, Braunschweig
www.westermann.de

Druck A^2 / Jahr 2020
Alle Drucke der Serie A sind im Unterricht parallel verwendbar.

Redaktion: Manfred Eiblmaier
Layout: Thomas Schröder
Umschlaggestaltung: Visuelle Lebensfreude / Bodem + Sötebier GbR, Hannover
Druck und Bindung: Westermann Druck GmbH, Braunschweig

ISBN 978-3-14-**101942**-1

Vorwort

Das vorliegende Buch *Diercke Praxis Abiturwissen Geographie* ist als Ergänzung zum *Diercke Praxis Arbeits- und Lernbuch Qualifikationsphase* und als Lernhilfe für die Klausur- und Abiturvorbereitung konzipiert. Die Kapitel in beiden Werken entsprechen einander. *Diercke Praxis Abiturwissen Geographie* bietet eine Zusammenfassung der Inhalte, die mithilfe des Arbeits- und Lernbuches im Unterricht erarbeitet werden.

Querverweise zum Schulbuch *Diercke Praxis Arbeits- und Lernbuch Qualifikationsphase* sind mit einem Signet und Seitenangabe in der Randspalte angegeben. Hier sind auch die Raumbeispiele im Buch vermerkt.

↗ Schulbuch S. 57

Fachbegriffe sind im Text in fett markiert, wesentliche Fachbegriffe sind zusätzlich mit einer Erklärung in der Randspalte angegeben. Außerdem finden Sie im Anhang ein Verzeichnis der Fachbegriffe mit Seitenverweisen.

Importsubstitution
Ersetzen von Importen durch Inlandserzeugnisse

Modelle, die im Schulbuch *Diercke Praxis Arbeits- und Lernbuch Qualifikationsphase* dargestellt sind, werden hier aufgegriffen und in einer kurzen Zusammenfassung erklärt.

MODELL >

Lerntipps sind durch ein Signet und blaue Schrift gekennzeichnet. Sie beziehen sich unter anderem auch auf die Anforderungen im Abitur.

<< LERNTIPP

Im **Anhang** finden Sie Tipps zum Abitur, zum Beispiel zur Formulierung des Themas, zur Auswertung von Materialien, zur Bewertung und zur sprachlichen Darstellung Ihrer Ausführungen in Klausuren und im Abitur. Auf die Tipps zum Abitur wird im Buch immer verwiesen. Außerdem sind im Anhang auch Strukturdaten gelistet, die Sie bei der Bearbeitung von Klausuren und im Abitur ggf. mit einbringen können.

↗ Abi-Tipp S. 221

Viel Erfolg bei der Vorbereitung auf das Abitur wünschen Autorinnen, Autoren und Verlag.

Inhalt

I Landwirtschaftliche Produktion **10**
*Im Spannungsfeld von Ernährung und Versorgung einer
wachsenden Weltbevölkerung*

I.1 Zu erwerbende Kompetenzen 10
I.2 Übersicht über die Themen des Kapitels 11
I.3 Basiswissen 12
Hintergrundwissen/Wiederholung:
Das Zusammenwirken der Geofaktoren in den Tropen 12
Subsistenzwirtschaft im tropischen Regenwald 14
Kleinbäuerliche Landwirtschaft in den wechselfeuchten
Tropen 16
Plantagenwirtschaft – Produktion für den Weltmarkt 17
I.4 Erweitertes Wissen 20
Land Grabbing – aus verschiedenen Perspektiven betrachtet .. 20
Ertragssteigerung durch konventionelle Züchtung und
Gentechnik 20
Landwirtschaftliche Produktion im Spannungsfeld von
Nachhaltigkeit und Ernährung einer wachsenden
Weltbevölkerung 23
I.5 Übungsmöglichkeiten mit dem Diercke Weltatlas 24

II Markt- und exportorientiertes Agrobusiness **26**
Ein zukunftsfähiger Lösungsansatz?

II.1 Zu erwerbende Kompetenzen 26
II.2 Übersicht über die Themen des Kapitels 27
II.3 Basiswissen 28
Hintergrundwissen/Wiederholung:
Formen der Landwirtschaft 28
Hintergrundwissen/Wiederholung: Schwarzerde in seiner
Bedeutung für eine landwirtschaftliche Nutzung 30
Strukturwandel in der US-amerikanischen Landwirtschaft 31
Strukturwandel in der deutschen Landwirtschaft 33
Was ist die Zukunft – nachhaltige Landwirtschaft oder
markt- und exportorientiertes Agrobusiness? 35
II.4 Erweitertes Wissen 37
Strukturwandel durch Agrarpolitik 37
Ökologischer Landbau 38
Ökologischer Fußabdruck und Biokapazität 39
Nachhaltige Landwirtschaft – Landwirtschaft der Zukunft? 41
II.5 Übungsmöglichkeiten mit dem Diercke Weltatlas 42

III **Wirtschaftsregionen im Wandel** **44**
Einflussfaktoren und Auswirkungen

III.1   Zu erwerbende Kompetenzen 44
III.2   Übersicht über die Themen des Kapitels 45
III.3   Basiswissen 46
       Hintergrundwissen/Wiederholung:
       Sektorale Gliederung der Wirtschaft 46
       Hintergrundwissen/Wiederholung:
       Wirtschaftlicher Strukturwandel 47
       Raum- und Strukturwandel in Altindustriegebieten 49
       Standortfaktoren 52
       Bedeutungswandel von Standortfaktoren im Zuge der
       Globalisierung 54
       Der sekundäre Sektor – innovativ und global 55
       Industrielle Produktionskonzepte im Wandel 57
       Tertiärisierung der Wirtschaft 60
III.4   Erweitertes Wissen 62
       Bedeutung und Bewertung von Standorten 62
III.5   Übungsmöglichkeiten mit dem Diercke Weltatlas 66

IV **Förderung von Wirtschaftszonen** **68**
Notwendig im globalen Wettbewerb der Industrieregionen?

IV.1   Zu erwerbende Kompetenzen 68
IV.2   Übersicht über die Themen des Kapitels 69
IV.3   Basiswissen 70
       Hintergrundwissen/Wiederholung:
       Weltweite Netzwerke – Global Player 70
       Wirtschaftszonen als globale Standorte 72
       Wirtschaftszonen als Entwicklungsimpuls? 74
IV.4   Erweitertes Wissen 75
       Freihandel und Protektionismus 75
IV.5   Übungsmöglichkeiten mit dem Diercke Weltatlas 78

V **Globale Disparitäten** **80**
*Ungleiche Entwicklungsstände von Räumen als
Herausforderung*

V.1   Zu erwerbende Kompetenzen 80
V.2   Übersicht über die Themen des Kapitels 81
V.3   Basiswissen 82
       Entwicklungsunterschiede –
       Indikatoren und Klassifizierungen 82

	Industrie- und Entwicklungsländer, unterschiedliche Bezeichnungen	86
	Ursachen der Unterentwicklung in den Entwicklungsländern	88
V.4	Erweitertes Wissen	91
	Entwicklungshemmnis Armut	91
	Entwicklungshemmnis: Ernährung und Gesundheit	92
	Entwicklungshemmnis: Einbindung in die Weltwirtschaft	93
	Entwicklungshemmnis: fragmentierte Entwicklung im Zuge der Globalisierung	93
	Entwicklungshemmnis: abfließendes Kapital und Know-how	95
	Theorien von Unterentwicklung und Entwicklung	95
V.5	Übungsmöglichkeiten mit dem Diercke Weltatlas	96

VI Bevölkerungsentwicklung und Migration 98

Ursachen räumlicher Probleme

VI.1	Zu erwerbende Kompetenzen	98
VI.2	Übersicht über die Themen des Kapitels	99
VI.3	Basiswissen Migration	100
	Ursachen von Migration	100
	Auswirkungen in den Herkunftsländern	101
VI	Erweitertes Wissen Migration	103
	Einflussfaktoren auf Migrationsströme	103
	Das europäische Migrationssystem	105
	Auswirkungen im Einwanderungsland Deutschland	107
VI.5	Basiswissen Bevölkerungsentwicklung	108
	Das Wachstum der Weltbevölkerung	108
	Das Modell des demographischen Übergangs	111
	Veränderungen in der Altersstruktur	113
VI.6	Erweitertes Wissen Bevölkerungsentwicklung	114
	Wie viele Menschen verträgt unser Planet?	114
VI.7	Übungsmöglichkeiten mit dem Diercke Weltatlas	116

VII Ähnliche Probleme, ähnliche Lösungsansätze? 118

Strategien und Instrumente zur Reduzierung von Disparitäten in unterschiedlich entwickelten Räumen

VII.1	Zu erwerbende Kompetenzen	118
VII.2	Übersicht über die Themen des Kapitels	119
VII.3	Basiswissen	120
	Nachhaltige Entwicklung als Ziel der Entwicklungszusammenarbeit	120
	Entwicklung durch Förderung der Agrarwirtschaft	122

Entwicklung durch Ausbau des sekundären Sektors 123
Entwicklung „von unten" durch Mikrokredite 125
Die Rolle der Frauen bei der Entwicklung............................... 126
VII.4 Erweitertes Wissen 127
Wachstumspole und periphere Räume 127
Strategien zur Beseitigung der Unterentwicklung.................... 128
Regionalförderung in der Europäischen Union zum
Ausgleich regionaler Disparitäten 130
VII.5 Übungsmöglichkeiten mit dem Diercke Weltatlas.................. 131

VIII Dienstleistungen
VIII Dienstleistungen **132**
In ihrer Bedeutung für periphere und unterentwickelte Räume
VIII.1 Zu erwerbende Kompetenzen....................................... 132
VIII.2 Übersicht über die Themen des Kapitels 133
VIII.3 Basiswissen.. 134
Hintergrundwissen/Wiederholung:
Tourismusarten und Tourismusformen 134
Hintergrundwissen/Wiederholung:
Geschichte des Tourismus 135
Hintergrundwissen/Wiederholung: Nachhaltiger Tourismus. 136
Tourismus in seiner Bedeutung als Entwicklungsimpuls
für periphere und unterentwickelte Räume 136
Modelle zur Entwicklung von Räumen durch Tourismus 138
Entwicklung peripherer Räume in den Alpen durch den
Tourismus 141
VIII.4 Erweitertes Wissen 144
Die Bedeutung des informellen Sektors................................ 144
VIII.5 Übungsmöglichkeiten mit dem Diercke Weltatlas.................. 147

IX Städte als komplexe Siedlungsräume
IX Städte als komplexe Siedlungsräume **148**
Zwischen Tradition und Fortschritt
IX.1 Zu erwerbende Kompetenzen....................................... 148
IX.2 Übersicht über die Themen des Kapitels 149
IX.3 Basiswissen.. 150
Historisch-genetische Stadtentwicklung in Europa................ 150
Funktionale Gliederung von Städten.................................... 151
Sozialräumliche Gliederung von Städten und
Segregationsprozesse.. 154
Strukturveränderungen durch Gentrifizierung........................ 155
Städtebauliche Leitbilder 156
Modelle zur Stadtentwicklung in Deutschland und Europa ... 159

Modelle der Chicagoer Schule 160
Die nordamerikanische Stadt.. 162
IX.4 Erweitertes Wissen 164
Stadt – Definitionen eines Begriffs.................................. 164
Die Siedlungsgeschichte Nordamerikas.......................... 165
IX.5 Übungsmöglichkeiten mit dem Diercke Weltatlas................. 167

X   Metropolisierung und Marginalisierung 168
Unvermeidliche Prozesse im Rahmen einer weltweiten
Verstädterung?
X.1   Zu erwerbende Kompetenzen.................................... 168
X.2   Übersicht über die Themen des Kapitels 169
X.3   Basiswissen.. 170
Das Wachstum von Städten weltweit............................. 170
Ursachen des Städtewachstums 170
Metropolisierung, Polarisierung und Marginalisierung 171
Fragmentierung und Vulnerabilität................................ 174
Die lateinamerikanische Stadt 176
X.4   Erweitertes Wissen 178
Marginalisierung durch Globalisierungsprozesse.................. 178
X.5   Übungsmöglichkeiten mit dem Diercke Weltatlas................. 179

XI   Die Stadt als lebenswerter Raum für alle? 180
Probleme und Strategien einer zukunftsorientierten
Stadtentwicklung
XI.1 Zu erwerbende Kompetenzen.................................... 180
XI.2 Übersicht über die Themen des Kapitels 181
XI.3 Basiswissen.. 182
Revitalisierung der Innenstädte als
Stadterneuerungsmaßnahme 182
Revitalisierung ehemaliger Hafengebiete 185
Rückbau als Stadterneuerungsmaßnahme in
schrumpfenden Städten 186
XI.4 Erweitertes Wissen 186
Raumplanung in Deutschland....................................... 186
Ebenen und Akteure der Raumplanung........................... 187
Aktuelle Ziele und Leitbilder der Raumplanung 189
Handlungsfelder der Raumplanung................................ 190
Das Konzept der zentralen Orte.................................... 192
Ökologische Stadtentwicklung...................................... 194
XI.5 Übungsmöglichkeiten mit dem Diercke Weltatlas................. 195

XII Moderne Städte **196**
Ausschließlich Zentren des Dienstleistungssektors?
XII.1 Zu erwerbende Kompetenzen............................... 196
XII.2 Übersicht über die Themen des Kapitels 197
XII.3 Basiswissen.. 198
    Global Cities – Zentren des Dienstleistungssektors 198
    Moderne Städte – mehr als Zentren des
    Dienstleistungssektors? 200
XII.4 Erweitertes Wissen 204
    Klassifizierung der Global Cities nach Bronger 204
XII.5 Übungsmöglichkeiten mit dem Diercke Weltatlas 205

XIII Waren und Dienstleistungen **206**
Immer verfügbar?
XIII.1 Zu erwerbende Kompetenzen.............................. 206
XIII.2 Übersicht über die Themen des Kapitels 207
XIII.3 Basiswissen... 208
    Strukturwandel im tertiären Sektor........................... 208
    Globaler Verkehr – Seeschifffahrt und Logistik.............. 210
    Globaler Verkehr – die schnellen Dienste.................... 212
    Der ökologische Rucksack 214
XIII.4 Erweitertes Wissen 215
    Dynamik der Luftverkehrs- und Flughafenentwicklung 215
    Informations- und Kommunikationsnetze: der digitale Graben 217
XIII.5 Übungsmöglichkeiten mit dem Diercke Weltatlas 218

Anhang: Tipps für das Abitur **220**
1 Verbindliche Vorgaben für die Aufgabenkonstruktion............ 220
    Themenformulierung.. 221
    Formulierung der Teilaufgaben 222
2 Die Bewertung.. 225
    Die inhaltliche Bewertung 225
    Die Darstellungsleistung zählt auch.......................... 226
3 Materialien auswerten und verknüpfen...................... 233
    Die Auswertung von Karten 233
    Die Auswertung von Tabellen................................. 236
    Die Auswertung von Diagrammen 239
    Verknüpfen von Materialien................................... 242
    Zeitmanagement... 243
Strukturdaten.. 246
Register.. 250

Landwirtschaftliche Produktion

Im Spannungsfeld von Ernährung und Versorgung einer wachsenden Weltbevölkerung

I.1 Zu erwerbende Kompetenzen

Nach Bearbeitung des Kapitels können Sie ...
... das Zusammenwirken der Geofaktoren in den Tropen beschreiben.
... die an den Lebensraum angepasste traditionelle Lebensweise der Menschen in den Tropen beschreiben.
... die Plantagenwirtschaft an einem Beispiel beschreiben.
... die Folgen der landwirtschaftlichen Nutzung erläutern, insbesondere im Hinblick auf das Geofaktorengefüge.
... Nutzungskonkurrenzen darstellen, die sich daraus ergeben, dass der Bedarf an Agrargütern steigt, die Fläche aber begrenzt ist.
... Ansätze zur Lösung von Raumnutzungsansprüchen darstellen und beurteilen (aus verschiedenen Perspektiven und nach fachlichen Kriterien).
... das Spannungsfeld zwischen Produktionssteigerung und nachhaltigem Wirtschaften problematisieren.
... Darstellungs- und Arbeitsmittel in Materialzusammenstellungen fragebezogen auswerten.

I.2 Übersicht über die Themen des Kapitels

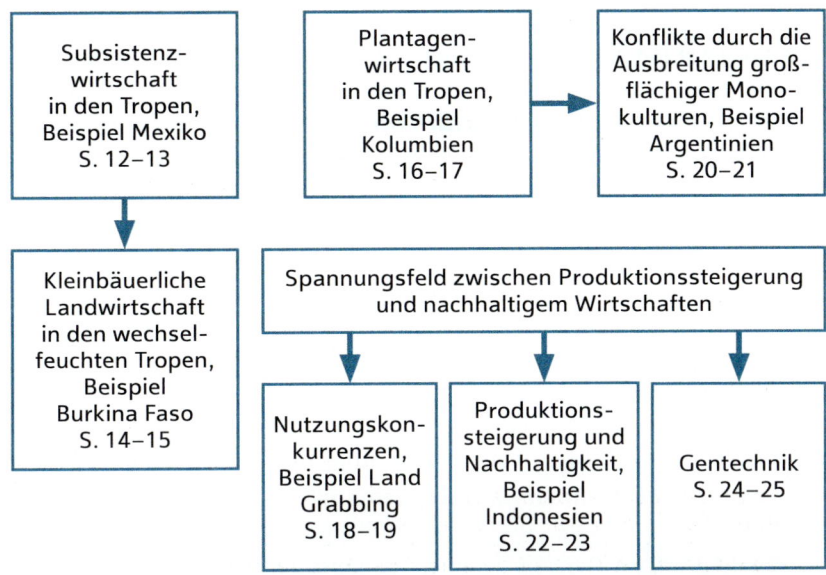

Im Geographieunterricht untersuchen Sie Raumbeispiele. Dabei erwerben Sie übertragbares geographisches Wissen. Im Abitur werden Sie ebenfalls ein Raumbeispiel bearbeiten. Dabei müssen Sie Ihre erworbenen Sachkompetenzen anwenden. Aus der Themenformulierung in den Abituraufgaben können Sie allerdings wichtige Hinweise darauf entnehmen, welches übertragbare geographische Wissen bei der Abituraufgabe relevant ist.

Hier ein paar Beispiele von Themenformulierungen aus den Abituraufgaben der letzten Jahre:

- Marktorientierter Anbau, eine Chance für Kleinbauern?
- Entwicklung durch Produktion für den Weltmarkt?
- Landwirtschaft im Spannungsfeld von Ernährungssicherung und Exportorientierung
- Aktuelle Entwicklungen im Agrarsektor von Entwicklungsländern
- Strukturen und Prozesse landwirtschaftlicher Produktion im globalen Wettbewerb

Zu diesen Themen wurden entsprechende Raumbeispiele ausgewählt und vorgegeben.

Bei der Bearbeitung dieses Kapitels können Sie besonders gut die Auswertung von Diagrammen üben.

<< LERNTIPP

↗ Abi-Tipp S. 221

↗ Abi-Tipp S. 239

I.3 Basiswissen

Das Problem der Ernährungssicherung einer wachsenden Weltbevölkerung wird in diesem Kapitel räumlich auf die Tropen beschränkt. In den Tropen ist der sogenannte Hungergürtel zu verorten. Über 815 Millionen Menschen auf der Erde haben nicht genug zu essen. Bezogen auf die Weltbevölkerung heißt das, dass einer von neun Menschen hungert. 98 Prozent der Hungernden leben in den Entwicklungsländern, rund ein Fünftel davon in Afrika. Bedenkt man, dass der Anbau von Nahrungsmitteln in den Tropen nicht nur für die dort lebenden Menschen betrieben wird, sondern auch für den Weltmarkt, dann wird deutlich, dass sich hier ein Spannungsfeld ergibt.

Für die Bearbeitung der Raumbeispiele sollte das Zusammenwirken der **Geofaktoren** *in den Tropen, also das* **Ökosystem** *der Tropen, bekannt sein. Dies wurde bereits in der Einführungsphase erarbeitet. Dennoch wird hier zunächst eine einführende Beschreibung vorangestellt.*

Geofaktoren
Klima, Boden, Wasser, Vegetation, Tierwelt, Mensch

Ökosystem
Gefüge der Geofaktoren mit ihren Wechselwirkungen

Hintergrundwissen/Wiederholung:
Das Zusammenwirken der Geofaktoren in den Tropen

Um die Auswirkungen der Eingriffe des Menschen in das Ökosystem des tropischen Regenwalds zu verstehen, sind Grundkenntnisse in Bezug auf die Geofaktoren notwendig. Diese sollen hier wiederholt beziehungsweise aufgefrischt werden.

Die Tropen umfassen die Zone zwischen dem nördlichen und südlichen Wendekreis von jeweils 23,5 Grad nördlicher bzw. südlicher Breite. Sie ist im Hinblick auf die Einstrahlung der Sonne die am meisten begünstigte Zone der Erde. Allerdings verhindert die Wolkenbildung eine permanente direkte Einstrahlung und ist Ursache für unterschiedliche Niederschlagsregime, die eine innere Differenzierung der Tropen in **immerfeuchte** und **wechselfeuchte Tropen** mit sich bringen.

Isothermie
gering schwankender Temperaturverlauf während eines definierten Zeitraums

Temperaturamplitude
Differenz zwischen höchstem und niedrigstem Temperaturwert

Klimatisch sind die zentralen immerfeuchten Tropen durch hohe Durchschnittstemperaturen im Bereich von 25 bis 30 °C gekennzeichnet. Diese sind das ganze Jahr über gleichbleibend, was als **Isothermie** bezeichnet wird und dazu führt, dass es keine deutlich ausgeprägten Jahreszeiten gibt. Durch den im Jahresgang wechselnden Sonnenstand nimmt die **Temperaturamplitude** zu den Wendekreisen hin zu, die Niederschläge nehmen ab.

Die Niederschläge in den Tropen fallen vorwiegend als **Zenitalregen**. Dabei folgen mit leichter zeitlicher Verzögerung die Niederschlagmaxima den Höchstständen der Sonne, sodass in Äquatornähe zwei Perioden erhöhter Niederschläge bei bereits hohem Ausgangsniveau beobachtet werden können (**immerfeuchte Tropen**).

In Richtung der Wendekreise treten Perioden mit Trockenheit auf, die die **wechselfeuchten Tropen** kennzeichnen. Hier ändert sich die Vegetation mit zunehmender Aridität: Feuchtsavanne, Trockensavanne, Dornstrauchsavanne, Halbwüste und Wüste.

In der Realität ist die Verbreitung der immerfeuchten Tropen nicht auf die unmittelbare Umgebung des Äquators beschränkt. Dies ist darauf zurückzuführen, dass neben dem Zenitalregen auch zum Beispiel Steigungsregen auftreten kann, der ein durchgängiges ganzjähriges hohes Niederschlagsniveau verursacht. So kann, wie in Asien, regional die Zone der immerfeuchten Tropen teils bis über die Wendekreise hinaus ausdehnt sein. Umgekehrt bedingen Höhenlagen in Hochgebirgen kühlere Temperaturen, sodass die zonale Verbreitung der humiden Tropen entlang des Äquators unterbrochen werden kann.

Während die immerfeuchten Tropen günstige klimatische Bedingungen aufweisen, sind die Bodenbedingungen der **tropischen Böden** durchweg schlecht. Dies liegt im Wesentlichen an der intensiven chemischen Verwitterung, die schon seit Jahrmillionen praktisch unvermindert andauert und zu zwei negativen Ergebnissen geführt hat: Zum einen ist das Ausgangsgestein sehr tiefgründig zersetzt, wodurch der Bestand an Restmineralien und dem darin gebundenen Reservoir an Pflanzennährstoffen größtenteils aufgebraucht ist. Zum anderen führt die Verwitterung zur Bildung von Zweischichttonmineralen (Kaolinit) mit einer extrem geringen **Kationenaustauschkapazität**, das heißt Speicherfähigkeit von Nährsalzen. Zudem kommt es zur Anreicherung von Eisen-, Mangan- und Aluminiumoxiden im Oberboden, die die typische Rotfärbung der tropischen Böden verursachen.

Die geringe Kationenaustauschkapazität kann auch nicht durch eine Humusauflage mit entsprechenden Fähigkeiten ausgeglichen werden, denn in der Regel sind die Humusmächtigkeit und der Humusgehalt in tropischen Böden sehr gering. Dies liegt daran, dass die organische Substanz in den immerfeuchten Tropen durch die hohe Temperatur und Feuchtigkeit fünf- bis zehnmal so schnell mikrobiell abgebaut wird wie in den gemäßigten Breiten. Die bei dieser Mineralisierung der organischen Substanz anfallenden Mineralstoffe werden den Pflanzen sofort wieder zur Verfügung gestellt oder vom starken Sickerwasserfluss ab-

Zenitalregen
heftige Regenfälle in den Tropen, die nach dem jährlichen oder halbjährlichen Sonnenhöchststand (Zenit) ihr Maximum erreichen

Kationenaustauschkapazität (KAK)
Maß für die Fähigkeit eines Bodens, Kationen (Nährsalze) temporär zu binden und bei Bedarf an die Pflanzen abzugeben

↗ Schulbuch S. 12

geführt. Trotz dieser extrem ungünstigen Bodenbedingungen stellt der tropische Regenwald die üppigste und produktionsstärkste aller natürlichen Waldformen der Erde dar. Dies liegt am **geschlossenen Nährstoffkreislauf**. Mykorrhizae (Wurzelpilzen), die mit ihren Wirtspflanzen in Symbiose leben, mineralisieren die organische Streu, filtern die Nährstoffe aus dem durchsickernden Bodenwasser heraus („Nährstofffallen") und geben diese an die Pflanzenwurzeln weiter. Am Beispiel des tropischen Regenwalds ist das Zusammenwirken der Geofaktoren Klima, Boden, Wasser, Vegetation und Tierwelt sehr gut erkennbar.

Subsistenzwirtschaft im tropischen Regenwald

↗ Schulbuch
S. 12 f.
(Yucatán, Mexiko)
S. 14 f.
(Burkina Faso)
S. 16 f.
(Kolumbien)

Die Menschen in den Tropen passten sich an ihren Lebensraum an, zum einen an den tropischen Regenwald, zum anderen an die Savannen. Während der Anbau von Feldfrüchten zunächst nur für den eigenen Bedarf erfolgte, wurde nach und nach auch die Belieferung der örtlichen Märkte und sogar des Weltmarkts möglich. Die vorgestellten Räume im Buch zeigen Ihnen Beispiele. Bei der Bearbeitung der Raumbeispiele geht es zum einen darum, die Wirtschaftsweise zu beschreiben und zu erklären, aber zum anderen auch darum, diese kritisch in Bezug auf Nachhaltigkeit zu reflektieren. Anhand der Raumbeispiele erwerben Sie übertragbares geographisches Sachwissen, das Sie im Abitur auf die dort vorgelegten Raumbeispiele anwenden müssen.

Beim **Wanderfeldbau** werden Felder und Wohnstätten verlagert.

Subsistenzwirtschaft
Anbau zur Selbstversorgung

Food Crops
für die Eigenversorgung angebaute Agrarprodukte

Eine traditionelle agrarische Nutzungsform im tropischen Regenwald ist der **Wanderfeldbau**. Er ist zwar wenig produktiv, aber vergleichsweise nachhaltig und dient weitgehend der Selbstversorgung (**Subsistenzwirtschaft**). Angebaut werden nämlich überwiegend **Food Crops**. Beim Wanderfeldbau wird ein kleines Waldstück gerodet, die Vegetation wird bis auf die Baumstümpfe verbrannt (**Brandrodung**). Die mineralische Asche dient als Dünger, steht jedoch nur kurzfristig zur Verfügung. Da der Boden die Nährstoffe nicht speichern kann, werden sie zum großen Teil von den intensiven Niederschlägen ausgewaschen und fortgeschwemmt. Schon nach kurzer Nutzungszeit sind die verbliebenen Nährstoffe aufgebraucht und die Erträge gehen zurück, sodass eine neue Parzelle zur Nutzung vorbereitet werden muss. Das aufgegebene Feld bleibt ungenutzt und verbuscht allmählich. Die Menschen roden ein neues Waldstück und nutzen das neue Feld. Diesen Vorgang wiederholen sie, bis der Weg von ihren Hütten zum Feld zu lang wird. Dann verlegen sie auch den Wohnsitz. Die Biomasse ist auf den aufgegebenen Flächen erst nach mehr als zehn Jahren wieder so umfangreich, dass durch erneute Brandrodung ausreichend Nährstoffe für eine erneute landwirtschaftliche Nutzung zur Verfügung stehen.

Die wachsende Bevölkerungszahl und der dadurch erhöhte Flächenbedarf für den Anbau von Nahrungsmitteln haben allerdings zur Folge, dass diese Zeit oft nicht eingehalten wird. Die Erträge sind deshalb entsprechend niedrig. Der Wanderfeldbau ist nur in sehr dünn besiedelten Gebieten eine **nachhaltige Nutzung**, denn die **Tragfähigkeit** beträgt kaum mehr als 30 Personen pro Quadratkilometer.

Formen nachhaltiger Landnutzung sind das Ecofarming und das Milpa-System. Das **Ecofarming** stellt eine ökologisch und sozioökonomisch angepasste Weiterentwicklung traditioneller Anbausysteme dar. Dabei wird der Wald agrarisch nachhaltig und standortgerecht genutzt und damit wird den Bedingungen des Ökosystems Rechnung getragen. In den feuchten Tropen kommt dabei eine Form der Agroforstwirtschaft zur Anwendung. Hierbei wird der Wald in die landwirtschaftliche Nutzung integriert, zum einen, um Brenn- oder Nutzholz beziehungsweise Früchte zu produzieren, zum anderen, um das ökologische Wirkungsgefüge nicht zu unterbrechen. So wird beispielsweise über einen **Stockwerkanbau** der geschlossene Nährstoffkreislauf im tropischen Regenwald beibehalten. Die hohen Bäume schützen mit ihrem Blätterdach die niedrigeren Pflanzen vor zu intensiver Sonnenstrahlung und vor Starkregen. Die niedrigeren Bäume und Anbaufrüchte bilden unterschiedlich hohe Stockwerke. Kompostierte Abfälle und die Gülle aus der Tierhaltung dienen als Dünger. Aus dem Laub der Bäume entsteht Humus.

Beim **Milpa-System** wird auf zwei Anbaufeldern Anbau betrieben. Auf dem ersten Feld, der „Milpa", werden Mais, Bohnen und Kürbisse angebaut sowie zum Beispiel Paprika, Pfeffer und Kräuter. Auf dem zweiten Feld, dem „Solar", wächst eine Vielzahl von Pflanzen: Maissorten, Amarant, Quinoa, Kartoffeln, Erbsen, Avocados, Kürbisse, Kaffee und Vanille. Neben dem Anbau wird auch – wie beim Ecofarming – Vieh gehalten. Die Tiere werden mit den nicht essbaren Teilen der geernteten Pflanzen gefüttert, ihre Ausscheidungen als Dünger verwendet (Dung). Beim Anbau handelt es sich überwiegend um Subsistenzwirtschaft, auf dem Markt verkauft werden Produkte aus der Viehhaltung sowie einige ausgewählte Früchte.

Tragfähigkeit
die höchste Anzahl an Menschen, die für einen bestimmten Lebensraum nicht schädlich ist und auch zukünftigen Generationen noch eine Lebensgrundlage bietet

Stockwerkanbau
Anbau verschieden hoher Nutzpflanzen auf derselben Fläche

↗ Schulbuch S. 12 f.

Kleinbäuerliche Landwirtschaft in den wechselfeuchten Tropen

Die naturräumlichen Voraussetzungen für eine landwirtschaftliche Nutzung sind in den wechselfeuchten Tropen besser als in den benachbarten Landschaftszonen. Dies ist zum einen darauf zurückzuführen, dass die Savannenböden infolge der abnehmenden Niederschläge mineralstoffreicher sind. Zum anderen sind die Landschaften relativ offen und eine Brandrodung ist deshalb leichter durchzuführen.

Weitere günstige Voraussetzungen sind weite Grasfluren für die Viehweide und eine starke Sonneneinstrahlung gegen Ende der Regenzeit. Dies wirkt sich günstig auf den Anbau vieler Nutzpflanzen aus, zum Beispiel Mais, Zuckerrohr und Baumwolle. Ertragslimitierend ist der Niederschlag, der zeitlich und mengenmäßig extrem variabel ist, das heißt, die zunehmende **Aridität** in Richtung Wendekreis erfordert eine Anpassung der Nutzung. Dort, wo Ackerbau nicht mehr möglich ist, tritt Nomadismus an seine Stelle.

Wenngleich die meisten Nutzpflanzen in den wechselfeuchten Tropen, wie Mais, Sorghum und Hirse oder **Cash Crops** wie Baumwolle und Erdnüsse, im **Regenfeldbau** angebaut werden (auch **Trockenfeldbau** genannt, da ohne Bewässerung auskommend), haben sich doch wegen der großen Niederschlagsvariabilität schon früh Methoden herausgebildet, um das Regenwasser zu sammeln. Dazu zählen unter anderem die Anlage von Dämmen, Terrassen, Kanälen und Zisternen. Sie dienen in erster Linie dazu, die geringen Niederschläge aufzufangen und in Trockenzeiten für die Pflanzen zur Verfügung zu stellen (**Bewässerungsfeldbau**). Mit den Einrichtungen der Bewässerungstechnik können in den traditionellen Nutzungssystemen Wasserdefizite ausgeglichen und eine ausreichend lange Vegetationszeit erreicht werden.

In Afrika ist die vorherrschende Landnutzungsform die **Landwechselwirtschaft**. Sie ist im Gegensatz zum Wanderfeldbau ein stationäres System. Es findet ein regelmäßiger Wechsel der Anbauflächen mit **Fruchtwechsel** und Brachezeiten statt.

Eine Verbesserung stellt der Einsatz von Mineraldünger dar. Er macht das flächenintensive Brachesystem überflüssig und führt somit vielerorts zu einem permanenten und, soweit möglich, marktorientierten Regenfeldbau. Die höheren Kosten werden vielfach durch den marktorientierten Anbau von Cash Crops ausgeglichen. Die Ausweitung des Bewässerungsfeldbaus könnte die Produktivität der Landwirtschaft in Zukunft noch verbessern. Bewässerungswasser führt Nährstoffe mit sich, hält die Bodentemperaturen konstant, dient über seine Algen als

arid
die mittlere jährliche potenzielle Verdunstung ist größer als die mittlere jährliche Niederschlagsmenge.
Gegenteil: **humid**

Cash Crops
für den Markt erzeugte Agrarprodukte

Regenfeldbau
Ackerbau, bei dem die Pflanzen ihren Wasserbedarf vollständig aus den Niederschlägen decken

Bewässerungsfeldbau
Ackerbau, bei dem künstlich bewässert wird

Fruchtwechsel
z.B. jährlicher Wechsel der Anbaupflanzen auf einem Feld

Stickstoffsammler und erhöht bei mehreren Ernten im Jahr die Flächenproduktivität. Allerdings ist die Bewässerung wegen der Kosten, des notwendigen Know-hows und der Belastung von Wasser und Boden nicht unproblematisch.

Plantagenwirtschaft – Produktion für den Weltmarkt

Tropische Früchte im Supermarkt sind für uns schon selbstverständlich. Unser Konsumverhalten hat allerdings Auswirkungen auf die Landwirtschaft in den Tropen. In immer größeren Mengen werden tropische Cash Crops nachgefragt. Diese Mengen können nur produziert werden, wenn große Flächen genutzt werden. Dadurch kommt es aber zu Nutzungskonflikten. Subsistenzwirtschaft zur Ernährungssicherung der Bevölkerung in den Tropen oder Marktwirtschaft zur Befriedigung der Bedürfnisse in den Industrieländern ist häufig eine Fragestellung, die in einer Klausur oder auch im mündlichen Abitur von Ihnen erörtert werden soll.

<< LERNTIPP

📖
↗ Schulbuch
S. 16 f.
(Kolumbien)
S. 20 f.
(Argentinien)
S. 22 f.
(Indonesien)

Große Flächen werden in den Tropen von Großbetrieben bearbeitet, den sogenannten **Plantagen**. Die Plantagenwirtschaft wurde von den Europäern eingeführt. Für den Betrieb einer Plantage ist Kapital notwendig, deshalb sind Plantagen meistens im Besitz von kapitalkräftigen Unternehmern oder Kapitalgesellschaften. Die erwirtschafteten Gewinne fließen in der Regel ins Ausland ab.
Der Anbau ist meist auf eine Anbaufrucht spezialisiert (**Monokultur**). Es handelt sich dabei um mehrjährige Nutzpflanzen oder Dauerkulturen. Die Monokulturen sind allerdings gegen Schädlinge und Krankheiten besonders anfällig, sie müssen daher entsprechend behandelt werden (Einsatz von Pestiziden und Fungiziden).
Auf einer Plantage werden viele billige Arbeitskräfte beschäftigt, um die Lohnkosten niedrig zu halten. Plantagen verfügen häufig über technische Einrichtungen zum Aufbereiten, Verpacken und zum Teil Verarbeiten der Produkte. Produziert wird für den Weltmarkt. Deshalb ist die verkehrstechnische Anbindung einer Plantage an Häfen wichtig.

📖
↗ Schulbuch S. 16 f.

Monokultur
Anbau nur einer
Kulturpflanze

Typische Anbauprodukte sind Zucker, Kakao, Kaffee, Ananas, Bananen, Kautschuk oder in jüngster Zeit zunehmend Palmöl. Palmöl findet sich als günstig zu produzierendes Fett in Form von Margarine, Pizza, Schokoriegel, Waschmittel, Cremes oder Lippenstift in fast jedem zweiten Supermarktprodukt. Derzeit werden etwa fünf Prozent der weltweiten Ernte als Rohstoff für die Wärme- und Stromproduktion sowie als Biokraftstoff genutzt, Tendenz steigend.

📖
↗ Schulbuch S. 22 f.

Die traditionelle Plantagenwirtschaft hat jedoch seit dem Zweiten Weltkrieg und verstärkt seit den 1960er-Jahren Veränderungen erfahren. Neue Organisationsformen wurden entwickelt.

„Multinationale Plantagengesellschaften gingen dazu über, die Eigenproduktion zu reduzieren und zum Ausgleich Anbaukontrakte mit einheimischen Erzeugern abzuschließen. Hieraus können Vorteile für beide Vertragspartner erwachsen. Die Plantagengesellschaft kann sich auf das lukrative Geschäft der Verarbeitung und des Vertriebs konzentrieren. Sie kontrolliert weiterhin den Produktionsprozess, ist aber nicht mehr mit dem Risiko von Arbeitskonflikten und Ernteausfällen belastet. Sie kann das Mengenangebot ohne größere Investitionen erhöhen und flexibler auf Nachfrageschwankungen reagieren. Der Kontraktnehmer erhält eine Absatzgarantie für die Bereitstellung festgelegter Mengen zum vereinbarten Zeitpunkt und hierdurch Zugang zu größeren Märkten. [...]

Das Konzept der **Nukleus-Plantage** stellt den Versuch dar, die ökonomischen Vorteile agrarindustrieller Großbetriebe mit den sozialen Vorzügen kleiner Familienbetriebe zu verknüpfen. In den letzten vier Jahrzehnten wurden insbesondere in Ländern Asiens und Afrikas unterschiedliche Formen solcher Großunternehmen entwickelt [...]. Im Mittelpunkt steht dabei jeweils eine moderne Plantage, die als Staatsbetrieb, Gemeinschaftsunternehmen oder Privatfirma betrieben wird. Sie verfügt über eigene Anbauflächen und Fabrikationsanlagen, deren Kapazität so ausgelegt ist, dass neben der eigenen Ernte noch in größerem Umfang die Erzeugung von Kleinbauern verarbeitet werden kann. Die Lieferung erfolgt über Anbaukontrakte mit Produzenten, die zugleich Anteile an der Nukleus-Plantage übernehmen. [...] Die Leitung der Plantage gibt Standards für die Produktion vor und übernimmt meistens auch den Vertrieb des Endprodukts. Die Kleinbauern besitzen den Status von Aktionären und sind damit am Wirtschaftsergebnis des Unternehmens beteiligt. Sie erhalten in der Regel von staatlichen Organisationen oder direkt von der Plantage Kredite und betriebliche Beratung sowie Saatgut, Düngemittel und Pestizide. Teilweise werden auch der Transport der Ernte zur Verarbeitungsanlage und Qualitätskontrolle übernommen. [...] Hierdurch bieten sich Ansätze für positive Effekte auf die Regionalentwicklung."

Quelle: Nuhn, Helmut: Wandel in der Plantagenwirtschaft. In: Geographische Rundschau 12/2006, S. 42–44

Die Plantagenwirtschaft kann in Bezug auf Nachhaltigkeit erörtert werden. Auch dies ist oft eine Fragestellung in Klausuren und im Abitur. Es wird erwartet, dass Sie Vor- und Nachteile mit Bezug zu den drei Dimensionen der Nachhaltigkeit abwägen. Die Zusammenstellung in der folgenden Tabelle kann für Sie dabei hilfreich sein.

<< LERNTIPP

	+	−
ökonomisch	• effiziente Produktion und Verarbeitung aufgrund von Spezialisierung und Skaleneffekten • zentrales, professionelles Management • einheitliche Qualitätsstandards • gute Vermarktungsmöglichkeiten (u.a. aufgrund eines größeren Marktgewichtes und einer stärkeren Verhandlungsposition) • großes Produktionsvolumen und damit verlässliche Belieferung der Abnehmer • hohe Exporteinnahmen bei steigenden Weltmarktpreisen für Lebensmittel und Agrarrohstoffe	• saisonal sehr unausgeglichener Bedarf an Arbeitskräften • große Abhängigkeit von z. T. stark schwankenden Weltmarktpreisen • Risiko von Klimaschwankungen und Ernteausfällen • Konzentration im Agrarsektor, Großplantagen oft in der Hand weniger, Zunahme sozialer Disparitäten • Beschäftigungseffekt geringer als bei kleinbäuerlicher Landwirtschaft, Arbeitslosigkeit führt zu Landflucht • internationale Investoren im Agrarsektor – große Teile der Gewinne fließen ins Ausland ab
sozial	• Die Produktion vieler Plantagenprodukte ist trotz fortschreitender Mechanisierung noch arbeitsintensiv – lokale Arbeitskräfte werden benötigt. • Einige Konzerne haben Sozialstandards in ihren Richtlinien verankert und unterstützen darüber hinaus z. B. Bildungsprojekte.	• Die Arbeit auf den Plantagen ist oft saisonal, schlecht bezahlt, körperlich hart und vor allem bei intensivem Pestizideinsatz gesundheitsgefährdend. • Die Ausweitung der Anbauflächen in Gebiete, die traditionell für Subsistenzwirtschaft bzw. kleinbäuerliche Landwirtschaft genutzt wurden, entzieht der lokalen Bevölkerung die Existenzgrundlage.
ökologisch	• Hohe Flächenproduktivität kann zu insgesamt geringerem Flächenverbrauch führen. • Es gibt Ansätze, Prinzipien ökologischer Landwirtschaft in den Plantagenanbau zu integrieren. Es werden Mischkulturen gepflanzt, Agrochemikalien gespart und so wird die Gefährdung für Umwelt und Mensch reduziert.	• Monokulturen laugen den Boden einseitig aus und begünstigen die massenhafte Ausbreitung von Schädlingen – großflächiger, intensiver Einsatz von Dünger und Pestiziden ist nötig. • Monokulturen reduzieren die Artenvielfalt.

Tab.: Plantagenwirtschaft vor dem Hintergrund der Nachhaltigkeit

I.4 Erweitertes Wissen

Land Grabbing – aus verschiedenen Perspektiven betrachtet

↗ Schulbuch S. 18 f.

Land Grabbing (Landnahme) bezeichnet den rechtmäßigen oder unrechtmäßigen Erwerb großer Landflächen durch große nationale oder internationale Investoren in Form von Pacht oder Kauf. Seit der Agrarkrise 2008 erfährt Land Grabbing weltweit eine immense Steigerung, denn für viele Investoren ist Boden der Rohstoff der Zukunft. Die größten Landkäufe finden derzeit in den wirtschaftlich schwächeren Ländern der Welt statt.

Fruchtbarer Boden ist ein Wertobjekt, und zwar zunehmend als Investitionsanlage für Finanzinvestoren. Nationale Unternehmen, Investmentfonds, private Investoren, Energiekonzerne und andere Akteure sind an Flächen interessiert, um durch die Produktion von Agrarrohstoffen und den Verkauf auf dem Weltmarkt Gewinne zu erzielen. Sie produzieren auf den Flächen zum Beispiel Treib- und Rohstoffe (Palmöl), Fasern (Baumwolle), Futtermittel (Soja) und Cash Crops wie Kaffee, Tee, Kakao. Es gibt aber auch Landkäufe durch Staaten, die sich Anbauflächen in anderen Ländern sichern wollen, weil die Ernährung der Bevölkerung durch den Anbau im eigenen Land nicht gewährleistet werden kann. Die Möglichkeiten des Anbaus können z.B. durch begrenzte Wasserressourcen oder nicht ausreichende Flächen eingeschränkt sein.

Auf der anderen Seite ist fruchtbarer Boden die Existenzgrundlage für Bauern, sie sichern durch den Anbau die Lebensgrundlage ihrer Familien. Die UNO nahm sich im Jahr 2012 erstmalig des Problems an. 128 Staaten beschlossen im UN-Ausschuss für Welternährungssicherheit freiwillige Richtlinien zum Schutz der lokalen Bevölkerung. Die Position der lokalen Kleinbauern mit meist nur informellen Landrechten soll durch mehr Transparenz bei Landinvestitionen und Mitspracherecht der Bevölkerung gestärkt werden.

LERNTIPP >> Sie können das Thema Land Grabbing vertiefen und dabei das Auswerten von Diagrammen üben, wenn Sie im Buch auf S. 18 M1 auswerten.

↗ Schulbuch S. 18

Ertragssteigerung durch konventionelle Züchtung und Gentechnik

In den kommenden 20 Jahren müssen fast zwei Milliarden Menschen zusätzlich ernährt werden. Von den fast 80 Millionen neuen Erdenbürgern jedes Jahr stammen über 95 % aus Entwicklungs- und Schwellenländern, ein großer Teil aus den wechselfeuchten Tropen. Sie sind der am dichtesten besiedelte und am intensivsten agrarisch genutzte Teil der Tropen.

Beim Ackerbau gibt es grundsätzlich zwei Möglichkeiten der Produktionssteigerung. Zum einen ist das die Vergrößerung der Anbauflächen. Dies geschieht häufig in Regionen mit hohem Bevölkerungsdruck, sei es in der Sahelzone, wo Ackerbauern immer weiter über die agrarische Trockengrenze vordringen, oder in Amazonien, wo weite Gebiete zur kleinbäuerlichen Nutzung gerodet werden. Dies geschieht aber auch durch Großgrundbesitzer oder Konzerne, die weitere Flächen für Plantagen gewinnen wollen (z.B. zur Produktion von Palmöl).

Jedoch ist die Bereitstellung von immer mehr Nahrungsmitteln für eine steigende Weltbevölkerung allein durch eine Ausweitung der landwirtschaftlichen Nutzfläche nicht möglich. Eine Lösung des Ernährungsproblems kann folglich nur in der **Intensivierung** liegen, also in einer beträchtlichen Ertragssteigerung je Flächeneinheit. Um dies zu erreichen, versucht man nicht nur, die Produktionsbedingungen zu optimieren, zum Beispiel durch Bewässerung, Düngung, Pestizideinsatz oder Mechanisierung bzw. bei der Viehhaltung durch Intensivhaltung. Es wurden auch neue Pflanzensorten und besonders ertragreiche Viehrassen (z.B. Fleischrinder, Milchkühe) gezüchtet.

Ein Beispiel im Ackerbau ist die **Grüne Revolution**. Die Forschungen ergaben, dass maximale Erträge nur in Abhängigkeit von Bewässerung, Düngung und Pflanzenschutzmitteln zu erzielen sind. Es wurden „Technologiepakete" aus Saatgut, Dünger und Wasser entwickelt und erprobt. Die Grüne Revolution führte bei den Kulturpflanzen Weizen, Mais und Reis zu Flächenerträgen, die zum Teil um mehrere hundert Prozent höher als bei traditionellen Produktionsverfahren und Pflanzen liegen.

Allerdings ist die Grüne Revolution in den Entwicklungs- und Schwellenländern nicht nur eine Erfolgsgeschichte. Die Intensivierung der Nahrungsmittelproduktion führt zu einer Belastung der Böden durch weitgehend monokulturellen Anbau sowie hohe Dünger- und Pestizidgaben und zum Einsatz von Hybridsorten – bei Pflanzen wie Tieren. Dies sind Hochleistungsarten, bei denen Saatgut beziehungsweise Elterntiere immer neu gezüchtet werden müssen. Hybride weisen zwar deutlich höhere Erträge auf, reduzieren aber die Artenvielfalt und führen damit zu einer großen Abhängigkeit von einigen wenigen Arten. Hinzu kommen eine steigende Abhängigkeit von Energie und damit von teuren fossilen Brennstoffen sowie eine Importabhängigkeit wie zum Beispiel der Bereitstellung von Mineraldünger, Pflanzenschutzmitteln und Hybridsaatgut. Auch die gesellschaftlichen Auswirkungen vor Ort gaben Anlass zur Kritik. Demnach können sich zum Beispiel nur die reichen, viel Land besitzenden Bauern die neue Technik leisten.

↗ Schulbuch S. 24 f.

Eine Ertragssteigerung soll auch durch den Einsatz von **Gentechnik** erreicht werden. Lebensmittel und Agrarrohstoffe aus genveränderten Pflanzen sind längst Bestandteil im alltäglichen Leben. Viele Fasern für Textilien stammen aus genveränderter Baumwolle. Tierfutter enthält genverändertes Soja – drei Viertel der globalen Sojaproduktion sowie die Energiepflanzen Raps und Mais wurden bereits genetisch verändert. Selbst Lebensmittel können gentechnisch veränderte Bestandteile enthalten: Sie werden in Deutschland erst dann gekennzeichnet, wenn sie mehr als 0,9 Prozent an gentechnisch veränderten Produkten enthalten. Gentechnisch verändertes Tierfutter und Zusatzstoffe (**weiße Gentechnik**) unterliegen dagegen keiner Kennzeichnungspflicht. Ziel der Gentechnik in der Agrarwirtschaft (**grüne Gentechnik**) ist eine höhere Produktivität und damit höhere Erträge. Dazu wird das Erbgut von Tieren und Pflanzen mit artfremden Genen künstlich verändert. Es entstehen transgene Tiere oder Pflanzen.

Ergebnisse sind z.B. eine möglichst hohe Toleranz der Nutzpflanzen gegenüber Herbiziden und Insektenfraß, Resistenzen gegenüber gravierenden Umwelteinwirkungen wie zum Beispiel Trockenheit, höhere Nähr- und Vitaminwerte, die Zucht von Tieren mit gesteigertem Wachstum oder gentechnisch hergestellte Wachstumshormone. Die am häufigsten gentechnisch veränderten Pflanzen sind Baumwolle, Raps, Soja und Mais.

In der EU sind aktuell zwei gentechnisch veränderte Pflanzen für den kommerziellen Anbau zugelassen: eine Mais- und eine Kartoffelsorte. In Deutschland werden gentechnisch veränderte Pflanzen seit 2012 nicht mehr kommerziell angebaut.

Der Einsatz von Gentechnik in der Landwirtschaft wird sehr kontrovers diskutiert. Zwar gibt es derzeit keine ausreichenden Untersuchungen zur Auswirkung von Gentechnik in der Lebens- und Futtermittelproduktion auf den menschlichen Organismus. Auf den Feldern mit genveränderten Pflanzen können sich jedoch sogenannte „Superunkräuter" entwickeln, die gegen eine Vielzahl von Herbiziden resistent sind und einen wiederum erhöhten Einsatz an Herbiziden notwendig machen. „Nicht abgeschlossene" Forschungsflächen mit genveränderten Pflanzen können durch mögliche Kontaminationsgefahr ein Risiko für benachbarte Lebensräume und Lebewesen darstellen. Transgene Hochertragssorten tragen zum Kampf gegen Hunger bei und lassen die Erträge von Kleinbauern steigen. Herbizidresistente Sorten können den Einsatz von Pflanzenschutzmitteln verringern und somit die Umwelt entlasten. Eine Einzelstrategie zur Lösung der globalen Nahrungsproblematik stellen gentechnisch veränderte Sorten bzw. Rassen nach Ansicht vieler Experten jedoch nicht dar, dazu sind komplexere Lösungen nötig. Für die Bauern in den armen Ländern und insbesondere in landwirtschaftlichen Ungunstgebieten bieten sie aber möglicherweise eine Chance.

grüne Gentechnik gentechnisches Verfahren im Bereich der Pflanzenzüchtung, bei dem gezielt Gene in das Erbgut der Pflanze geschleust werden, wodurch diese resistenter und widerstandsfähiger wird

Landwirtschaftliche Produktion im Spannungsfeld von Nachhaltigkeit und Ernährung einer wachsenden Weltbevölkerung

Zum Abschluss soll die leitende Themenstellung des Kapitels aufgegriffen und zusammenfassend erörtert werden, denn eine abschließende Beurteilung eines Sachverhalts beziehungsweise einer Problematik wird in der Regel in der dritten Teilaufgabe einer Klausur von Ihnen erwartet.

Gewinnung neuer Flächen (durch Bauernfamilien oder Agrarkonzerne)	Intensivierung des Anbaus auf bestehenden Flächen	
• Bewässerung • Trockenlegung • Rodung • Nutzung agrarisch wenig oder nicht geeigneter Flächen, z.B. Anbau jenseits der Trockengrenze (Problem: Gefahr der Desertifikation), jenseits der Kälte-/Wärmemangelgrenze, Anbau in Steillagen (Problem: Erosionsgefahr) • Land Grabbing	• Düngung (Problem: Überdüngung) • Bewässerung (Probleme: Absinken des Grundwasserspiegels, Versalzung) • Einsatz von Pestiziden/Insektiziden • Mechanisierung/Automatisierung (Probleme: hohe Kosten, „maschinengerechte", d.h. große ebene Anbauflächen notwendig)	• Züchtung (z.B. High Yield Varieties, HYV → Grüne Revolution) • Grüne Gentechnik (z.B. Genmais) Dadurch z.B.: • Verbesserung der Trockenheits- oder Kälteresistenz der Pflanzen → Anbau auch in weniger geeigneten Gebieten möglich • Verkürzung der Vegetationszeit → mehr Ernten • Verbesserung der Pflanze (dickere Früchte/Körner, gleichzeitige Reifung → bessere Ernten möglich)

Tab.: Maßnahmen zur Produktionssteigerung im Ackerbau (Auswahl)

Alle aufgezeigten Wege und Maßnahmen verbindet, dass sie eine Steigerung der landwirtschaftlichen Erträge bezwecken: höhere Ernten, mehr Fleisch. Dabei sind zwei übergeordnete Zielsetzungen zu unterscheiden: zum einen die Produktionssteigerung zur Deckung des steigenden Bedarfs (→ Grüne Revolution) und zum andern die Produktionssteigerung zur Steigerung des wirtschaftlichen Gewinns. Großbetriebe wirtschaften wie die Konzerne in anderen Wirtschaftssektoren: Sie versuchen, mit möglichst geringem Kapitaleinsatz möglichst viel zu erzeugen und so möglichst hohe Gewinne zu erzielen. Vor allem daran sind die Aktionäre der Agrarkonzerne interessiert. Sie besitzen Aktien aus dem Agrarbereich, weil sie sich dort höhere Gewinne versprechen als in einem anderen Wirtschaftssektor. Eine direkte Beziehung zur Landwirtschaft existiert nicht. Wenn der Agrarkonzern nicht genügend Gewinne macht, dann verkaufen die Aktionäre ihre Aktien und legen ihr Geld in Aktien zum Beispiel eines Logistik- oder Touristikkonzerns an. Die Agrarkonzerne sind also gezwungen, möglichst ökonomisch zu wirtschaften. Dies erkennt man zum Beispiel auch daran, dass das verwendete Viehfutter in Großbetrieben von den Preisen für Mais und Weizen auf dem Weltmarkt abhängig ist. Wenn an der Weizenbörse in Chicago der Preis für Weizen steigt, erhalten die Tiere sofort anderes, preiswerteres Futter.

In der (klein-)bäuerlichen Landwirtschaft steht die Gewinnmaximierung weniger stark im Vordergrund. Zwar verdienen auch die Bauernfamilien gerne Geld, aber hier geht es auch um bäuerliche Tradition, um den Erhalt des Hofes, um die Produktion von Nahrungsmitteln, auf deren Qualität man stolz sein kann.

Bei den vor allem in Entwicklungsländern beheimateten Kleinstbauern geht es tatsächlich oft ums Überleben, um die ausreichende Versorgung der Familie mit Nahrungsmitteln und den Anbau einiger Cash Crops für den Kauf einiger Nonfood-Produkte.

LERNTIPP >> Im Prüfungsgespräch im mündlichen Abitur wird in der Regel auch nach Beispielen gefragt. Sollten Sie das Fach Geographie also für die mündliche Prüfung gewählt haben, ist es für die Vorbereitung auf die Prüfung hilfreich, wenn Sie eine Liste mit den bearbeiteten Raumbeispielen sowie stichpunktartigen Zusammenfassungen erstellt haben.

I.5 Übungsmöglichkeiten mit dem Diercke Weltatlas

www.diercke.de

Im Atlas gibt es zahlreiche Karten zur Thematik des ersten Kapitels, mit denen Sie üben können. Sie finden Zusatzinformationen zu den Karten unter www.diercke.de. Geben Sie den Kartennamen ein und Sie erhalten die Atlaskarte sowie den erläuternden Text. Überprüfen Sie, ob Sie Ihre erworbenen Sach- und Methodenkompetenzen anwenden können. Sie sollten auf jeden Fall in der Lage sein, die naturräumlichen Gegebenheiten und Rahmenbedingungen für eine landwirtschaftliche Produktion zu erläutern. In Bezug auf die Urteils- und Handlungskompetenz sollten Sie bei jedem Raumbeispiel überlegen, ob man Chancen und Risiken der Landnutzung beurteilen kann, ggf. aus unterschiedlichen Perspektiven, oder ob man im Hinblick auf eine nachhaltige Entwicklung eine Stellungnahme abgeben kann.

Karte	Atlasseite und Kartennummer
Kongobecken – Landwechselwirtschaft	150 ③
Côte d'Ivoire – Kakaoanbau	150 ②
Ophir (Westsumatra) – Ölpalmenplantage	193 ④
Mittelamerika – Bananenanbau	227 ④
Kuba – Außenwirtschaft	227 ③
Santiago del Estero (Argentinien) – Sojaanbau	235 ⑥
Amazonien – Eingriff in den tropischen Regenwald	237 ④
Rondônia – Agrarkolonisation	237 ⑤
Naivasha (Kenia) – Rosenanbau für den EU-Markt	269 ③
Kambodscha – Kommerzieller Landerwerb (Land Grabbing)	271 ③

Markt- und export- orientiertes Agrobusiness

Ein zukunftsfähiger Lösungsansatz?

II.1 Zu erwerbende Kompetenzen

Nach Bearbeitung des Kapitels können Sie ...
... den Strukturwandel in der Landwirtschaft an Beispielen darstellen.
... die Intensivierung der landwirtschaftlichen Produktion im Zusammenhang mit der Notwendigkeit zur Versorgungssicherung erläutern.
... die Auswirkungen des Strukturwandels in der Landwirtschaft erläutern und bewerten.
... Maßnahmen zur Verringerung von Bodendegradation und Desertifikation bewerten.
... den Zielkonflikt zwischen der steigenden Nachfrage nach Agrargütern infolge einer wachsenden Weltbevölkerung und den Erfordernissen nachhaltigen Wirtschaftens erörtern.
... das Spannungsfeld zwischen Produktionssteigerung und nachhaltigem Wirtschaften problematisieren.
... selbstkritisch Ihre Rolle als Verbraucher hinsichtlich der ökologischen, ökonomischen und sozialen Folgen des eigenen Konsumverhaltens bewerten.
... das Clustermodell erklären.
... das Konzept des ökologischen Fußabdrucks erklären.
... Darstellungs- und Arbeitsmittel in Materialzusammenstellungen fragebezogen auswerten.

II.2 Übersicht über die Themen des Kapitels

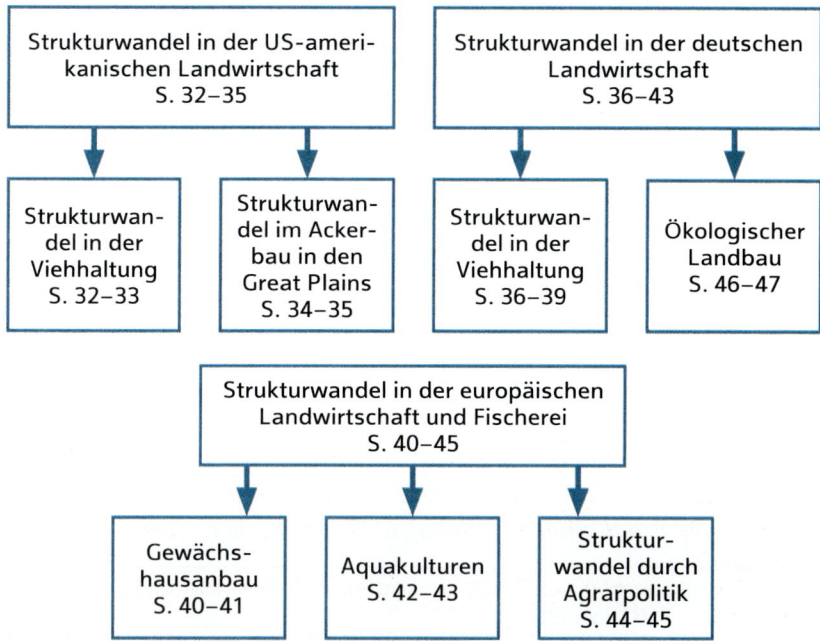

Den Strukturwandel in der Landwirtschaft kann man besonders gut an Beispielen aus den USA verdeutlichen, denn hier zeigt sich eindrucksvoll, wie die landwirtschaftliche Produktion durch den Markt beeinflusst wird. Der globale Markt spielt aber nicht nur dort eine Rolle, sodass sich die Raumbeispiele in Klausuren und im Abitur auch auf andere Räume beziehen können. Sie finden im Buch am Ende des Kapitels ein Klausurbeispiel mit folgender Formulierung des Themas: Agrobusiness, wirtschaftlich und ökologisch zukunftsfähig? – das Beispiel des Tomatenanbaus in Kalifornien.

<< LERNTIPP

↗ Schulbuch S. 52 f.

Hier haben Sie eine Übungsmöglichkeit und können Ihre erworbenen Kompetenzen anwenden. Das Raumbeispiel ist austauschbar, die Fragestellung könnte auch bei anderen Raumbeispielen gestellt werden. Deshalb sollten Sie insbesondere die Teilaufgabe 3 (Stellungnahme, Bewertung) gut ausformulieren.

↗ Abi-Tipp S. 227

Hier noch ein paar Beispiele von Themenformulierungen aus den Abituraufgaben der letzten Jahre:

- Strukturen landwirtschaftlicher Produktion in dicht besiedelten Ländern
- Strukturen und Prozesse landwirtschaftlicher Produktion im globalen Wettbewerb
- Energiepolitik als Auslöser agrarstruktureller Veränderungen

- Veränderungsprozesse in der landwirtschaftlichen Produktion im globalen ökonomischen Zusammenhang
- Landwirtschaft unter dem Einfluss des Weltmarkts

Zu diesen Themen wurden entsprechende Raumbeispiele ausgewählt und vorgegeben.

Bei der Bearbeitung dieses Kapitels können Sie besonders gut die Auswertung von Schaubildern und Wirkungsgefügen üben.

II.3 Basiswissen

↗ Schulbuch
S. 32–35 (USA)
S. 36–39 (Deutschland)
S. 40 f. (Niederlande)
S. 42 f. (Norwegen)
S. 44 f. (EU)

Im ersten Kapitel wurde das Problem der Ernährungssicherung einer wachsenden Weltbevölkerung räumlich auf die Tropen beschränkt. Die weltweit produktivsten Agrarregionen liegen aber in der gemäßigten Zone. Deshalb werden nun Raumbeispiele aus den USA und Europa in den Blick genommen. Dabei werden Veränderungsprozesse in der landwirtschaftlichen Produktion im globalen ökonomischen Zusammenhang untersucht.

Hintergrundwissen/Wiederholung: Formen der Landwirtschaft

Einige Fachbegriffe zur Landwirtschaft sollten Ihnen aus dem Unterricht in der Sekundarstufe I geläufig sein. Hier folgt eine kurze Wiederholung.

Landwirtschaftliche Betriebe können nach verschiedenen Gesichtspunkten kategorisiert werden. So gibt es in einem landwirtschaftlichen Betrieb die tierische und/oder pflanzliche Produktion. Einzelne Betriebe spezialisieren sich aus Gründen der Rationalisierung beziehungsweise Effizienz und der vorliegenden Standortbedingungen auf eine dieser Formen. Bezieht ein solches landwirtschaftliches Einzelunternehmen mindestens 50 Prozent seines Einkommens aus der Landwirtschaft, wird es als **Haupterwerbsbetrieb** bezeichnet. Für **Nebenerwerbsbetriebe** liegt dieser Anteil bei weniger als 50 Prozent. Weiterhin wird bezüglich der Nutzungsintensität der vorhandenen landwirtschaftlichen Ressourcen zwischen intensiver und extensiver Landwirtschaft unterschieden. Bei der **intensiven Landwirtschaft** versuchen die Landwirte, mit dem höchstmöglichen Einsatz von Produktionsmitteln (z. B. modernem Maschineneinsatz, Automatisierung, effektiven Futter-, Dünge- und Pflanzenschutzmitteln, möglicherweise genverändertem Saatguteinsatz bzw. Züchtungen) und mit möglichst geringen Kosten ein Maximum an Ertrag zu erreichen. Ein extremes Beispiel ist die – allerdings ab 2025 in Deutschland verbotene – Haltung von Legehennen in Kleingruppenkäfigen. Dabei leben bis zu 60 Hennen auf einer Fläche von 2,5 Quadratmeter – aufgeteilt in Sitzstangen, Nester und Einstreu. Diese Hochleistungstierhaltung ist zudem gekennzeichnet durch spezielle Züchtungen und künstliche Beleuchtungsprogramme. Dadurch legt eine Henne bis zu 300 Eier im Jahr, während Hennen in natürlicher Umgebung etwa 40 Eier im Jahr legen. Dem gegenüber steht die **extensive Landwirtschaft**, in der mit geringem Einsatz von Betriebsmitteln gewinnbringend produziert wird (z. B. extensive Weidewirtschaft).

Die Kategorisierung nach Formen der Landwirtschaft können Sie der Tabelle entnehmen.

Tab.: Formen der Landwirtschaft

konventionell	biologisch/ökologisch
• möglichst effiziente Produktion von Lebensmitteln und Industrierohstoffen unter Einsatz des möglichen technischen Fortschritts • Ökologie und Sozialverträglichkeit nehmen nur Randposition im Rahmen der bestehenden Rechtsvorgaben ein • offenes System in der Produktionsweise eines konventionellen Großbetriebes mit permanentem Stoffeintrag von außerhalb (z. B. industriell produzierte Futtermittel)	• Bewirtschaftung der Nutzfläche als ein System aus natürlichen Ressourcen und Umweltfaktoren • möglichst geringe Nährstoffzufuhr von außen, keine Gefährdung des Bodens • traditionelle Formen, aber auch moderner Technikeinsatz • vorbeugende Methoden und natürliche Regulationsmechanismen, z. B. beim Kampf gegen Schädlinge • strengere Vorschriften als die gesetzlichen Regelungen • innerbetrieblich **geschlossener Stoffkreislauf** mit Futtermitteln aus eigener Erzeugung, flächengebundene und artgerechte Tierhaltung mit eigener Nachzucht, Düngung mit betriebseigenem und organischem Dünger, Pflanzenanbau mit vielseitigen Fruchtfolgen und vorbeugendem Pflanzenschutz
integriert	
• Herstellung eines Gleichgewichtes zwischen ökologischer Verträglichkeit und ökonomisch optimaler Ausnutzung der Ressourcen • Bewirtschaftung der Fläche standortgerecht, umfassend und naturnah sowie unter der wirtschaftlich orientierten Abwägung aller zur Verfügung stehenden – auch konventionellen – Bewirtschaftungsmethoden	
industrialisiert	**nachhaltig**
• landwirtschaftliche Betriebstypen mit industriespezifischen Produktionsweisen • Beispiele sind ein hoher Spezialisierungsgrad, Verwendung technischer Verfahren, hoher Kapitaleinsatz und Übergang zur standardisierten Massenproduktion, oft unmittelbar in das Agrobusiness integriert	• möglichst effizientes Wirtschaften, ohne Schädigung/Gefährdung der Ressourcengrundlage für zukünftige Generationen, z. B. so viel Mineraldüngereinsatz wie nötig, so wenig wie möglich (um z. B. Grundwasser zu schonen) nach: P. Sauerborn

Die folgende Tabelle gibt Ihnen einen Überblick über Strukturmerkmale von landwirtschaftlichen Betrieben. Sie kann eine Hilfe sein, wenn Sie landwirtschaftliche Betriebe kennzeichnen sollen.

Tab.: Struktur-merkmale zur Charakterisie-rung von land-wirtschaftlichen Betrieben

Strukturmerkmal	Beispiele
Betriebsfläche	landwirtschaftlich genutzte Fläche, Acker- und Dauergrünlandflächen, Brache
Betriebsgröße	Kleinbetriebe (< 10 ha) Großbetriebe (20 – 110 ha) Gutsbetriebe (> 100 ha)
Produktionsziel	Subsistenz, Marktwirtschaft auf Grundlage von Handel und Transport, Exportwirtschaft
Bodennutzung	Feldbau, Viehwirtschaft, Monokultur, Poly-kultur
Ausstattung	Mechanisierungsgrad, Kapital, Arbeitskräfte-einsatz
Arbeitskräfte	Kooperation gleichberechtigter Partner (Ge-nossenschaft), Familienmitglieder, Angestell-te, Saison- oder Wanderarbeiter
Erwerbsfunktion	Haupt- oder Nebenerwerb
Besitzverhältnisse	Individual-, Privat-, Kollektivbesitz, Pacht, öffentlicher Besitz
räumliche Einordnung	Agrarregion, Agrargebiet, Agrarbetrieb

Hintergrundwissen/Wiederholung: Schwarzerde in seiner Bedeutung für eine landwirtschaftliche Nutzung

vgl. Karten im Diercke Atlas:
• Deutschland – Bodentypen
• Europa – Bodentypen

Neben dem Klima ist der Boden ein entscheidender Faktor für die Nutzung eines Raumes durch die Landwirtschaft. Von der Fruchtbarkeit des Bodens hängt es ab, wie der Landwirt ihn nutzt. Bodengütekarten von Deutschland zeigen, wo die ertragreichsten Äcker liegen. Die Ertragsfähigkeit landwirtschaftlicher Böden wird mithilfe von Bodenwertzahlen (0 bis 100) angegeben. So können Ackerstandorte verglichen werden. Die Böden in den Börden (Löss) weisen Bodenwertzahlen von über 91 auf, in Gebieten mit Schwarzerde-Böden werden Bodenwertzahlen von 100 erreicht.

Schwarzerde ist ein Bodentyp, der charakteristisch für die **Steppen der gemäßigten Breiten** ist. Folgende bodenbildende Faktoren müssen erfüllt sein, damit sich Schwarzerde entwickelt: winterliche Kälte und sommerliche Trockenheit zur Zeit der Entstehung. Bei diesem Klima wird die abgestorbene Pflanzensubstanz von den Bodentieren tief in den Boden eingegraben. Sie humifiziert, mineralisiert aber nur teilweise, sodass sich die Biomasse im Oberboden anreichert. Wegen der Trockenheit findet die für die humiden Klimazonen typische Bodenauswaschung vom Ober- in den Unterboden nicht statt. Es entsteht ein Boden mit A-C-Profil.

Schwarzerdegebiete in Deutschland sind im Regenschatten des Harz zu finden. In den USA gibt es Schwarzerde in den Great Plains, die im Regenschatten der Rocky Mountains liegen. In Europa zieht sich ein Schwarzerdegürtel vom Schwarzen Meer (Ukraine) durch den Süden Russlands bis nach Sibirien.

Die landwirtschaftliche Nutzung der Schwarzerdegebiete ist problematisch, wenn die besonderen ökologischen Zusammenhänge nicht beachtet werden. Zuerst zeigten sich die Schäden in den USA, später auch in anderen Ländern. In der 1930er-Jahren kam es in den Great Plains großflächig zu Bodenerosion, teils mit völligem Verlust des Oberbodens. Gründe dafür waren die Industrialisierung der Landwirtschaft und eine starke Ausweitung des Weizenanbaus sowie eine Periode mit unterdurchschnittlichen Niederschlagsmengen. In Dürreperioden und den vegetationslosen Brachezeiten beim Wechsel von Anbaufrüchten war der Boden der Erosion in bodenschädigendem und ertragsminderndem Ausmaß schutzlos ausgeliefert. Dieses weltweit in den Steppengebieten auftretende Phänomen wird als **Dust-Bowl-Syndrom** bezeichnet.

In einigen Steppenregionen in der Ukraine und in Russland haben sich die Humusgehalte in den Oberböden halbiert, weil die Bewirtschaftung die Winderosion begünstigte. Als Gegenmaßnahme wurden Windschutzhecken gepflanzt. Andere Schutzmaßnahmen gegen die Auswehung des Bodens sind Anbautechniken, die eine erosionshemmende Wirkung haben, zum Beispiel der Anbau in Streifen (strip cropping) oder auch Bewässerung.

Dust-Bowl-Syndrom
Bezeichnung für die nicht-nachhaltige Bewirtschaftung von Böden, bei der als Folge Bodenerosion durch Wind und Wasser eintritt

Strukturwandel in der US-amerikanischen Landwirtschaft

Die Landwirtschaft ist durch den Anstieg der Bevölkerungszahl gefordert, mehr Nahrungsmittel zu produzieren. Da eine Ausweitung der Anbauflächen nur begrenzt möglich ist, spielt die Intensivierung eine entscheidende Rolle, das heißt die Steigerung der Produktion auf gleicher Fläche. Dies geschieht durch verschiedene Maßnahmen: Rationalisierung von Produktionsabläufen, Einsatz von Mineraldünger, Pestiziden, Fungiziden, Herbiziden etc., Mechanisierung und Einsatz moderner Agrartechnologien und Spezialisierung. Durch diese Maßnahmen hat sich ein Strukturwandel in der Landwirtschaft vollzogen, der in den USA besonders gut zu beobachten ist.

↗ Schulbuch S. 32 f.

↗ Schulbuch S. 34 f.

Schon früh war die US-amerikanische Landwirtschaft weltweit führend beim Einsatz von Maschinen, Mineraldünger und Schädlingsbekämpfungsmitteln sowie in der Agrarforschung und der Ausbildung der Farmer. So wurde das Saatgut fortlaufend verbessert – heute in erster Linie gentechnisch – und es wurden immer effektivere Anbaumethoden praktiziert. Zudem wurde der Ackerbau durch Bewässerungsmaßnahmen in trockene, eigentlich ungeeignete Regionen ausgeweitet. Schließlich unterstützte der amerikanische Staat seine Farmer zuerst mit Landverteilung, später massiv mit Subventionen wie Preisstützungen, Handelsbarrieren, Aufkauf von Überschüssen und Einkommenszuschüssen sowie niedrigen Energiepreisen.

Während die Getreideanbaufläche seit 1960 annähernd gleich geblieben ist, eher sogar etwas abgenommen hat, ist die Getreideproduktion kontinuierlich gestiegen und hat sich seit 1960 um etwa 250 Prozent gesteigert. Die Produktivität im Getreideanbau hat sich also fortwährend verbessert.

Während die Anzahl der Farmen seit 1950 zurückgegangen ist, hat sich die durchschnittliche Farmgröße von 80 ha auf 175 ha vergrößert. Es hat also in der US-Landwirtschaft ein Konzentrationsprozess stattgefunden. Weniger Farmer produzieren auf größeren Flächen. Die rückläufigen Werte der durchschnittlichen Farmgrößen in der Statistik zwischen 2002 und 2008 sind darauf zurückzuführen, dass ab 2002 „Hobbyfarmer" statistisch auch als Farmer gerechnet werden. Sie verkaufen zum Beispiel Ahornsirup oder sie halten Tiere zum Abweiden ihrer Rasenflächen.

Weiterhin ist ein Spezialisierungsprozess zu beobachten. Während um 1900 viele Farmen mehrere Produkte anbauten und daneben Tiere hielten, sind mittlerweile die Anteile der Betriebe mit Tierhaltung gesunken.

Einige US-Bundesstaaten sind noch immer stark landwirtschaftlich geprägt. Kalifornien ist der Bundesstaat mit dem höchsten Produktionswert pro Farm in den USA bei relativ wenigen Farmen. Das liegt daran, dass hier im großen Stil hochwertige Agrarprodukte wie Obst, Beeren, Nüsse, Gemüse angebaut werden.

In Texas, dem drittwichtigsten Agrarproduzenten, dominiert die Rinderzucht. Die Anzahl der Farmen ist hier zehnmal so hoch und die Betriebe fast doppelt so groß wie in Kalifornien. Nebraska ist ebenfalls ein Bundesstaat mit Rinderhaltung. Hier wird außerdem das Futtermittel Mais angebaut. Die geringe Bevölkerungsdichte und der hohe Anteil an Farmern bewirken, dass die Agrarproduktion pro Einwohner sehr hoch ist. Die Farmen sind extrem groß. In North Carolina konzentriert sich die Landwirtschaft auf die Geflügelzucht, was dazu führt, dass die Durchschnittsgröße der Farmen relativ klein ist. Zweiter Schwerpunkt ist die

Schweinezucht. Wisconsin ist ein Schwerpunkt der Milchwirtschaft. In North Dakota gibt es kein herausragendes Agrarprodukt, allerdings liegt der Schwerpunkt auf Getreide und Ölsaaten, die 80 Prozent der agrarischen Wertschöpfung ausmachen. Hier ist die Agrarproduktion pro Einwohner noch höher als in Nebraska, auch die Farmgrößen liegen über denen in Nebraska.

Die klassische Familienfarm ist in den USA ein Auslaufmodell. **Agrobusiness**, **vertikale** und **horizontale Integration** von landwirtschaftlichen Produktionsstufen dominieren immer mehr die US-amerikanische Landwirtschaft. Große und mittlere Familienbetriebe (Family Farm) sind allerdings noch wettbewerbsfähig. Es ist aber der fehlende Nachwuchs, der das System Family Farm bedroht. Das steigende Durchschnittsalter deutet darauf hin, dass eine Betriebsnachfolge immer später oder gar nicht mehr erfolgt. Oft bleibt nur der Verkauf an Großbetriebe und eventuell auch das Brachfallen der Flächen.

Strukturwandel in der deutschen Landwirtschaft

Die landwirtschaftliche Produktion in Deutschland findet heute auf einem sehr hohen technischen Niveau statt. Ernährte ein Bauer in Deutschland 1950 noch etwa 10 Personen, so sind es heute mehr als 140 Menschen. Damit zählt die Landwirtschaft in Deutschland im weltweiten Vergleich zu den produktivsten. Diese Produktivitätssteigerung ist eine Folge von tiefgreifenden Entwicklungen in der Landwirtschaft in den letzten sechzig Jahren. Ein hoher Mechanisierungsgrad, neueste Anbau- und Tierhaltungsmethoden sowie modernstes Logistikmanagement ermöglichen diese Effizienz, die sich auch in der Struktur der landwirtschaftlichen Betriebe niederschlägt. Insgesamt dominieren in der deutschen Landwirtschaft Acker- und Futterbaubetriebe. Einzelunternehmen – in der Regel Familienbetriebe – bewirtschaften rund zwei Drittel der landwirtschaftlichen Nutzfläche. Davon wird fast die Hälfte im   Haupterwerb geführt. Die Zahl landwirtschaftlicher Betriebe sinkt jedoch seit Jahren. Gleichzeitig nimmt die bewirtschaftete Fläche pro Betrieb zu. Rund zehn Prozent der landwirtschaftlichen Betriebe in Deutschland verfügen über mehr als ein Drittel aller landwirtschaftlichen Nutzflächen.

Der vor der Wiedervereinigung politisch verschieden motivierte Strukturwandel in Ost- und Westdeutschland weist Parallelen auf. Beispiele sind die Zunahme der Betriebsgröße bei Abnahme der Beschäftigten, Rationalisierung aller Produktionsabläufe und Strukturen, Produktivitätssteigerungen durch Einsatz von Mineraldünger, Pestiziden und Weiterentwicklungen in der Tier- und Pflanzenzucht, Konzentration

vertikale Integration
enge Zusammenarbeit von Betrieben aufeinander folgender Produktionsstufen, z. B. Ferkelzucht und Mastbetriebe

horizontale Integration
Zusammenarbeit von Betrieben gleicher Produktionsstufe unter einem Management, gemeinsame Beschaffung von Betriebsmitteln und/oder Vermarktung von Erzeugnissen

des Getreideanbaus auf Gunsträume, Verdrängung des Grünlandes auf Ungunsträume sowie Verlagerung von Wohn- und Wirtschaftsgebäuden auf die Flur.

Mit der Intensivierung der Produktion geht eine Verschiebung von einer traditionellen, arbeitsintensiven zu einer modernen, kapitalintensiven Landwirtschaft einher. Infolgedessen kommt es zu Konzentrationsprozessen in der Landwirtschaft, da sich große Investitionen nur für große Betriebe lohnen und nur große Betriebe über das nötige Kapital für aufwendige Modernisierungen verfügen.

Lohnunternehmen sind ein weiterer Ausdruck des Wandels in der Landwirtschaft. Hier werden Teile der Produktion an andere Betriebe vergeben – eine Organisationsform, die eigentlich der Industrieproduktion vorbehalten war und in der Landwirtschaft relativ neu ist. Wie in der US-amerikanischen Landwirtschaft arbeiten die Betriebe der Agrarindustrie im Produktionsverbund mit vertikal und horizontal integrierten Unternehmen.

Ein weiterer Aspekt, der die Landwirtschaft immer mehr der industriellen Produktion angleicht, ist ihre intensive Einbindung in Wertschöpfungsketten. So tritt die Landwirtschaft als wichtiger Abnehmer von Futtermitteln, Saatgut, Landmaschinen, aber auch von Beratung, Forschung und Entwicklung auf und liefert ihrerseits Rohstoffe für andere Branchen, wie die Lebensmittelindustrie.

Auch Forschung und Entwicklung, zum Beispiel im Bereich der Landtechnik, wird von der Landwirtschaft in Auftrag gegeben und spielen inzwischen eine wichtige Rolle – auch für den Export.

↗ Schulbuch S. 38 f.

LERNTIPP >>

Regionale Konzentrationsgebiete mit den eingebundenen Unternehmen und Forschungseinrichtungen wurden vom US-amerikanischen Wirtschaftswissenschaftler Michael E. Porter in einem Cluster-Modell dargestellt. Diesen **Cluster** können Sie nicht nur auf den primären Sektor anwenden, sondern auch auf Wirtschaftsregionen allgemein. Deshalb sollten Sie sich die im Buch angegebenen Konkurrenzvorteile wirtschaftlicher Cluster notieren (↗ Schulbuch S. 38).

Cluster
räumliche Konzentration kooperierender Unternehmen und Institutionen innerhalb eines bestimmten Wirtschaftszweigs

Die Konzentration in der Landwirtschaft geht mit einem tiefgreifenden Wandel im ländlichen Raum einher. Familienbetriebe, die seit mehreren Generationen arbeiten, müssen aufgeben, immer weniger Arbeitskräfte werden in der Landwirtschaft benötigt.

Viele Landwirte müssen ihre Höfe aufgeben. Einige Höfe suchen Auswege, indem sie alternative Einkommensquellen erschließen. Diese können im Bereich der Produktion erneuerbarer Energien liegen, im Tourismussektor oder im Anbieten von Teilleistungen für andere landwirtschaftliche Betriebe.

Der Strukturwandel in der Landwirtschaft wirkt sich nicht nur ökonomisch, sondern auch ökologisch aus. Dies zeigt sich in einer Übernutzung der Böden und einer fortschreitenden Bodendegradation. Monokulturen führen zum Verlust der Biodiversität, zu Insektensterben und damit zum Singvogelsterben sowie zur Verarmung der landschaftlichen Vielfalt, wie das Beispiel des vermehrten Maisanbaus (Vermaisung der Landschaft) zeigt. Weitere Folgen sind, dass Pestizide ins Grundwasser und vor allem in Flüsse, Bäche und Seen gelangen und die Fisch- und Amphibienpopulationen gefährdet sind. Die in der Viehhaltung anfallende Gülle wird als Dünger auf die Felder aufgebracht. Nitrat gelangt dadurch ins Grundwasser, Gewässer werden überdüngt. Dies führt zur Eutrophierung der Gewässer und einem vermehrten Algenwachstum.

↗ Schulbuch S. 39

Was ist die Zukunft – nachhaltige Landwirtschaft oder markt- und exportorientiertes Agrobusiness?

Seit Jahren wird in Politik, Wissenschaft und Gesellschaft heftig diskutiert, welches das richtige Leitbild für die zukünftige Entwicklung der Landwirtschaft ist. Sollte der Schwerpunkt auf der Nachhaltigkeit liegen oder auf einer möglichst hohen Produktivität – oder ist beides in irgendeiner Weise kombinierbar? Argumente gibt es für beide dieser Extrempositionen und beide werden auch durch zahlreiche Untersuchungen und von namenhaften Wissenschaftlern vertreten (s. S. 36). Neben diesen eher sachlichen Aspekten gibt es noch ethische Argumente, die für die einzelnen Produktionsweisen ins Feld geführt werden:

↗ Schulbuch S. 48 f.

- Preiswerte Nahrungsmittel garanieren die Ernährungssicherung.
- Der Agroindustrie geht es nur um Gewinnmaximierung.
- Auf das Wohl der Tiere wird in der Intensivhaltung zu wenig geachtet.
- Ein geändertes Ernährungsverhalten – z.B. mehr pflanzliche Ernährung statt Fleischkonsum – ist ein Eckstein nachhaltigen Wirtschaftens.
- Neue Nahrungsquellen können erschlossen werden, zum Beispiel durch die massenhafte Züchtung von Insekten.

Immer mehr Betriebe versuchen inzwischen, einen Mittelweg zu gehen: In der integrierten Landwirtschaft werden je nach Standort und Situation moderne Werkzeuge und Technologien mit traditionellen Verfahren bestmöglich kombiniert.

integrierte Landwirtschaft
vgl. S. 29

Für die Agrarpolitik sind diese Erwägungen wichtig, innerhalb der Gemeinsamen Agrarpolitik der EU entscheidet ein Für oder Wider über Hunderte Millionen Euro an Agrarsubventionen. Die Kleinbauernfamilien in den Entwicklungsländern interessieren diese Diskussionen allerdings wenig. Ihnen geht es um das Überleben, ganz gleich ob durch ökologischen Landbau oder konventionelle Landwirtschaft.

Markt- und exportorientiertes Agrobusiness	Nachhaltige Landwirtschaft
„Wachse oder weiche": Um produktiv arbeiten zu können, müssen die Betriebe immer größer werden und technisierter → das kostet Arbeitsplätze	Es gibt zwar auch in der nachhaltigen Landwirtschaft große Betriebe, doch Betriebsgrößen wie in der industriellen Landwirtschaft werden nicht erreicht. Die Produktion ist eher arbeitsintensiv und daher weniger kostengünstig als in der industrialisierten Landwirtschaft.
Nur stark spezialisierte Betriebe können die erforderlichen Spezialmaschinen anschaffen und das nötige Know-how sammeln → das führt zu Monokulturen und zu Anfälligkeit bei ökologischen (z.B. Seuche) oder ökonomischen (z.B. plötzlicher Nachfragerückgang z.B. durch Zollerhöhungen in den Abnehmerländern) Krisen.	Es gibt keine starke Spezialisierung. Der Anbau unterschiedlicher Produkte, die Mischung von Agrar- und Viehwirtschaft sind kennzeichnend. Hohes Know-how über ökologische Abläufe ist nötig → keine Abhängigkeit von einem oder wenigen Anbauprodukten, weniger Maschineneinsatz möglich.
Ein starker Maschineneinsatz benötigt weite, baumlose, buschlose Flächen → der Rückgang der Fauna (Insekten, Vögel) und die Zunahme von (Wind-)Erosion sind wahrscheinliche Folgen.	Wegen geringeren Einsatzes von Großmaschinen ist die Nutzung auch kleinerer Parzellen möglich → geringere Erosionsanfälligkeit, geringere Störung des natürlichen Ökosystems.
Nur Hochleistungssorten bringen höchste Erträge → die Artenvielfalt verringert sich, die Abhängigkeit von internationalen Saatgutkonzernen steigt, da die Agrarbetriebe selbst keine neue Saat herstellen können.	Keine Verwendung von Hochleistungssorten, Nachzucht von eigenem Saatgut möglich → unterschiedlichste Sorten bleiben erhalten.
Hochleistungssorten verlangen spezielle Düngung, Insektizide und Pestizide sowie evtl. Bewässerung → hohe Investitionen sind dauerhaft notwendig.	Düngung und Pflanzenschutz vor allem im Rahmen der Kreislaufwirtschaft: Dünger und Pflanzenschutzmittel aus eigener Herstellung
Alle Betriebsmittel wie künstlich hergestellter Dünger, Bewässerungspumpen und Maschinen benötigen in der Herstellung und im Betrieb hohe Mengen an Energie.	vergleichsweise geringer Einsatz von Energie
Die Produktivität pro Fläche, pro Arbeitskraft und pro eingesetztem Euro/Dollar ist sehr hoch.	Die Produktivität pro Fläche, pro Arbeitskraft und pro eingesetztem Euro/Dollar ist meist geringer als in der industrialisierten Landwirtschaft.
Die Produkte können preiswert auf dem Markt angeboten werden.	Die Produkte müssen auf dem Markt teurer verkauft werden.

II.4 Erweitertes Wissen

Strukturwandel durch Agrarpolitik

Landwirtschaft ist heutzutage ohne Agrarpolitik nicht denkbar. Damit ist die Summe aller Maßnahmen gemeint, die auf die Gestaltung der ordnungspolitischen Rahmenbedingungen im Agrarsektor gerichtet sind und die auf den Ablauf ökonomischer Prozesse in der Landwirtschaft einwirken. Agrarpolitik zeigt, wie eine Gesellschaft ihre Ziele im Agrarsektor definiert und umsetzt. Dabei wirkt sie in vielfältiger Weise auf die Land- und Forstwirtschaft sowie die ländliche Entwicklung ein. Nach dem Zweiten Weltkrieg stand in der Bundesrepublik Deutschland die Gestaltung einer modernen Agrarstrukturpolitik im Blickpunkt. Sie hatte zum Ziel, die landwirtschaftliche Produktion umfassend staatlich zu fördern und die soziale Lage der Erwerbstätigen in der Landwirtschaft zu verbessern. Seit Mitte der 1960er-Jahre wird die Agrarpolitik der Bundesrepublik durch eine gemeinsame Politik der EWG/EU beeinflusst. Die **Gemeinsame Agrarpolitik der Europäischen Union (GAP)** hat bis heute die Ernährung der Bevölkerung als zentrales Ziel. Die GAP erfährt darüber hinaus ständig Wandlungen der Ziele und Maßnahmen. Sie basiert auf zwei Säulen: der Marktpolitik/Einkommensstützung und der Politik zur Entwicklung des ländlichen Raumes. Die Gemeinsame Agrarpolitik besitzt in der EU ein besonderes Gewicht, so beträgt der Anteil der Ausgaben für die GAP am EU-Gesamthaushalt rund 38 Prozent (2014–2020).

↗ Schulbuch S. 44 f.

Ziele der gemeinsamen EU-Agrarpolitik sind:
- die Unterstützung der Landwirte zur Produktion der für Europa ausreichenden Menge an Lebensmitteln,
- die Gewährleistung der Lebensmittelsicherheit (z.B. Rückverfolgbarkeit),
- der Schutz der Landwirte vor zu großen Preisschwankungen oder Marktkrisen,
- der Erhalt lebensfähiger Gemeinschaften im ländlichen Raum,
- die Schaffung und der Erhalt von Arbeitsplätzen in der Lebensmittelindustrie,
- der Schutz von Umwelt und Natur.

Zu Beginn der gemeinsamen Agrarpolitik sollten die Landwirte zur Erhöhung der Produktion vom Marktrisiko befreit werden. So nahm die Gemeinschaft Produkte, die auf dem Markt keinen Abnehmer fanden, zu einem Garantiepreis ab. Dadurch konnten Landwirte ihr Einkommen durch Mehrproduktion ohne Rücksicht auf den Markt steigern. Ergebnisse dieser Strategie waren in den 1970er- und 1980er-Jahren „Butterberge" und „Milchseen" als Folgen der Überproduktion. Die EU reagierte in den 1980er-Jahren mit Strukturmaßnahmen, in den 1990er-Jahren unter anderem mit Überschussreduktion, Einkommensstabilisierung, Kompensationszahlungen und Preisbeschränkungen. Später wurde die Stützung der Landwirtschaft über den Preis der Agrarprodukte abgeschafft. An ihre Stelle sind Direktzahlungen an die Landwirte getreten.

Die GAP-Reform 2014 – 2020 ist eine der bedeutendsten Reformen. Sowohl der Europäische Rat als auch das Europäische Parlament waren erstmalig gemeinsam Gesetzgeber dieser Reform. Ziel dieser Reform ist es, für die zukünftigen Herausforderungen auf dem zunehmend globalisierten Agrarsektor vorbereitet zu sein: Die Landwirtschaft soll effizienter, wettbewerbsfähiger und nachhaltiger werden. Nach zwei Jahrzehnten versucht die EU nun, die Landwirtschaft stärker auf den Markt auszurichten, die Erzeuger u.a. mit Einkommensstützung abzusichern und umweltpolitische Ziele durchzusetzen. Ihre neuen politischen Vorgaben führen zu stärker flächenorientierten Ansätzen, weg von der Subvention der Erzeugung hin zur Stützung der zugehörigen Produzenten und der Einbeziehung von Umweltaspekten. So soll beispielsweise das ökologische, nachhaltige und klimaschützende Handeln eines Betriebes und nicht die Mindesthöhe des Produktpreises auf dem Markt finanziell mitgetragen werden. Die EU verfolgt mit der GAP 2014 – 2020 drei Ziele:

- eine rentable Lebensmittelproduktion,
- die nachhaltige Bewirtschaftung der natürlichen Ressourcen sowie Klimaschutzmaßnahmen,
- die ausgeglichene Entwicklung ländlicher Räume. In den Blickpunkt der Politik rückt also zunehmend auch eine nachhaltige Wirtschaftsweise: So werden Landwirte gefördert, die zur Landschaftspflege, zum Erhalt der Biodiversität oder zum Klimaschutz beitragen.

Ökologischer Landbau

↗ Schulbuch S. 46 f.

Die Wurzeln der ökologischen Landwirtschaft reichen zurück bis in die Anfänge des 20. Jahrhunderts. In den 1970er-Jahren entstanden unter der Sammelbezeichnung „alternativer Landbau" immer mehr Bewirtschaftungsweisen, die sich in vielerlei Hinsicht von der konventionellen Agrarwirtschaft abgrenzten. Ihre Vertreter verzichteten bewusst auf Höchstleistungen, um eine möglichst umweltschonende Erzeugung von gesundheitlich unbedenklichen und biologisch hochwertigen Lebensmitteln zu erzielen. Boden, Pflanzen, Tiere und Menschen werden dabei als Elemente einer auf nachhaltige Nutzung ausgerichteten Kreislaufwirtschaft betrachtet.

Dies erfordert eine völlige Neuausrichtung des Betriebs. Seit der Agrarreform von 1992 und der Agenda 2000 fördert auch die EU dieses alternative Leitbild einer Landwirtschaft unter der Bezeichnung „Ökologischer Landbau". Als europaweiten Mindeststandard für eine tier- und umweltschonende Produktionsweise gibt die entsprechende EU-Öko-Verordnung eine Reihe von Geboten und Verboten vor. Verboten sind danach der Einsatz von gentechnisch veränderten Organismen, von chemisch-synthetischen Pestiziden und von leicht löslichem mineralischem Dünger, die Bestrahlung von Lebensmitteln sowie das Verfüttern von Antibiotika.

Die Tierhaltung muss artgerecht sein, es dürfen nur ökologisch erzeugte Futtermittel verfüttert werden und Rinder müssen mindestens ein Jahr auf einem Ökohof gelebt haben, bevor ihr Fleisch als Bioware verkauft wird. Zwei Drittel der in Deutschland nach diesen Grundsätzen geführten Betriebe sind einem der vielen inzwischen entstandenen Ökoverbände angeschlossen, die jedoch strengere Regeln als die EU haben. Ihr gemeinsamer Mindeststandard sind die Richtlinien der langjährigen „Arbeitsgemeinschaft Ökologischer Landbau". Danach können Betriebe nur ganz (und nicht teilweise) auf ökologischen Landbau umstellen, dürfen nur in Ausnahmefällen Tiere aus konventioneller Haltung zukaufen und müssen mindestens die Hälfte des Tierfutters auf dem eigenen Hof produzieren.

Zahlreiche Siegel ermöglichen es dem Verbraucher, über den Konsum zertifizierter Produkte und deren Erzeugungs- und Vermarktungsbedingungen mitzubestimmen. Der größte Verband für ökologischen Landbau in Deutschland, „Bioland", agiert unter dem Leitbild der sieben Prinzipien einer Landwirtschaft der Zukunft: in Kreisläufen wirtschaften, Bodenfruchtbarkeit fördern, Tiere artgerecht halten, wertvolle Lebensmittel erzeugen, biologische Vielfalt fördern, natürliche Lebensgrundlagen bewahren, Menschen eine lebenswerte Zukunft sichern. Nicht nur der Konsum zertifizierter Produkte bietet sich als Alternative zu herkömmlichen Produkten an. Die Orientierung des Verbrauchers an jahreszeitgemäßen Produkten und die Unterstützung von Erzeugern aus der jeweiligen Region sind wirkungsvolle Instrumentarien in der Gestaltung von Angebot und Nachfrage durch den Konsumenten.

Ökologischer Fußabdruck und Biokapazität

Im Abitur wird vorausgesetzt, dass Sie wissen, was man unter dem „ökologischen Fußabdruck" versteht. In diesem Zusammenhang sollten Sie sich auch den Begriff „Biokapazität" erklären können.

<< LERNTIPP

Das Modell des **ökologischen Fußabdrucks** wurde 1997 entwickelt. Dabei wird die Belastung der Erde durch Lebensstil und Konsum anschaulich in ein Flächenmaß übersetzt, was allerdings eine Fülle an statistischem Material und umfangreiche Rechenoperationen erfordert. Das Grundprinzip aber ist einfach: Die Nutzfläche der Erde lässt sich grob in Siedlungs-, Acker-, Weide- Wald- und Meeresflächen unterteilen. Der Konsum des Menschen kann ebenfalls sehr grob in Nahrung, Wohnung, Verkehr und Konsumgüter unterschieden werden. Jede Konsumform erfordert unterschiedliche Flächenarten: Für die Nahrungsherstellung brauchen wir Äcker (Getreide), Weiden (Fleisch und Milch) und Meer (Fisch); zum Wohnen Siedlungs-, aber auch Waldfläche für Bauholz und Möbel. Verkehr benötigt Siedlungsfläche und Ackerland für die Gewinnung von Treibstoff. Für die Herstellung von Konsumgütern wie Kleidung sind z.B. Äcker für Baumwolle und Weiden für Wolle und Leder erforderlich. Waldfläche ist nötig für die Produktion von Verpackungen und Zeitungspapier.

Jede Konsumform benötigt Energie. Fossile Energie (Kohle, Erdgas, Erdöl) setzt beim Verbrennen zusätzliches Kohlenstoffdioxid (CO_2) frei. Deshalb wird sie in die Waldfläche umgerechnet, die nötig ist, um das freiwerdende CO_2 zu binden. Für die Kernenergie gilt ähnliches, um sie wegen ihres hohen Risikopotenzials nicht „besserzustellen".

Um später die einzelnen Flächenanteile zu einer einheitlichen Gesamtfläche addieren zu können, werden sie in ihrer jeweiligen Produktivität verglichen. So ist Ackerland nach den Berechnungen zum Beispiel 2,8-mal so produktiv wie der Durchschnitt aller Flächen und erhält deswegen den „Äqualenzfaktor" 2,8. Da aber die Ackerflächenproduktivität in den verschiedenen Regionen der Welt sehr unterschiedlich ist, muss zum Beispiel beim ökologischen Fußabdruck der Deutschen wegen der „hochproduktiven" Landwirtschaft noch ein „Ertragsfaktor" von 2,08 berücksichtigt werden.

Die Berechnungen des Ecological Footprint ergeben zwar nur grobe Näherungswerte, sie erlauben allerdings, Lebensstile in unterschiedlichen Regionen miteinander zu vergleichen, und weisen auf Überbelastungen der Ökosysteme hin. Die Daten zeigen zweierlei: Erstens: Der ökologische Fußabdruck der wohlhabenden Nationen ist weitaus größer als der der Entwicklungsländer. Zweitens: Die Biokapazität unserer Erde ist bereits deutlich überschritten, wir leben schon auf Kosten künftiger Generationen. Ein Bereich, in dem es bereits nachhaltige Entwicklungen gibt und der weitere Potenziale bietet, ist die Landwirtschaft.

Die **Biokapazität** ist ein weiterer Messwert, der im Rahmen des Konzepts der nachhaltigen Entwicklung verwendet wird. Er gibt die Kapazität eines Ökosystems an, biologische Materialien zu produzieren und zur Verfügung zu stellen sowie Abfallstoffe aufzunehmen. Die Werte werden wie beim ökologischen Fußabdruck in „globalen Hektar" (gha) angegeben. Entspricht der ökologische Fußabdruck der Biokapazität, besteht ein Gleichgewicht.

Nachhaltige Landwirtschaft – Landwirtschaft der Zukunft?

Die aktuelle Entwicklung der Landwirtschaft in nachhaltige Bahnen zu lenken, stellt eine große, anspruchsvolle globale Aufgabe dar. Der von der Zukunftsstiftung Landwirtschaft verfasste Weltagrarbericht formulierte diesbezüglich 2013 einen neuen Leitgedanken. Die industrielle Landwirtschaft sei aus volkswirtschaftlicher, sozialer und ökologischer Sicht keinesfalls grundsätzlich überlegen. Zukünftige Garanten und Hoffnungsträger für eine soziale, wirtschaftliche und ökologische Lebensmittelversorgung mit widerstandsfähigen Anbau- und Verteilungssystemen seien danach die arbeitsintensiven und auf Vielfalt ausgerichteten kleinbäuerlichen Wirtschaftsformen. Dieses Prinzip biete sich als Lösung allerdings nur in Regionen mit noch vorhandenen kleinbäuerlichen Strukturen an. Für hoch entwickelte Volkswirtschaften stelle sich diese Alternative nicht.

Die Befürworter der konventionellen Landwirtschaft argumentieren damit, dass sie mit ihren Intensivierungsmethoden zu höheren Erträgen und somit zur Bedarfsdeckung beitragen. Im Jahr 2012 beschloss die Rio + 20-Konferenz, Ziele für eine globale nachhaltige Entwicklung mit universeller Geltung für alle Länder der Erde zu erarbeiten. Die UN-Vollversammlung soll diese Ziele dann beschließen.

Der Wissenschaftler Jonathan Foley von der California Academy of Sciences fasst verschiedene mögliche Ansatzpunkte in einem „Fünf-Punkte-Plan zur Ernährung der Welt" zusammen:
• Stopp des zusätzlichen Flächenverbrauchs durch die Landwirtschaft,
• Steigerung der Erträge in bestehenden Betrieben,
• effizientere und nachhaltigere Nutzung von Wasser und Dünger,
• Umstellung von Ernährungsgewohnheiten,
• Stopp der Verschwendung und Vernichtung genießbarer Lebensmittel.
Alternative Wege in der Landwirtschaft werden insbesondere dadurch gekennzeichnet sein, dass sie den genutzten Raum und seine Eigenschaften sowie wirtschaftliche, soziale und gesellschaftliche Aspekte aus regionaler und globaler Sicht berücksichtigen.

II.5 Übungsmöglichkeiten mit dem Diercke Weltatlas

www.diercke.de

Auch zu diesem Kapitel finden Sie Karten im Diercke Weltatlas, mit denen Sie üben können. Sie finden Zusatzinformationen zu den Karten unter www.diercke.de. Geben Sie den Kartennamen ein und Sie erhalten die Atlaskarte sowie den erläuternden Text. Überprüfen Sie, ob Sie Ihre erworbenen Sach-, Methoden- und Urteilskompetenzen anwenden können. Sie sollten auf jeden Fall in der Lage sein, die naturräumlichen Gegebenheiten und Rahmenbedingungen für eine landwirtschaftliche Produktion zu erläutern, Agrarstrukturen zu beschreiben, zu erklären und zu bewerten.

Karte	Atlasseite und Kartennummer
Gröningen (Sachsen-Anhalt) – Strukturwandel in der Börde	57 ④
Cloppenburg, Vechta – Agrartechnologie für Veredelungsbetriebe	59 ⑤
Rechterfeld – Veredelungsbetriebe	59 ⑥
Wiesengut bei Hennef/Sieg – Ökologischer Landbau	59 ⑦
Allgäu – Grünlandwirtschaft	59 ⑧
El Ejido (Almería) – Treibhausanbau	133 ③
Dobre (Ukraine) – Agrargroßbetrieb	145 ④
Great Plains – Landwirtschaft	220 ①
Kuner Feedlot (Colorado) – Rindermastbestrieb	220 ②
Texhoma (Oklahoma) – Farmwirtschaft	220 ③
Kalifornien – Landwirtschaft	221 ⑤
Honduras – Aquakulturen	226 ②
Gran Chaco (Argentinien) – Estancia	235 ⑦

*Wenn Sie sich noch über die Raumbeispiele zum Ackerbau und zur Vieh-
haltung hinaus mit Sonderkulturen beschäftigen wollen, bieten sich folgende Karten an:*

Karte	Atlasseite und Kartennummer
Mittelmosel – Weinbau	58 ③
Knoblauchsland – Arbeitsintensiver Gartenbau	58 ④

III

Wirtschaftsregionen im Wandel

Einflussfaktoren und Auswirkungen

III.1 Zu erwerbende Kompetenzen

Nach Bearbeitung des Kapitels können Sie ...
... den Wandel von Standortfaktoren als Folge technischen Fortschritts, veränderter Nachfrage und politischer Vorgaben erklären.
... die Entstehung und den Strukturwandel industriell geprägter Räume mit sich wandelnden Standortfaktoren erklären.
... Reindustrialisierung, Diversifizierung und Tertiärisierung als Strategien zur Überwindung von Strukturkrisen beschreiben.
... Wachstumsregionen mithilfe wirtschaftlicher Indikatoren beschreiben.
... die Vielfalt des tertiären Sektors und seine Wechselwirkungen mit dem sekundären Sektor am Beispiel der personen- und unternehmensorientierten Dienstleistungen darstellen.
... den Bedeutungswandel von harten und weichen Standortfaktoren für die wirtschaftliche Entwicklung eines Raumes beurteilen.
... die Bedeutung von Wachstumsregionen für die Entwicklung einer Region aus wirtschaftlicher, technologischer und gesellschaftlicher Perspektive beurteilen.
... das Modell von Fourastié erklären.
... die Standorttheorie nach Alfred Weber erklären.
... das Modell der Phasen des Produktlebenszyklus erklären.
... die Theorie der langen Wellen nach Kondratieff erklären.
... das Modell der Standortwahl nach Porter (Porter-Diamant) erklären.

III.2 Übersicht über die Themen des Kapitels

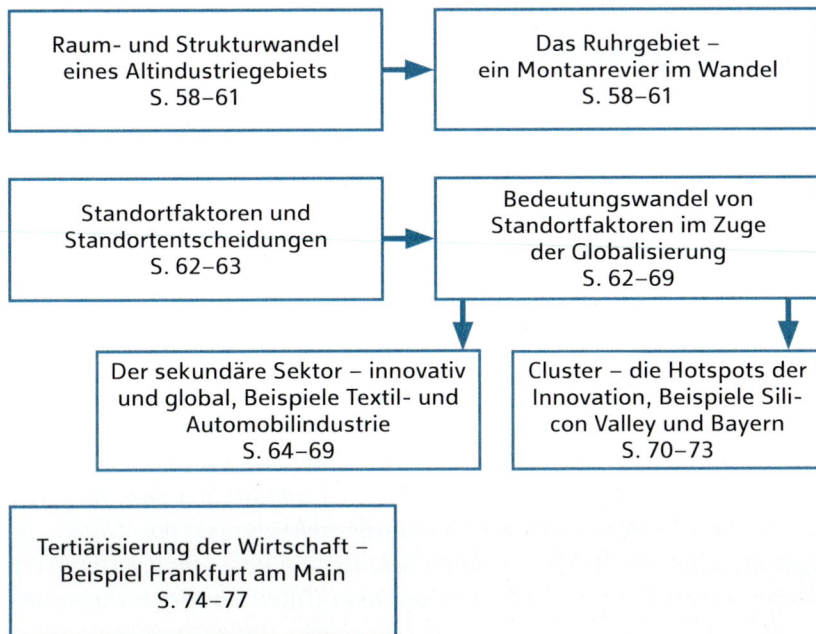

In diesem Kapitel werden Sie mehrere Modelle analysieren. Sie sollten auch in der Lage sein, das Cluster-Modell, das Sie bereits im zweiten Kapitel kennengelernt haben, auf den sekundären und den tertiären Sektor anzuwenden. Legen Sie sich am besten zu allen Modellen eine Karteikarte an, damit Sie diese vor den Abiturprüfungen wiederholen können.

Am Ende des Kapitels im Schulbuch finden Sie einen Vorschlag zum Klausurtraining. Es geht thematisch um die Automobilindustrie in den USA. Sie können überprüfen, ob Sie unterschiedliche Materialien auswerten und die Ergebnisse fragebezogen verknüpfen können.

Hier noch ein paar Beispiele von Themenformulierungen aus den Abituraufgaben der letzten Jahre, die sich auf die Inhalte des Kapitels beziehen:

• Industriell geprägte Räume im Wandel
• Umwertung von Standortfaktoren unter dem Einfluss globaler Entwicklungen
• Die Hightech-Branche als Entwicklungsmotor?
• Industrieansiedlung auf der Grundlage von Bodenschätzen
• Nachhaltige Entwicklung durch Ansiedlung von großflächigem Einzelhandel?

<< LERNTIPP

↗ Schulbuch S. 38

↗ Abi-Tipp
S. 239–243

- Zukunftsfähige Raumentwicklung durch Standortentscheidungen in der globalisierten Automobilindustrie
- Industriestandorte zwischen privatwirtschaftlicher Standortentscheidung und staatlicher Lenkung
- Wirtschafts- und Technologieparks als Impulsgeber im Strukturwandel?

Zu diesen Themen wurden entsprechende Raumbeispiele ausgewählt und vorgegeben.

III.3 Basiswissen

Nachdem Sie im zweiten Kapitel des Buches den Strukturwandel in der Landwirtschaft analysiert haben (primärer Sektor), geht es in diesem Kapitel zum einen darum, die Entwicklung von der Agrar- zur Dienstleistungsgesellschaft zu untersuchen (über den sekundären zum tertiären Sektor), und zum anderen um Standortentscheidungen von Unternehmen des sekundären und tertiären Sektors in einer globalisierten Welt. Sollten Sie Ihr Hintergrundwissen aus dem Unterricht der vorangegangenen Jahre überprüfen oder auffrischen wollen, finden Sie hier eine kurze Zusammenfassung über die Wirtschaftssektoren.

Hintergrundwissen/Wiederholung: Sektorale Gliederung der Wirtschaft

In der Wirtschaft werden zur einfacheren Beschreibung ähnliche Wirtschaftsbereiche in Wirtschaftssektoren zusammengefasst. Unterschieden werden dabei der primäre, sekundäre und tertiäre Sektor. Der **primäre Sektor**, die „Urproduktion", setzt sich zusammen aus Land- und Forstwirtschaft sowie Fischerei und Bergbau (ohne Aufbereitung). Der **sekundäre Sektor** umfasst alle Wirtschaftszweige, die die Produkte des primären Sektors in Fertig- oder Halbfertigprodukte weiterverarbeiten. Er umfasst die Bereiche Bergbau (Aufbereitung von Bergbauprodukten), Industrie sowie Unternehmen der Energieversorgung und des Handels. Alle Wirtschaftsbereiche, die keine Rohstoffe fördern oder Güter produzieren beziehungsweise verarbeiten, sondern Privatpersonen und Unternehmen Dienstleistungen anbieten, zählen zum **tertiären Sektor**. Allerdings ist dieser Sektor in sich äußerst heterogen. Der Dienstleistungsbereich lässt sich je nach der Art der Nachfrager untergliedern in **unternehmensorientierte Dienstleistungen**, die hauptsächlich von Unternehmen nachgefragt werden, und **personenbezogene**

Unternehmensorientierte Dienstleistungen werden von Unternehmen nachgefragt.

Personenbezogene Dienstleistungen werden von Einzelpersonen nachgefragt.

Dienstleistungen, die Einzelpersonen in Anspruch nehmen. Personenbezogene Dienstleister sind zum Beispiel Fast-Food-Ketten ebenso wie Ärzte, Lehrer oder Friseure. Zu den unternehmensorientierten Dienstleistungen zählen Bereiche wie zum Beispiel Werbung, Design, Personalwirtschaft, Immobilienmanagement und Sicherheitsdienste. Hinsichtlich der von den Beschäftigten ausgeübten Tätigkeiten kann zwischen einfachen Dienstleistungen (z.B. Gastronomie, Einzelhandel), produktionsorientierten Tätigkeiten (z.B. Reparatur, Einrichtung und Wartung von Maschinen) und höherwertigen Dienstleistungen unterschieden werden. Für die erstgenannten ist kein höheres Ausbildungsniveau erforderlich, für die letztgenannten schon. Diese anspruchsvollen Dienstleistungen werden deshalb mitunter als **quartärer Sektor** bezeichnet; dazu gehören Dienstleistungen im weiteren Sinne auf den Gebieten Forschung und Entwicklung, Entscheidungstätigkeiten im öffentlichen Bereich (Regierung und Verwaltung) und auch das Management von Firmen sowie Organisation, Beratung, Betreuen und Lehren.

Hintergrundwissen/Wiederholung: Wirtschaftlicher Strukturwandel

Die Wirtschaftsstruktur, das heißt die Bedeutung und der Anteil der jeweiligen Sektoren an der Gesamtwirtschaft, kann von Region zu Region und Land zu Land stark variieren. Sie kann durch die Verteilung der Erwerbstätigen auf die Sektoren und dem Anteil der jeweiligen Sektoren an der gesamten Wertschöpfung erfasst werden. Beide Anteile können beispielsweise in einem Land annähernd gleich hoch sein (z.B. in Deutschland), aber auch stark voneinander abweichen. Diese Unterschiede liefern Hinweise auf Differenzen in der Arbeitsproduktivität der Wirtschaftssektoren. Im Laufe der Geschichte hat sich die Wirtschaftsstruktur sowohl regional als auch national und international stark gewandelt. Dieser Prozess, bei dem sich einzelne Teile und Sektoren verschieben, da sie unterschiedlich schnell wachsen, wird als **wirtschaftlicher Strukturwandel** bezeichnet. Ein wirtschaftlicher Strukturwandel beruht nicht auf kurzfristigen konjunkturellen Schwankungen, sondern vorwiegend auf veränderter Nachfrage, technischen Innovationen, Veränderungen der Preise oder der internationalen Arbeitsteilung. Tätigkeiten und Berufe werden aufgegeben, neue entstehen, traditionelle Tätigkeiten und Berufe verbinden sich zu neuen Berufs- und Aufgabenfeldern. Grundsätzlich kann nach sektoralem, intrasektoralem und regionalem Strukturwandel unterschieden werden.

Strukturwandel
langfristige Veränderung der Struktur einer Region oder eines Sektors

**sektoraler Struktur-
wandel**
Veränderung zwi-
schen den Sektoren

Der **sektorale Strukturwandel** steht für die ökonomischen Umbrüche im Verhältnis der großen Wirtschaftssektoren, also der Übergang von der Agrar- in eine Industrie- und schließlich in eine Dienstleistungs-gesellschaft. Dieser Umwandlungsprozess wird in seiner letzten Phase als **Tertiärisierung** bezeichnet. In Deutschland sowie in anderen In-dustriestaaten hat sich die wirtschaftliche Leistung immer mehr vom primären Sektor über den sekundären Sektor zum tertiären Sektor ver-lagert. Es kam zu einer Zunahme des Anteils der Beschäftigten im ter-tiären Sektor.

Tertiärisierung
Prozess, bei dem
es zu einer Um-
wandlung einer
Industrie- zu einer
Dienstleistungs-
gesellschaft kommt

Eine wichtige Triebfeder der Tertiärisierung der Wirtschaft ist das Aus-lagern von Tätigkeiten jenseits der eigenen Kernkompetenzen. Unter-nehmen trennen sich von Bereichen, die nicht zu den Kernkompeten-zen gehören, und kaufen diese Leistungen bei spezialisierten Anbietern ein. Betroffen von diesem **Outsourcing** sind beispielsweise IT-Un-ternehmen, die ihre EDV-Abteilung ins Ausland verlagern, oder Auto-mobilhersteller, die viele Komponenten für die Fertigstellung des Au-tos von internationalen Produzenten einkaufen. Diese Entwicklungen führten zu einer Ausweitung der globalen Wertschöpfungsstrukturen und zu einer Verkürzung der Wertschöpfungskette beziehungsweise der Leistungstiefe der Unternehmen.

Outsourcing
Auslagerung von
Teilen der Produk-
tion

Beim **intrasektoralen Strukturwandel** kommt es nicht nur zwischen den Sektoren, sondern auch innerhalb der Sektoren zu strukturellen Veränderungen. In der Industrieproduktion übernehmen beispielswei-se Maschinen gefährliche, schwere oder belastende Arbeiten. Auch der Arbeitseinsatz verändert sich, indem besser qualifizierte Arbeitskräfte immer mehr Beschäftigungsanteile hinzugewinnen.

**intrasektoraler
Strukturwandel**
Veränderung der
Struktur von Sek-
toren

Schließlich ändern sich die ökonomischen Strukturen auch innerhalb regionaler Wirtschaftsräume. Dieser **regionale Strukturwandel** ist da-bei oft eine Folge des sektoralen Strukturwandels. Insbesondere ist dies der Fall, wenn in einer Region stagnierende und schrumpfende Bran-chen gehäuft auftreten oder wenn eine Region besonders starke Gewin-ne im Dienstleistungsbereich verzeichnen kann (z.B. im Ruhrgebiet).

**regionaler Struk-
turwandel**
Veränderung der
Struktur von Regi-
onen

*Das bekannteste Modell zur Entwicklung der Beschäftigten nach Wirt-schaftssektoren ist das vom französischen Ökonomen Jean Fourastié. Bereits 1954 entwickelte er eine Theorie, nach der sich langfristige Ver-änderungen in Wirtschaft und Gesellschaft vollziehen. Fourastié nahm allerdings an, dass im Dienstleistungssektor nur geringe Produktivitäts-zuwächse möglich sind. Er sah die Entwicklung der modernen Infor-mations- und Kommunikationstechnologie noch nicht voraus, die zu deutlichen Steigerungen der Arbeitsproduktivität geführt haben (z.B. im Bankwesen). Es sind **Informationsgesellschaften** entstanden.*

📖
↗ Schulbuch S. 57

MODELL > Das Sektorenmodell von Fourastié

Fourastiés Theorie:

Die Schwerpunkte der wirtschaftlichen Tätigkeiten verschieben sich in allen Gesellschaften vom primären zum sekundären und anschließend zum tertiären Sektor.

- Aus einer **Agrargesellschaft** wird zunächst eine **Industriegesellschaft**.
- Aus der Industriegesellschaft wird schließlich eine **Dienstleistungsgesellschaft**.

Ursachen:

- hohe Produktivitätszuwächse als Folge der zunehmenden Mechanisierung und Automatisierung, frei werdende Arbeitskräfte, Bedeutungsgewinn des tertiären Sektors mit zunehmender Technisierung und Entwicklung modernster Geräte
- Steigende Einkommen, steigender Lebensstandard und steigende Freizeit führen zu einer steigenden Nachfrage nach Dienstleistungen.

Raum- und Strukturwandel in Altindustriegebieten

In vielen Industrieländern wie den USA, Großbritannien oder Deutschland spielte in der Frühzeit der **Industrialisierung** die **Montanindustrie** eine bedeutende Rolle. Zu diesem Industriezweig gehören neben dem Bergbau auch die Eisen- und Stahlproduktion mit den dazugehörigen Zulieferern und Abnehmern (Maschinenbau, Metallverarbeitung, Stahlbau). Um in der Montanindustrie kostengünstig zu produzieren, wurden einzelne Produktionsstufen räumlich zusammengelegt. Wenn Eisenhütten, Stahlwerk und Walzwerk eng zusammenliegen, kann das Roheisen vom Hochofen noch glutflüssig zum Stahlwerk kommen. Die Weiterverarbeitung erfolgt dann ohne Abkühlung im Walzwerk („Arbeit in der Hitze"). Dieser auch technisch bedingt kostensparende Produktionsverbund von mehreren Werken wird auch als **Verbundwirtschaft** bezeichnet. Durch diese enge räumliche Verknüpfung der Wirtschaft wiesen die Montanreviere meistens eine **Monostruktur** auf. Das bedeutet, dass eine Region von einem Wirtschaftsbereich oder Industriezweig beherrscht wird. Im Ruhrgebiet waren beispielsweise 1960 ungefähr 28 Prozent der Beschäftigten in der Montanindustrie tätig. Diese starke Konzentration von Industrieanlagen aus derselben Branche kann auch Gefahren für die wirtschaftliche Entwicklung einer Region

Industrialisierung
Prozess der Ausbreitung der Industrie und der damit verbundenen Form des rationellen arbeitsteiligen Wirtschaftens

Montanindustrie
Bergbau sowie Eisen- und Stahlproduktion

Monostruktur
einseitige Wirtschaftsstruktur an einem Standort, in einer Wirtschaftsregion oder in einem Land

bedeuten, da diese schwer anpassungsfähigen Monostrukturen gegenüber strukturellen und konjunkturellen Krisen besonders anfällig sind.

↗ Schulbuch
S. 58 ff. (Ruhrgebiet)

Nach einer Boomphase kam es in vielen monostrukturierten Montanrevieren in der zweiten Hälfte des 20. Jahrhunderts zu tiefgreifenden Veränderungen der bisherigen Gunstfaktoren. Die Steinkohle wurde zunehmend durch andere Rohstoffe wie Erdöl oder Erdgas ersetzt. Aus der Region am Persischen Golf drängte beispielsweise Erdöl mit Dumpingpreisen auf den europäischen Markt. Durch die Öffnung der internationalen Märkte stieg auch die Konkurrenz durch deutlich günstigere Importkohle. Die deutsche Steinkohle beispielsweise war aufgrund des kostspieligen **Untertageabbaus** für den Weltmarkt zu teuer geworden. Ihre Konkurrenzfähigkeit gegenüber sehr viel billigerer, oft im **Tagebau** geförderter Importkohle und anderer Energieträger verschlechterte sich zunehmend. Auch nahm der Kohleverbrauch der Hüttenindustrie, der Eisenbahn, der Kraftwerke und der privaten Haushalte ab. Diese Veränderungen mündeten schließlich ab 1957 in der sogenannten **Kohlekrise**. In der Folgezeit kam es zu Zusammenschlüssen von Bergbaugesellschaften, Rationalisierungen und Schließung von Zechen.

Untertagebau
Abbau des Bodenschatzes in Bergwerken

Auch die Stahlindustrie hatte mit veränderten Bedingungen zu kämpfen. Zum einen kam es zu einem Preisverfall durch preiswerten Stahl aus Schwellenländern, zum anderen wurden die Nachfrage und Absätze auch durch neue Ersatzmaterialien wie Kunststoffe oder Aluminium beeinträchtigt. Durch mangelnde Innovationsfähigkeit konnten ältere Stahlwerke, die teilweise technisch nicht mehr auf dem neusten Stand waren, kaum noch kostengünstig produzieren und bekamen Absatzschwierigkeiten. Die abnehmende Nachfrage, die Konkurrenz aus den Schwellenländern und die gleichzeitigen Weiterentwicklungen bei der Produktion führten zu einer enormen Überproduktion auf dem Weltmarkt, zu einem Subventionswettbewerb zahlreicher europäischer Staaten und somit zu Preisdruck und Preisverfall. Es kam ab 1974 zu einer weltweiten **Stahlkrise**. Sie bewirkte einen Rückgang von Produktion und Beschäftigung und einen Abbau von Kapazitäten vor allem durch Stilllegung ganzer Werke und zum Teil traditionsreicher Stahlstandorte. Durch diese Entwicklungen wurde in allen großen, traditionellen Stahlländern eine tiefgreifende Strukturkrise ausgelöst und ein wirtschaftlicher Strukturwandel herausgefordert.

Diversifizierung
Ausweitung der Produktionsstruktur, z.B. Verbreiterung der Produktion auf verschiedene Produkte

Die Schwäche der **altindustrialisierten Räume** war vor allem die **monostrukturierte** Ausrichtung auf einen Wirtschaftsbereich. Folgerichtig sahen Wirtschaft und Politik in der **Diversifizierung** der Industriestruktur eine geeignete Lösung zur Krisenbewältigung. Das heißt, neue Industriezweige wurden angesiedelt und neue Erwerbsmöglichkeiten geschaffen, und zwar in Branchen außerhalb der Montanindustrie. Im Ruhrgebiet erwies sich dies als ein besonders schwieriger Prozess, da noch weitere erschwerende Faktoren hinzukamen. Die Akteure der Montanindustrie waren vorwiegend Großunternehmer, sodass der Mittelstand mit Flexibilität und unternehmerischer Risikobereitschaft fast vollständig fehlte. Es fehlten auch Bildungseinrichtungen, sodass es an innovationsfreudigem Nachwuchs mangelte. Das schlechte Image und das oftmals wenig kooperative Verhalten der einzelnen Städte machten das Ruhrgebiet für neue Unternehmen wenig attraktiv. Die Montanindustrie wurde auch durch staatliche Subventionen lange Zeit am Leben erhalten, da sie aufgrund der hohen Zahl gefährdeter Arbeitsplätze einen hohen Druck auf Wirtschaft und Politik ausüben konnte. Aufgrund der wirtschaftlichen Veränderungen kam es in den Montanrevieren zu einer teilweisen **Deindustrialisierung**. Bei dem Prozess der Deindustrialisierung kommt es zum Abbau von Arbeitsplätzen in der industriellen Produktion. In der Schwerindustrie kam es beispielsweise zu Standortspaltungen und Verlagerungen an günstigere Standorte. So entstanden unter anderem **„nasse Hütten"** als neue Standorte der Erzverhüttung an den Küsten und an Wasserwegen, wo die Rohstoffe, kostengünstig an- und abtransportiert werden konnten, zum Beispiel in Bremen, Ijmuiden (Niederlande), Dünkirchen (Frankreich) oder Gent (Belgien). Die verbliebenen Unternehmen versuchten, durch Fusionen und Spezialisierungen ihre Wettbewerbsfähigkeit zu erhöhen. Sie verabschiedeten sich von der Massenproduktion billiger Stähle und produzieren heute stattdessen hochwertige Stähle und Folgeprodukte. Um eine vollständige Deindustrialisierung zu verhindern, wurde beispielsweise im Ruhrgebiet durch eine veränderte Strukturpolitik eine Neuindustrialisierung gefördert. Hierzu trugen vor allem auch die neuen Hochschul- und Forschungseinrichtungen bei. So kam es vermehrt zu Ansiedlungen und räumlichen Konzentrationen von Unternehmen, die sich auf Zukunftstechnologien wie Logistik, Mikrosystemtechnik, Informationstechnologie oder Biomedizin spezialisiert haben.

> **„nasse Hütten"**
> Standorte der Erzverhüttung an Küsten und Wasserwegen

Um den Rückgang der Beschäftigten zu verringern, beschränkte sich der strukturelle Wandel nicht nur auf den Industriesektor. Neben der **Reindustrialisierung** förderten Wirtschaft und Politik auch die Ansiedlung von Dienstleistungsbetrieben, Forschungs- und Entwicklungseinrichtungen, Bildungseinrichtungen, Gewerbeparks mit einer vielfältigen Branchenstruktur sowie von Einkaufszentren oder Freizeit- und Sportanlagen. Heute zählt zum Beispiel das Ruhrgebiet zu der Region mit der höchsten Hochschuldichte in Europa. Alte Gebäude und ehemalige Industriegelände wurden umgestaltet und sind heute Attraktionen für den Fremdenverkehr (z. B. die Völklinger Hütte im Saarland

> **Reindustrialisierung**
> Entwicklungsprozess mit erneuter Orientierung auf die industrielle Produktion

51

oder die Zeche Zollverein im Ruhrgebiet). Nicht mehr benötigte Hafenanlagen wurden beispielsweise zu Restaurants, Museen, Bürogebäu-
den oder Wohnungen umgestaltet (z. B. Duisburger Innenhafen). Mit
der Umstrukturierung in den Montanrevieren ging vielerorts auch eine
Verbesserung der Umwelt einher. Die Räume litten vor dem Strukturwandel unter den Emissionen der Industriewerke und hatten dadurch
ein schlechtes Image. Heute stehen zahlreiche Altindustrieräume für
einen gelungenen Umweltschutz.

LERNTIPP >>

📖
↗ Schulbuch S. 63

Der Wandel des Ruhrgebiets zeigt, dass sich die Bedeutung von
Standortfaktoren in einem Raum verändern kann. Hier wurde der harte Standortfaktor „Kohle" (Bodenschatz) unbedeutend und weiche
Standortfaktoren wie Bildungs- und Fortbildungsangebote wurden
wichtig. Im Schulbuch auf Seite 63 finden Sie eine Auflistung wichtiger harter und weicher Standortfaktoren. Sie sollten in der Lage sein,
den Unterschied zwischen harten und weichen Standortfaktoren zu
erklären und Beispiele zu nennen.

Standortfaktoren

📖
↗ Schulbuch S. 62 f.

Standortfaktoren
örtliche Gegeben-
heiten, die die
Standortwahl eines
Betriebes beein-
flussen

Bevor sich ein Betrieb an einem bestimmten Standort ansiedelt, werden die dortigen Bedingungen genau unter die Lupe genommen und
bewertet. In der Regel hat ein Industriebetrieb bei der Wahl des optimalen Standortes eine Vielzahl von Einflussgrößen zu berücksichtigen.
Sie werden als **Standortfaktoren** bezeichnet. Standortfaktoren sind
die variablen standortspezifischen Bedingungen, die sich positiv oder
negativ auf die Entwicklung eines Betriebes auswirken. Sie lassen sich
als die wirtschaftlichen Vor- und Nachteile verstehen, die sich aus der
Niederlassung eines Unternehmens an einem bestimmten Standort ergeben.

Heute werden Standortfaktoren in harte und weiche Standortfaktoren
unterteilt. Bei der Standortwahl eines Unternehmers spielen daher neben den berechenbaren Kosten auch finanziell nicht quantifizierbare
Gründe eine Rolle. **Harte Standortfaktoren** sind mehr oder weniger
kalkulierbar und schlagen sich unmittelbar in der Bilanz eines Unternehmens nieder. Sie umfassen unter anderem die Verfügbarkeit qua-
lifizierter Arbeitskräfte, das Angebot an Flächen und Immobilien, die
Boden- und Immobilienpreise, die Verfügbarkeit von Rohstoffen oder
die Agglomerationsvorteile. Unter **Agglomerationsvorteilen** versteht
man Kostenvorteile, die durch die Nähe zu anderen Industriebetrieben
gleicher oder anderer Branchen entstehen. Durch diese räumliche Nähe kann es zur Zusammenarbeit bei Forschung, Einkauf und Vertrieb

kommen. Auch besteht die Möglichkeit formeller und informeller Kontakte. Bei den öffentlichen Finanzen sind Standortfaktoren wie Steuern, Subventionen oder kommunale Vergünstigungen von Bedeutung. Ein weiterer wichtiger harter Standortfaktor ist die Infrastruktur. Dazu zählen beispielsweise die Verkehrsanbindung oder die Ver- und Entsorgungseinrichtungen. Für viele Industriebetriebe ist eine Anbindung des Standortes an leistungsfähige Verkehrsträger von großer Bedeutung.

Dagegen sind **weiche Standortfaktoren** schwerer messbar und sie haben nur einen indirekten Effekt auf ein Unternehmen. Sie lassen keine unmittelbare Kosten-Nutzen-Analyse zu, da sie durch subjektive Präferenzen geprägt werden. Unterschieden wird bei den weichen Standortfaktoren zwischen unternehmensorientierten und personenorientierten Faktoren. Zu den weichen unternehmensorientierten Standortfaktoren zählen etwa das Image einer Region oder das Wirtschaftsklima. Weiche personenbezogene Faktoren sind Faktoren, die für die Lebensqualität der Beschäftigten bedeutsam sind. Dazu zählen die Wohnqualität, Naherholungsmöglichkeiten oder Bildungsangebote. Eine strikte Trennung zwischen harten und weichen Standortfaktoren ist allerdings nur schwer möglich. Welche Standortfaktoren letztlich entscheidend für die Standortwahl eines Unternehmens sind, hängt in der Regel nicht nur von einem Standortfaktor ab, sondern auch von der Gewichtung der einzelnen Faktoren, die je nach Branche unterschiedlich ausfallen kann.

Zur Frage nach dem besten Standort entwickelte 1909 (zur Zeit der Industrialisierung) der Ökonom Alfred Weber eine Theorie. Diese besagt, dass der optimale Standort neben Arbeitskosten und den Agglomerationsvorteilen vorrangig durch Rohstoffabbauorte und die Transportkosten bestimmt wird. Die Bedeutung der Transportkosten hat sich bis heute allerdings stark gewandelt. In einer globalisierten Wirtschaft sind die Transportkosten minimiert worden. Die Ansprüche an einen Wirtschaftsraum haben sich gewandelt und andere Faktoren spielen heute eine große Rolle.

↗ Schulbuch S. 63

> **MODELL > Industriestandorttheorie nach Weber**
> - Der optimale Standort eines Industrieunternehmens ist dort, wo die gesamten Transportkosten der angelieferten Materialien zum Produktionsstandort und die Transportkosten der hergestellten Endprodukte zum Konsumort minimal sind.
> - Die Errechnung dieses **Transportkostenminimalpunktes** ist abhängig von der Art der Materialien:
>   - Reingewichtsmaterial: Materialien, die mit dem ganzen Gewicht in das Endprodukt eingehen (z. B. Mineralwasser oder Garn) und somit vor und nach der Verarbeitung das gleiche Gewicht beziehungsweise Volumen haben.
>   - Gewichtsverlustmaterial: Materialien, die mit dem Gewicht entweder gar nicht (Totalgewichtsverlustmaterial, z. B. Energieträger Kohle und Gas) oder nur zum Teil in das Endprodukt eingehen (Teilgewichtsverlustmaterial, wie z. B. Erz, Kokskohle).
>   - Ubiquitäten: Materialien, die keinen Einfluss auf die Transportkosten und somit keine Bedeutung für die Standortwahl haben, da sie überall vorkommen, wie z. B. Wasser und Luft.

Bedeutungswandel von Standortfaktoren im Zuge der Globalisierung

↗ Schulbuch S. 62 f.

Trotz gewisser Beharrungstendenzen unterliegen Standortfaktoren auch zeitlichen Veränderungen. Im Zeitalter der Globalisierung gelten teilweise alte Standortüberlegungen nicht mehr. Die Neuerungen in Kommunikation und Verkehr (z. B. Bedeutungszunahme des Internets, Zunahme des Welthandels) haben die Kosten für Waren und Informationen in den letzten Jahren stark gesenkt, sodass Unternehmen zunehmend weltweite Standorte suchen. Auch der technische Fortschritt in der Produktion und Organisation (z. B. globale Produktionskonzepte und -netze) und die Veränderungen des weltpolitischen Rahmens (z. B. Wirtschaftsbündnisse) führten zu einer Neubewertung einzelner Standorte. Auch wandelten sich laufend die Ansprüche an den Markt. Es müssen immer neue Produkte auf den Markt gebracht werden, da die Dauer von Produkten auf dem Markt und somit deren **Produktlebenszyklus** begrenzt ist.

Auch zum Produktlebenszyklus wurden Theorien entwickelt, und zwar von Raymond Vernon (1966) und Seev Hirsch (1967). Deren Modell beschreibt den Prozess von der Markteinführung bzw. Fertigstellung eines marktfähigen Produkts bis zu seiner Herausnahme aus dem Markt.

📖
↗ Schulbuch S. 65

> **MODELL > Das Modell des Produktlebenszyklus von Vernon und Hirsch**
> - Produkte durchlaufen vier unterschiedliche Phasen (Entwicklungs-, Wachstums-, Reifungs- und Schrumpfungsphase).
> - In den einzelnen Phasen verändern sich je nach Angebot und Nachfrage die Relationen zwischen Kosten und Erlös.
> - Einführungsphase: Verluste durch hohe Ausgaben für die Produktentwicklung und -werbung
> - Wachstums- und Reifephase: zunehmend Gewinne
> - Schrumpfungsphase: abnehmende Nachfrage nach dem Produkt und schrumpfende Gewinne

Der sekundäre Sektor – innovativ und global

In Wirtschaft und Gesellschaft waren **Innovationen** stets Schlüsselfaktoren für Wachstum und Weiterentwicklung (z.B. Erfindung der Dampfmaschine). Starke Industrieregionen entstanden dort, wo technische Innovationen genutzt werden konnten (z.B. im Ruhrgebiet). Zu den Innovationen zählen neben den Neuerungen, wie zum Beispiel der Herstellung neuer Produkte oder der Verbesserung vorhandener Produkte (**Produktinnovation**), auch die Entwicklung **neuer Produktionsverfahren** oder die Einführung neuer Methoden der Organisation und des Managements sowie die Erschließung neuer Kundenkreise und Absatzmärkte (**Prozessinnovation** oder **Verfahrensinnovation**). Die ständige Bereitschaft der Unternehmen, Innovationen zu schaffen und umzusetzen, ist eine entscheidende Voraussetzung zur Erhaltung der Konkurrenzfähigkeit der Unternehmen im globalen Wettbewerb. Innovationen tragen wesentlich zum Wirtschaftswachstum bei. In der Vergangenheit führten immer wieder Erfindungen und die durch sie ausgelösten Innovationen zu wirtschaftlichem Aufschwung, der zugleich einen Niedergang bei anderen Industriezweigen oder Standorten nach sich zog (z. B. in der Schwerindustrie).

Neuerungen im Globalisierungsprozess ohne den technischen Fortschritt in den Bereichen Kommunikation und Transport wären nicht möglich gewesen. Die Weltwirtschaft ist heute stark verflochten und ermöglicht, Waren und Informationen über den ganzen Globus hinweg auszutauschen. Technische Neuerungen und Verbesserungen legten die Grundlage für die Ausweitung der Transportkapazitäten. So wurden in den letzten Jahrzehnten immer leistungsfähigere Tanker- und Frachtschiffe, Cargosysteme, Personen- und Frachtflugzeuge gebaut

Innovation
Bezeichnung für die mit technischem, sozialem und wirtschaftlichem Wandel einhergehenden Neuerungen

↗ Schulbuch S. 64 f. (Textilindustrie)

und es entstanden neue preiswertere Airlines und hochmoderne Flughäfen. Durch das Aufkommen der genormten Container für die Seefracht wurde der Gütertransport regelrecht revolutioniert. Notwendig wurden dafür auch geeignete Containerschiffe, elektronisch gesteuerte Container-Kräne sowie Stapel- und Lagerungssysteme. Der globale Güterverkehr ist daher in den letzten Jahrzehnten deutlich gestiegen. Ermöglicht wurde dies unterer anderem durch drastisch gesunkene Transportkosten sowohl für die Luftfracht als auch für den Handel auf dem Seeweg. Auf dem Seeweg werden immer größere Containerschiffe eingesetzt, Häfen entwickeln sich zu Drehscheiben und Kanäle (z.B. Panamakanal) passen sich dieser Entwicklung an.

Die Möglichkeiten weltweiter günstiger Internet- und Telefonverbindungen vereinfachen zunehmend die Kommunikation. Durch eine permanente Kommunikationsverbindung wird eine global vernetzte Zusammenarbeit zwischen Unternehmen möglich. Vor allem über das Internet haben sich die grenzüberschreitenden Kommunikationsprozesse vervielfacht. Waren und Dienstleistungen sind heute rund um die Uhr verfügbar. Die zunehmende Verflechtung der Weltwirtschaft führt zu einer Verschärfung des Wettbewerbsdrucks zwischen den Unternehmen. Ein Unternehmen muss daher klären, welche Strategien sich ihm durch die Globalisierung neu eröffnen, um konkurrenzfähig zu bleiben.

Innovationen, die durch Erfindungen ermöglicht wurden, hat der russische Wissenschaftler Nikolai Kondratieff untersucht. Er fand heraus, dass sich Innovationsprozesse in wellenförmigen Phasen abspielen. Einem wirtschaftlichen Aufschwung folgt immer auch ein wirtschaftlicher Abschwung. Jede Innovation stößt eine Welle an, die sogenannten Kondratieff-Wellen.

↗ Schulbuch S. 65

Basisinnovation
grundlegende technische Neuerung

> **MODELL > Die Theorie der langen Wellen nach Kondratieff**
> - wellenförmige Phasen wirtschaftlichen Auf- und Abschwungs,
> - über mehrere Jahrzehnte (40–60 Jahre) lange Wellen, in letzter Zeit aber verkürzt (20 Jahre),
> - neue technologische Errungenschaften am Anfang eines jeden Zyklus, sogenannte **Basisinnovationen**,
> - Ausbildung neuer Wirtschaftsregionen, Bedeutungsverlust alter Zentren,
> - Entstehung neuer Berufsfelder.

Industrielle Produktionskonzepte im Wandel

Der zunehmende globale Wettbewerbsdruck zwingt die Unternehmer, immer wieder neue Produktionskonzepte zu entwickeln. Darunter versteht man Unternehmensstrategien für die technisch-organisatorische Gestaltung des Produktionsprozesses mit dem Ziel der Gewinnmaximierung, des Wettbewerbsvorteils sowie der Sicherung der eigenen Standorte.

Die 1970er- und frühen 1980er-Jahre waren durch einen tiefgreifenden Wandel der Produktions- und Arbeitsorganisation gekennzeichnet. Dieser Umbruch wird auch als Übergang vom Fordismus zum Postfordismus bezeichnet. Der **Fordismus** ist eine nach dem US-amerikanischen Industriellen Henry Ford bezeichnete Produktionsorganisation, die Anfang des 20. Jahrhunderts eine neue Phase der Industrialisierung eingeleitet hatte. Sie zielte darauf ab, die Produktionskosten durch die Massenproduktion standardisierter Güter zu senken. Diese Unternehmensstrategie führte zur Entstehung von wenigen, internationalen Großunternehmen mit zentralistischer Betriebsstruktur. Kennzeichnend für die Produktion waren die Zerlegung der Herstellungsprozesse in zahllose standardisierte Arbeitsschritte sowie der Einsatz von Fließbändern. Auf diese Weise konnten zwar massenhaft und relativ preisgünstig Waren unterschiedlichster Art hergestellt werden, aber das System war nicht flexibel genug, um sich an eine dynamische und sich stärker ausdifferenzierende Nachfrage anzupassen.

Mit dem Fordismus werden außerdem sichere Arbeitsplätze und angemessene Arbeitslöhne assoziiert. Um aber auf die immer dynamischere Marktnachfrage zu reagieren, wurden in der Industrie neue Produktionskonzepte entwickelt. Die Unternehmen sollten die Möglichkeit bekommen, rascher auf die wechselnde Nachfrage zu reagieren und schneller neue Produkte auf den Markt zu bringen. Diese noch immer nicht abgeschlossene Phase des **Postfordismus** basiert auf dem Einsatz flexibler, computergesteuerter Produktionstechnologien, vernetzter Produktion über mehrere Unternehmen hinweg sowie neuer Kommunikationstechnologien. In der Automobilindustrie produzieren beispielsweise heutzutage viele Konzerne in der sogenannten **Plattformstrategie**. Bei dieser Strategie wird für verschiedene Modelle eines Produkts, wie zum Beispiel eines Pkws, die gleiche Plattform verwendet. Das bedeutet, dass unterschiedliche Fahrzeugtypen und Modelle (z.B. VW, Ford) untereinander gleiche Module oder Teile verarbeiten. So können verschiedene Modelle eines Pkw-Typs die gleichen Motoren, Achsen oder Fahrgestelle haben. Die Plattformstrategie beruht auf dem Baukastenprinzip, da Autos mit Modulen wie aus einem großen Baukasten zusammengebaut werden.

Fordismus
Produktionsweise, die auf das von Henry Ford eingeführte Herstellungsprinzip zurückgeht

Postfordismus
Bezeichnung für eine Phase flexibler Produktion, die das Fließband- und Massenproduktionsprinzip des Fordismus aufgibt

	fordistisch-tayloristisches Modell (früher)	postfordistisches Modell (heute)
Produktions-organisation	• komplexe, aber starre Einzwecktechnologien, zeitaufwendige und teure Umstellung auf neue Produkte • hohe vertikale Integration (**Fertigungstiefe**), funktional und räumlich lockere Beziehungen zu Lieferanten • viele direkte Zulieferer • große Lagerhaltung • Fließband	• flexible Mehrzwecktechnologien, relativ schnelle und kostengünstige Umstellung auf neue Produkte • abnehmende vertikale Integration, funktional organisierte Zuliefersysteme (single sourcing, global sourcing) • starke Abnahme der Zahl der Direktlieferanten, Just-in-time-Anlieferung • geringe, jedoch störanfällige Lagerhaltung • Fließband und Arbeitsgruppen
Arbeits-organisation	• Entwicklung der Produkte durch relativ eng qualifizierte Fachkräfte, Fertigung durch an- und ungelernte Arbeitskräfte, relativ einfache Arbeiten in vorgegebener Folge, Trennung von Fertigung, Qualitätskontrolle und Wartung	• Entwicklung in Gruppen, Gruppenarbeit, Integration von Fertigung, Qualitätskontrolle, Wartung und Reparatur, zunehmende Anforderungen an die Qualifikation der Arbeitskräfte
Produkte	• wenige, standardisierte Produkte (hohe Stückzahl) • relativ geringe Produktdifferenzierung	• zunehmende Produktdifferenzierung
Wettbewerb	• Oligopol	• Oligopol • strategische Allianzen
Produktions-räume	Nordamerika, Europa, Süd- und Mittelamerika	Europa, Nordamerika, Südostasien

Um konkurrenzfähig zu bleiben, haben viele Unternehmen ihre Fertigungstiefe verringert, also den Anteil der **Wertschöpfung** bei einer Produktion, der am Standort der Endmontage selbst erbracht wird. Beträgt die Fertigungstiefe hundert Prozent, werden alle Einzelteile bis zum fertigen Endprodukt innerhalb eines Unternehmens produziert. Eine niedrige Fertigungstiefe liegt vor, wenn wesentliche Bestandteile des Endproduktes von **Zulieferbetrieben** bezogen werden. Die Fertigung der Einzelteile wird an in harter Konkurrenz zueinanderstehende in- und ausländische Zulieferbetriebe vergeben. Das Hauptunternehmen behält die Kernkompetenz, das heißt neben der Endmontage vor allem die Forschung und Entwicklung. In der deutschen Automobilindustrie entfallen etwa 70 bis 80 Prozent der Wertschöpfung auf Zulieferungen. Durch diese Strategie erhoffen sich die Unternehmen deutliche Kosteneinsparungen, da beispielsweise die Zulieferbetriebe die technologische Weiterentwicklung der Einzelteile sowie die damit verbundenen Kosten übernehmen.

Eine Strategie im Rahmen einer geringeren Fertigungstiefe ist **Outsourcing**. Outsourcing bezeichnet die Auslagerung von Produktionsschritten oder die Vergabe von Aufträgen an Drittunternehmen. Es umfasst in der Industrie neben der Produktion von Einzelteilen und ganzer Komponenten für die Endmontage auch zunehmend Dienstleistungen, wie Buchhaltung, Wachdienste oder Logistik. Die Unternehmen können sich durch Outsourcing stärker auf ihre Kernaufgaben konzentrieren und erhoffen sich dadurch, Kosten einzusparen. Wesentliche Nachteile des Outsourcings sind die einhergehende Abhängigkeit von Drittunternehmen, der Verlust an Know-how, Belieferungsprobleme und die mangelnde Qualität der zugelieferten Teile oder Dienstleistungen. Dies sind Gründe, warum einige Betriebe ihre ausgelagerten Teilbereiche wieder zurückholen.

Die Verringerung der Fertigungstiefe erfordert eine enge Kooperation des Hauptunternehmens mit den Zulieferbetrieben. Dabei kommt der Logistik eine große Bedeutung zu. Die in der Produktion benötigten Teile müssen von den Zulieferbetrieben **just in time**, das heißt genau zum Verwendungszeitpunkt, und **just in sequence**, also genau am Ort des Produktionsprozesses, angeliefert werden. In der Automobilindustrie transportieren beispielsweise Zulieferer ihre Komponenten oder Module termingerecht zum Werk. Über Rollbahnsysteme kommen dann die Teile zum richtigen Zeitpunkt an der jeweiligen Montagestation an. Durch diese genaue Abstimmung von Fertigung und Zulieferung können die Unternehmen weitgehend auf eigene Lagerhaltung der Einzelteile verzichten und reduzieren dadurch ihre Kosten. Das Lager im Produktionsbetrieb wird durch „rollende Lager" auf der Autobahn oder Schiene ersetzt. Negative Aspekte von diesem Verfahren sind die Erhöhung der Umweltbelastung, da immer mehr Transporte nötig sind, und das erhöhte betriebswirtschaftliche Risiko der Zulieferbetriebe, da diese bei Lieferungsverzögerungen (z.B. durch Staus oder Streiks) in der Regel hohe Konventionalstrafen zahlen müssen. Je kürzer die Transportwege sind, desto exakter kann die Anlieferung erfolgen. Daher wählen die Zulieferbetriebe häufig Betriebsstandorte in der Nähe der Endabnehmer oder auch teilweise direkt auf dessen Firmengelände.

Durch Outsourcing, just in time und optimierte Arbeitsformen in der Produktion versuchen Unternehmen, alle für sie entbehrlichen Arbeits-

↗ Schulbuch S. 68 f. (Mercedes-Benz-Werk Bremen)

Outsourcing
vgl. S. 48

just-in-time
Zulieferung der Materialien in passender Stückzahl erst exakt zum Zeitpunkt des Bedarfs

just-in-sequence
Anlieferung in der genauen Reihenfolge der benötigten Materialien

Lean Production
Konzept zur Steigerung der Effizienz, in allen Bereichen werden Ressourcen und Kosten minimiert

schritte zu vermeiden. Bei dieser sogenannten „schlanken Produktion" (**Lean production**) soll eine hohe Produktivität bei großer Variantenvielfalt und höchster Qualität erzielt werden. Die Unternehmen erhoffen sich, auch schneller und flexibler auf eine veränderte Nachfrage reagieren zu können. Um eine Produktivitätssteigerung, Gewinnmaximierung sowie mehr Flexibilität zu erreichen, werden neben der Produktion möglichst auch alle anderen Unternehmensbereiche, vom Einkauf und der Produktentwicklung über die Verwaltung (Lean Administration) und das Management (Lean Management) bis zum Vertrieb verschlankt. Ein wichtiges Element der Lean Production ist die Team- und Gruppenarbeit. Die **Gruppenarbeit** bezeichnet eine Arbeitsform, bei der mehrere Arbeitskräfte eine gemeinsame Aufgabe ausführen und darüber hinaus ihren Arbeitsprozess selbst organisieren. Aufgaben sind beispielsweise Arbeitsplanung, Qualitätskontrolle sowie Instandhaltung. In der Gruppenarbeit sind Mitsprache und Mitdenken der Mitarbeiter explizit erwünscht. Die Arbeitskräfte werden als selbstbestimmte Teilnehmer am Produktionsprozess gesehen. In der Regel werden die Gruppenmitglieder in wechselnden Aufgabenbereichen eingesetzt.

Industrie 4.0
vierte industrielle Revolution, Bezeichnung für die Informatisierung der industriellen Produktionsweise sowie der Logistik durch eigenständige Kommunikation zwischen Maschinen und Anlagen

Als ein weiterer Unterstützer der schlanken Produktion kann die **Industrie 4.0** gesehen werden. Mit diesem Zukunftsprojekt sollen industrielle Produktionsprozesse mit modernster Informations- und Kommunikationstechnik verzahnt werden. In der „intelligenten Fabrik" koordinieren intelligente Maschinen selbstständig Fertigungsprozesse, Roboter kooperieren in der Montage mit Menschen, fahrerlose Transportfahrzeuge erledigen eigenständig Logistikaufträge. Bei der Industrie 4.0 sind alle Unternehmensbereiche miteinander vernetzt. Von der Idee über die Entwicklung, Fertigung, Nutzung und Wartung bis hin zum Recycling. Produktions- und Logistikprozesse organisieren sich weitgehend selbst. So sollen die Wirtschaftlichkeit der Produktion gesteigert und die Flexibilität der Produktion erhöht werden, um schneller auf veränderte Kundenwünsche und Marktbedingungen reagieren zu können.

Tertiärisierung der Wirtschaft

↗ Schulbuch
S. 74 f. (Deutschland)
S. 76 f. (Frankfurt am Main)

In Deutschland ist das Wachstum des tertiären Sektors uneinheitlich verlaufen. Die unternehmensorientierten Dienstleistungen sind wesentlich stärker gewachsen als die privaten personenbezogenen. Zudem sind in vielen Industriebetrieben die meisten Beschäftigten nicht unmittelbar in der Produktion tätig, sondern in Verwaltung, Entwicklung, Lagerhaltung oder Vertrieb. Gleichwohl werden sie statistisch dem sekundären Sektor zugerechnet. Für die Tertiärisierung gibt es verschiedene Erklärungsansätze, die sich ergänzen:

- Wirtschaftliches Wachstum: Da die Industrie mehr Güter produziert und absetzt, werden auch mehr unternehmensorientierte produktionsnahe Dienstleistungen nachgefragt. Die Tertiärisierung resultiert also aus der Entwicklung des sekundären Sektors.
- Auslagerungstendenzen in der Industrie: Da vermehrt Dienstleistungsabteilungen ausgelagert oder bislang selbst erbrachte Dienste im Rahmen neuerer Organisationskonzepte (z.B. Lean production) extern eingekauft werden, ist das Wachstum so stark. Obgleich dabei neue Dienstleistungsunternehmen entstehen, ist das beobachtete Wachstum zum Teil nur Ergebnis einer statistischen Verschiebung.
- Innovationshypothese: Die Entwicklung wird auf die Verkürzung der Produktlebenszyklen und die differenziertere Nachfrage zurückgeführt; Forschung und Entwicklung werden verstärkt und Dienstleistungen von Wirtschafts-, Technik- und Rechtsberatern eingesetzt, um neue Produkte auf den Markt bringen zu können.
- Globalisierung: Die Zunahme des Welthandels und der Zahl multinationaler Unternehmen verstärkt die Nachfrage etwa nach Logistikdienstleistungen und spezialisierter Beratung.
- Die gewachsene Nachfrage nach privaten personenbezogenen Dienstleistungen erklärt sich mit der Zunahme des Wohlstands privater Haushalte.
- Die Konsumtheorie geht davon aus, dass es bei den Bedürfnissen einen Anstieg von niedrigeren zu höheren Bedürfnissen gebe. Danach verlagern private Haushalte ihre Ausgaben mit zunehmendem Wohlstand von der Deckung materieller Bedürfnisse hin zur Befriedigung immaterieller Bedürfnisse – zu Freizeit, Bildung, Gesundheit und Kultur. Auch werden einzelne Tätigkeiten nicht mehr im Haushalt selbst erledigt, sondern nachgefragt.
- Daneben ist auch die Veränderung der Bevölkerungsstruktur von Bedeutung: Mit wachsendem Bildungsstand steigt die Nachfrage nach Kultur und Bildung. Die zunehmende Zahl kleiner Haushalte (z.B. von Singles, Kleinfamilien) führt dazu, dass viele Aufgaben wie zum Beispiel Kinderbetreuung und Altenpflege, die früher innerhalb der Familie erledigt wurden, nun professionellen Dienstleistern anvertraut werden. Die Alterung der Gesellschaft führt ebenfalls dazu, dass entsprechende Dienstleistungen vermehrt in Anspruch genommen werden.

III.4 Erweitertes Wissen

Bedeutung und Bewertung von Standorten

Auf allen räumlichen Maßstabsebenen stehen Standortfaktoren sowie Standorte in einem Wettbewerb zueinander. Auf der Makroebene lassen sich Standortfaktoren unterscheiden, die für Großräume wie etwa Kontinente oder Länder kennzeichnend sind. Auf dieser Ebene kommen etwa dem Rechtssystem, der wirtschaftlichen und politischen Stabilität oder dem Steuerwesen als Standortfaktoren eine große Bedeutung zu. Innerhalb eines Landes sind Standortfaktoren von Regionen (z.B. Arbeitsmarkt, Marktnähe) anders zu beurteilen als auf der Ebene von Gemeinden (Mikroebene), wo Ausstattung und Verfügbarkeit von Grundstücken wichtig sind. Sowohl Regionen als auch Gemeinden stehen im ständigen Wettbewerb zueinander. Wichtige Instrumente der Standortlenkung von Regionen und Gemeinden sind lageabhängige Steuervorteile, Subventionen oder materielle Instrumente wie zum Beispiel Gewerbeparks oder Technologiezentren. Für die Ermittlung des optimalen Standortes greifen Unternehmen häufig auf transparente Bewertungsverfahren, wie zum Beispiel auf eine Nutzwertanalyse, zurück. Bei diesem Punktbewertungsverfahren werden alle die für das Unternehmen relevanten Standortfaktoren hinsichtlich ihrer Bedeutung gewichtet und bewertet. Aus den Bewertungsergebnissen der konkurrierenden Standorte leitet dann das Unternehmen die Standortentscheidung ab. Unter dem großen Wettbewerbsdruck der Globalisierung treffen Unternehmen immer häufiger ihre Standortwahl unter globalen Gesichtspunkten. Dadurch entstehen räumlich unterschiedliche Standortmuster.

📖
↗ Schulbuch S. 66 f.
(VW Kaluga)

Private **personenbezogene Dienstleister** sind hinsichtlich ihrer Standortfaktoren vor allem **nachfrageorientiert**: Der Supermarkt, das Fitnessstudio, der Krankengymnast oder die Geschäftsstelle der Sparkasse suchen sich einen Standort in der Nähe potenzieller Kunden, der verkehrstechnisch gut erreichbar ist und auch ein positives (zumindest kein negatives) Image hat. Eine Bäckereifiliale zum Beispiel ist auf den direkten Kontakt zu den Kunden angewiesen. Dies erreicht ein Unternehmen etwa an stark frequentierten Standorten in der Innenstadt, an denen Passanten „auch noch eben Brötchen mitnehmen", oder an Standorten im Stadtteil, an denen die Anwohner regelmäßig ihren kurzfristigen Bedarf decken. Für Betriebe im Stadtteil, die alltäglich nachgefragte, einfache Produkte verkaufen, ist eine entscheidende Standortvoraussetzung, dass eine entsprechende Anzahl potenzieller Kunden in ihrer näheren Umgebung wohnt. Solche Dienstleistungsbetriebe verteilen sich deshalb in einem relativ regelhaften, von der Nachfragedichte abhängigen Netz von Standorten.

Auf einen wesentlich größeren Einzugsbereich von Nachfragern stützen sich spezialisiertere Einzelhändler mit Waren des mittel- oder langfristigen Bedarfs sowie Dienstleistungsbetriebe mit höherwertigem Angebot: Ein auf den Verkauf von Klavieren spezialisierter Musikalienhändler benötigt ein großes Marktgebiet mit kaufkräftigen Kunden, um sein Geschäft profitabel betreiben zu können. Der beste Standort wird eine Großstadt sein, die für ihr Umland entsprechende zentralörtliche Funktionen übernimmt. Je spezieller die angebotene Dienstleistung oder je längerfristiger das Angebot eines Betriebes ist, desto größer ist der benötigte Einzugsbereich und desto zentraler muss der Standort gewählt werden.

Ein Betrieb, der ein größeres Einzugsgebiet versorgen möchte, muss von den Nachfragern seiner Dienstleistung gut erreichbar sein: Für ein großes SB-Möbelhaus ist wichtig, dass es für den Individualverkehr gut erreichbar ist. Die Autobahnanbindung ist in diesem Fall entscheidend. Hingegen ist für eine Boutique in der Innenstadt die Passantenfrequenz ein bedeutender Standortfaktor, entsprechend wichtig ist die Lage zu guten Parkgelegenheiten, zu Haltestellen des öffentlichen Nahverkehrs oder zu Anziehungspunkten wie großen Bahnhöfen, von denen Passantenströme geleitet werden. Die Wahl eines Standortes für private personenbezogene Dienstleistungsbetriebe wird auch durch Repräsentations- und Imagefaktoren beeinflusst. Repräsentative Gebäude in attraktiv gestalteter Umgebung erleichtern die Selbstdarstellung oder symbolisieren die Seriosität des Angebots. Ein Anwalt wird seine Dienstleistung an einer „guten Adresse" anbieten wollen, an der sich auch andere Anbieter hochwertiger Dienstleistungen befinden.

Wichtige Einflussfaktoren für die Standorte privater personenbezogener Dienstleistungen sind **Agglomerationsvorteile**. So suchen etwa Boutiquen die Nachbarschaft branchengleicher Unternehmen, denn gemeinsam ziehen sie so mehr Kunden an und haben größere Absatzchancen. Diese Konkurrenzanziehung zeigt sich etwa in den Einkaufsstraßen der Innenstädte. Auch die Nähe größerer Betriebe wie Warenhäuser bringt mehr Kunden zum Geschäft, als dieses allein anziehen könnte. Andererseits wird beispielsweise ein Buchhändler die räumliche Nähe anderer Buchhandlungen meiden, schließlich haben sie ein eher produktgleiches, preisgebundenes Angebot. Sie können jedoch von Standortgemeinschaften mit branchenungleichen Betrieben profitieren (z. B. Café), etwa in einem Stadtteilzentrum. Die Bewertung von Agglomerationsfaktoren hängt also von der Art des Betriebes ab.

Agglomerationsvorteil
Kostenvorteil für die Produktion und die Vermarktung durch räumliche Nähe

**Verstädterungs-
vorteil**
Vorteile für ein
Unternehmen, die
sich aus der Infra-
struktur einer Stadt
und den ansässigen
Dienstleistungsun-
ternehmen ergeben

Cluster:
vgl. S. 34

**Lokalisierungs-
vorteil**
Vorteile für ein
Unternehmen, die
sich aus der Nähe
zu Nachfragern und
anderen Unterneh-
men der Branche
ergeben

Synergieeffekt
Zusammenwirken
zur gegenseitigen
Förderung

Für die Standortwahl **unternehmensorientierter Dienstleister** ist meistens eine ausgezeichnete Verkehrslage, das heißt die Anbindung des Standortes an einen Flughafen, an das Bahnnetz und an Fernstraßen, entscheidend, sodass beste Erreichbarkeit von jedem Wirtschaftsstandort aus garantiert ist. Großstädte bieten diesen Unternehmen Vorteile, die sich aus den vielen verschiedenen städtischen Einrichtungen ergeben. Diese **Verstädterungsvorteile (Urbanisation economies)** sind zum Beispiel das Nahverkehrssystem, attraktive Hotels für Geschäftspartner und vor allem eine gut ausgebaute Kommunikationsinfrastruktur. Dazu zählen auch Dienstleistungsunternehmen, von denen sich viele auf die speziellen Bedürfnisse ansässiger Unternehmen spezialisiert haben: Fachfirmen für Gebäudemanagement, Telekommunikation, Softwareentwicklung, Sicherheitsdienste oder Reinigungsfirmen. Von Agglomerationsvorteilen profitieren höherwertige unternehmensorientierte Dienstleistungsbetriebe auch in anderer Hinsicht. Sie bilden häufig funktionale **Cluster** mit anderen Unternehmen der gleichen Branche und nachfragenden Unternehmen. Dabei ergeben sich sogenannte **Lokalisierungsvorteile (Localisation economies)**, das heißt Kontaktmöglichkeiten zu Nachfragern und zu anderen Unternehmen der Branche. Sie ermöglichen, dass Beziehungen zu den Entscheidungsebenen von Großunternehmen aufgebaut werden, dass Verhandlungen in kürzester Zeit abgewickelt werden oder auch **Synergieeffekte** in Forschung und Entwicklung. Zwar werden zwischen Unternehmen auch Verhandlungen per Telefon oder Videokonferenz geführt, doch gerade bei wichtigen Geschäften wird der unmittelbare **Face-to-face-Kontakt** bevorzugt. Durch die Kommunikationstechnologie sind Informationen von jedem Punkt der Welt schnell zugänglich, doch zugleich steigert dies den Bedarf an wertenden, die Informationen zu Wissen verarbeitenden Kontakten. Die in räumlicher Nähe möglichen intensiven Kommunikations- und Informationsverflechtungen erlauben Kleinstunternehmen, die etwa für andere Unternehmen befristet in Projekten arbeiten, das Angebot von hochspezialisierten Dienstleistungen und erleichtern die dazu nötige Kooperation. Womöglich entstehen bei Kleinstunternehmen erst im direkten Kontakt mit dem Kunden Ideen für Dienstleistungen, die sie anbieten können. Ebenso bedeutend ist an solchen Standorten die Möglichkeit zu informellen, ungeplanten Kontakten, die sich zum Beispiel in der Mittagspause oder in der Freizeit ergeben und geschäftlich entscheidend sein können.

Zu diesen Vorteilen der Agglomeration von Betrieben der gleichen Branche gehört auch, dass am Standort entsprechend qualifiziertes Personal verfügbar ist. Hoch spezialisierte Arbeitskräfte können bei Bedarf auch bei einem anderen Unternehmen abgeworben werden. Spezialisierte Headhunter bieten diese Dienstleistung an. Für die Entscheidung einer

Person, zu einer Firma an einen anderen Ort zu wechseln oder auch bei ihr zu bleiben, spielen zum Beispiel die Verfügbarkeit von Wohnraum für den gehobenen Bedarf, entsprechende Einkaufsmöglichkeiten, das Freizeit- und Kulturangebot sowie ein differenziertes Angebot an Einrichtungen zur Kinderbetreuung (z.B. Kindergarten, Ganztagsschulen) eine große Rolle. Neben der Qualität des Umfeldes haben auch andere weiche Standortfaktoren für die Unternehmen großes Gewicht, zum Beispiel wirkt sich das Image einer Stadt oder einer Region auch auf das Image des Betriebes und das wirtschaftspolitische Klima auf die Ansiedlung anderer Unternehmen aus.

Unternehmen von Zukunftsbranchen (z.B. Unternehmen der Hightech-Industrie, Biotechnologie, Elektromobilität, Medizintechnik und Gesundheitswirtschaft) wählen häufig einen Standort in **Clustern**. Durch diese räumlich konzentrierte Agglomeration von miteinander in Verbindung stehenden Unternehmen und Institutionen aus einem bestimmten oder einem benachbarten Wirtschaftszweig kommt es zu einer intensiven Kooperation entlang der gesamten **Wertschöpfungskette**, aber auch zu einem intensiven Wettbewerb untereinander. Cluster begünstigen die Entwicklung und Herstellung neuer Produkte in besonderem Maße. Daher befinden sich dort häufig sogenannte **Spinoff-Betriebe**, also Betriebe, deren Gründer ehemalige Mitarbeiter von Forschungs- und Entwicklungseinrichtungen sind. Diese Unternehmen beginnen häufig als **Start-up-Unternehmen**, also junge, noch nicht etablierte Unternehmen, die zur Verwirklichung einer innovativen Geschäftsidee mit geringem Startkapital gegründet werden. Wegen der Standortvorteile und der damit zunehmenden Bedeutung von Clustern sind sogenannte Cluster-Initiativen ein beliebtes Instrument der Wirtschafts- und Regionalförderung. Von Clustern können aber auch Gefahren für die Entwicklung einer Region ausgehen. Dies gilt insbesondere dann, wenn der Cluster nur aus wenigen Branchen besteht, auf die sich die Region einseitig spezialisiert (**Monostruktur**).

↗ Schulbuch S. 70 (Silicon Valley) S. 72 f. (Bayern)

Wertschöpfungskette
Wertsteigerung eines Produktes vom Rohstoff über die Produktionsherstellung bis hin zum Verkauf

Beispiele von Clustern in Deutschland:
- Hamburg: Medien, Schiffbau, Flugzeugindustrie
- Berlin: Medien, Verkehr, Gesundheitswirtschaft
- Unterrhein: Logistik
- Dortmund: Biomedizin, Molekularelektronik, Mikrosystemtechnologie, Nanotechnologie
- Köln: Medien
- Frankfurt am Main: Finanzen, Consulting
- Jena: optische Industrie
- Leipzig: Logistik

- Raum Dresden: Solarindustrie, Halbleitertechnologie
- Region Rhein-Neckar: Biotechnologie, Hightech, Medientechnologie
- Raum Nürnberg-Erlangen: Medizintechnik, „Medical Valley"
- Freiburg: Solarforschung, Biotechnologie
- Region Mittlerer Neckar: Automobilbau, Maschinenbau
- Region München: Biotechnologie, Informationstechnologie, Luft- und Raumfahrttechnik

Auch Cluster wurden wissenschaftlich untersucht und Modelle wurden entwickelt, zum Beispiel das Clustermodell nach E. Porter, der sogenannte „Porter-Diamant". Die Akteure eines Clusters stehen in Beziehungen zueinander, die vertikal entlang einer Wertschöpfungskette verlaufen, aber auch horizontal, wenn es zum Austausch von Wissen und Dienstleistungen zwischen den Unternehmen, Forschungseinrichtungen und Behörden geht. Dies kann mit dem Bild eines Diamanten gut dargestellt werden.

↗ Schulbuch S. 72

> **MODELL > Clustermodell nach Porter – der „Porter Diamant"**
> - Ein Cluster ist eine räumliche Konzentration von kooperierenden und rivalisierenden Unternehmen innerhalb einer Wirtschaftsbranche.
> - Außerdem befinden sich im Cluster Unternehmen der Zulieferbranche und spezialisierte Dienstleister am Standort.
> - Ergänzt wird der Cluster durch staatliche Organisationen (u.a. Forschungseinrichtungen).
> - Je nach Zahl und Größe der Unternehmen eines Clusters sowie der Art der Verflechtungen verfügen sie über weltweit organisierte Netzwerke. Ein Cluster ist somit weit mehr als eine regionale Konzentration ähnlicher Firmen.

III.5 Übungsmöglichkeiten mit dem Diercke Weltatlas

www.diercke.de

Auch zu diesem Kapitel finden Sie Karten im Diercke Weltatlas, mit denen Sie üben können. Sie finden Zusatzinformationen zu den Karten unter www.diercke.de. Geben Sie den Kartennamen ein und Sie erhalten die Atlaskarte sowie den erläuternden Text. Überprüfen Sie, ob Sie Ihre erworbenen Sach-, Methoden- und Urteilskompetenzen anwenden können. Sie sollten auf jeden Fall in der Lage sein, Standorte von Unternehmen zu erläutern, Strukturen von Wirtschaftsräumen zu beschreiben, zu erklären und zu bewerten.

Karte	Atlasseite und Kartennummer
Unterelbe – Wirtschaft	34 ①
Hannover – Einkaufs- und Dienstleistungszentrum	36 ①
Ost-Niedersachsen – Zulieferer der Automobilindustrie	37 ⑤
Global Player Volkswagen	37 ⑥
Berlin – Industriestadt 1840–1880	38 ①
Berlin – Dienstleistungsstadt 2015	38 ②
Bochum – Strukturwandel	41 ③
Industrieraum Halle-Leipzig 1960	42 ①
Industrieraum Halle-Leipzig 2015	43 ②
Geiseltal – Landschaftswandel	42 ③
Frankfurt – Dienstleistungsmetropole	44 ②
Frankfurt-Höchst – Produktions- und Forschungsverbund	45 ④
Europaregion Saar-Lor-Lux – Strukturwandel	46 ① und 46 ②
Pfalz, Rhein-Neckar – Wirtschaft	47 ④
Metropolregion Stuttgart	48 ① bis 49 ⑤
München – Hightech-Standorte	51 ②
Saimaasee – Produktionsverflechtungen in der Holzindustrie	109 ③
Polen – Oberschlesisches Industriegebiet	112 ②
Wien-Bratislava – Wandel der Grenzregion	113 ③
Raab (Ungarn) – Handel und Gewerbe	113 ④
Cambridge – Hightech-Cluster	125 ③
Nord- und Mittelengland – Strukturwandel	125 ④
Pilbara (Nordwestaustralien) – Eisenerzrevier	200 ②
Silicon Valley (Kalifornien) – Informationstechnologie-Cluster	214 ②
USA – Entwicklung der Automobilindustrie	217 ②

Förderung von Wirtschaftszonen

Notwendig im globalen Wettbewerb der Industrieregionen?

IV.1 Zu erwerbende Kompetenzen

Nach Bearbeitung des Kapitels können Sie ...
... die Einrichtung von Sonderwirtschaftszonen an Beispielen, erläutern.
... die Veränderung von lokalen und globalen Standortgefügen aufgrund der Einrichtung von Sonderwirtschafts- und Freihandelszonen erläutern.
... Sonderwirtschaftszonen als Mittel zur Förderung des wirtschaftlichen Wachstums beurteilen.
... Funktion und Ziele von Joint Ventures aus unterschiedlichen Perspektiven erläutern.
... die Vielfalt des tertiären Sektors an Beispielen erläutern.
... Funktion und Ziele von Wirtschaftsbündnissen erklären.
... Strategien zur Beeinflussung des Handels darstellen.

IV.2 Übersicht über die Themen des Kapitels

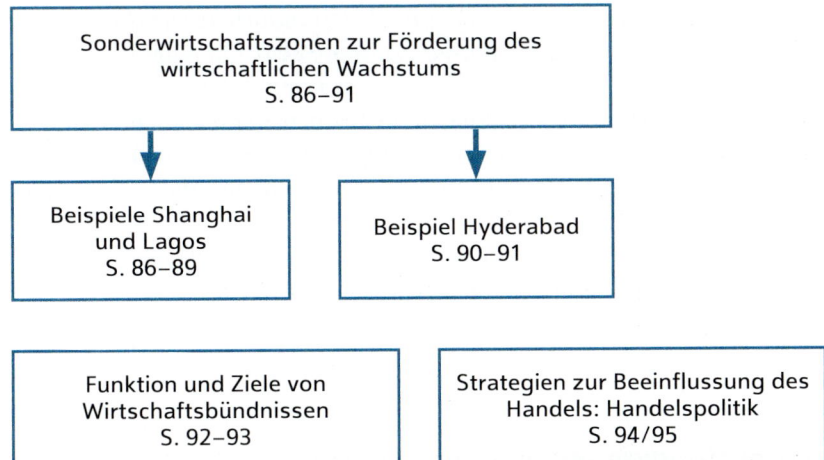

In diesem Kapitel können Sie Ihre bisher erworbenen Kenntnisse über wirtschaftsräumliche Faktoren und Prozesse sowie Standortentscheidungen von Unternehmen anwenden und erweitern. Es geht um die Bedeutung von Sonderwirtschaftszonen für die wirtschaftliche Entwicklung eines Landes.

Nachfolgend ein paar Beispiele von Themenformulierungen aus den Abituraufgaben der letzten Jahre, die sich auf die Inhalte des Kapitels beziehen:
• Sonderwirtschaftszonen – ein geeignetes Instrument ausgewogener Raumentwicklung?
• Industriestandorte zwischen privatwirtschaftlicher Standortentscheidung und staatlicher Lenkung

Zu diesen Themen wurden entsprechende Raumbeispiele ausgewählt und vorgegeben.

IV.3 Basiswissen

Nachdem Sie im dritten Kapitel des Buches Standortentscheidungen von Unternehmen des sekundären und tertiären Sektors in einer globalisierten Welt analysiert haben, geht es in diesem Kapitel darum, die Standorte von Unternehmen in Sonderwirtschaftszonen zu untersuchen und die Bedeutung von Sonderwirtschaftszonen zu erfassen. In einem weiteren Schritt werden Sie die Bedeutung von Wirtschaftsbündnissen und der Handelspolitik kennenlernen.
Damit Sie überprüfen können, ob Ihnen alle Fachbegriffe geläufig sind, die im Zusammenhang mit der Thematik wichtig sind, finden Sie hier eine kurze Zusammenfassung.

Hintergrundwissen/Wiederholung:
Weltweite Netzwerke – Global Player

↗ Schulbuch S. 66 f. (Global Player VW)

Global Player
trans- bzw. multinationales Unternehmen, das mindestens in einem fremden Land produziert oder investiert und die Weltmärkte beliefert

ausländische Direktinvestitionen (ADI)
von einem ausländischen Investor erworbene Vermögensanlagen, wie z.B. Immobilien, eigenständige Firmen oder Tochterunternehmen

Durch die Internationalisierung der Wirtschaft hat die Bedeutung der Unternehmen, die mit Produktion, Vertrieb, Forschung und Entwicklung global tätig sind, enorm zugenommen. Unternehmen suchen nicht mehr nur im eigenen Land, sondern weltweit nach Standorten. Die weltweite Nutzung von Produktionsstätten, Arbeitskräften, Energie, Rohstoffen und Dienstleistungen wird als **Global sourcing** bezeichnet. Im Rahmen des Global sourcing werden global leistungsfähige und kostengünstige Zulieferer in den Fertigungsprozess einbezogen (z.B. Autositze aus Polen). Ziel des Global sourcing ist die langfristige Schaffung von Wettbewerbsvorteilen.

Transnationale bzw. multinationale Unternehmen, die sogenannten **Global Player**, sind Unternehmen, die weltweit mit Tochterunternehmen, Zweigstellen oder Produktionseinrichtungen in zahlreichen Staaten tätig sind und dadurch ein globales Netzwerk aufbauen. Motive für diese Unternehmen sind dabei vor allem das Umgehen von Handelshemmnissen wie Zöllen (z.B. investieren deutsche Automobilkonzerne in den USA), die Erschließung und Sicherung von Absatzmärkten, Sicherstellung von Rohstoff- und Energiequellen sowie die Nutzung günstiger Produktionsbedingungen (z.B. niedriges Lohnniveau, geringe Grundstückspreise, Steuervorteile). Die Absatzmärkte und Produktionsstätten sind in der Regel auf mehrere Länder verteilt, aber die Steuerung der Aktivitäten erfolgt meistens von der Zentrale im Heimatland aus.

Global Player leisten im Ausland Direktinvestitionen (**ausländische Direktinvestitionen, ADI**). Dabei werden von einem Unternehmen Immobilien und ausländische Firmen erworben oder eigenständige

Firmen beziehungsweise Tochterunternehmen neu errichtet. Häufig finden auch Beteiligungen an bestehenden Unternehmen statt. Bei einem **Joint Venture** kommt es zu einer langfristigen Zusammenarbeit zweier und mehrerer Unternehmen in einem Gemeinschaftsunternehmen. Der ausländische Partner steuert das Kapital sowie neue Technologien und Maschinen (Know-how) bei, der inländische Partner leistungsfähige und preisgünstige Arbeitskräfte sowie den Zugang zum regionalen beziehungsweise nationalen Absatzmarkt. Die dabei neu errichteten Zweigwerke dienen lediglich als „verlängerte Werkbänke", da dort einfache und ausgereifte Produkte in meistens arbeitsintensiven Produktionsvorgängen für die Produktionskette erstellt werden (Audi-Motoren kommen beispielsweise aus dem ungarischen Audi-Motorenwerk in Győr).

Joint Venture
Zusammenarbeit zweier oder mehrerer Unternehmen

Global Player werden häufig aufgrund ihres erheblichen ökonomischen und politischen Einflusses kritisiert. Der Umsatz zahlreicher Unternehmen übersteigt nicht selten das **Bruttoinlandsprodukt (BIP)** in ihren Zielländern. So ist der Umsatz des größten Unternehmens der Welt (Walmart) höher als das BIP der Staaten Bangladesch (195 Mrd. US-$) und Philippinen (298 Mrd. US-$). Aufgrund ihrer hohen Investitionssummen haben Global Player einen erheblichen Einfluss in den Zielländern. Sie können beispielsweise mit der Verlagerung ihres Standortes in ein anderes Land drohen, falls im Zielland steuerliche Vergünstigungen gestrichen oder neue Umweltauflagen umgesetzt werden sollen. Global Player nutzen bisweilen Lücken im Steuersystem, um einen Großteil ihrer Gewinne in Ländern auszuweisen, die diese Gewinne niedrig oder gar nicht besteuern. Sie profitieren davon, dass sie ihren Hauptsitz in einer steuerbegünstigten Region ansiedeln können und die weltweiten Tochterfirmen mit geringen Gewinnen belasten.

BIP (Bruttoinlandsprodukt)
zentraler Indikator der wirtschaftlichen Leistungsfähigkeit: Wert sämtlicher Güter (Waren und Dienstleistungen), die während eines Jahres innerhalb eines Landes von In- und Ausländern produziert werden

Der eigentliche Unternehmensgewinn wird durch den Hauptsitz erwirtschaftet, der von den niedrigen Steuern profitiert. Die große Konkurrenz zwischen den Global Playern führt zu einem zunehmenden Konzentrationsprozess. Globale Unternehmen schließen sich zu immer größeren Unternehmen zusammen und versuchen dadurch, ihre wirtschaftliche Macht auf dem Weltmarkt auszubauen. Global tätige Unternehmen stehen häufig auch in der Kritik, weil sie Arbeits- und Sozialstandards sowie Umweltnormen nicht einhalten. Geringe Löhne, unbezahlte Überstunden, mangelnde Arbeitsschutzmaßnahmen oder auch Kinderarbeit gehören zum Beispiel häufig zu den Problemfeldern bei Unternehmen aus der Textil- und Bekleidungsindustrie.

Häufig werden die Begriffe **multinationales Unternehmen (MNU)** und **transnationales Unternehmen (TNU)** bei der Bezeichnung von Global Playern synonym benutzt. Viele Wissenschaftler plädieren jedoch dafür, unter MNU solche Unternehmen zu verstehen, die zwar in vielen Ländern Produktionsstätten unterhalten, diese jedoch hierarchisch von ihrem Heimatland aus steuern. TNU verfügen dagegen über einen global organisierten Produktionsverbund, der weitgehend dezentral koordiniert und gesteuert wird. MNU sind noch immer sehr viel häufiger als echte TNU.

Wirtschaftszonen als globale Standorte

LERNTIPP >>

📖
↗ Schulbuch
S. 86 f.
(Pudong, Shanghai)
S. 88 f.
(EPZ Lekki, Lagos)
S. 90 f.
(FPZ Hyderabad)

Sie werden in diesem Kapitel viele ähnliche Begriffe kennenlernen, die Sie nicht verwechseln dürfen, insbesondere die Abkürzungen könnten verwirrend sein: Sonderwirtschaftszone (Free Production Zone, FPZ), Exportproduktionszone (Export Processing Zone, EPZ) und Freihandelszone (Free Trade Zone, FTZ). Legen Sie sich am besten Karteikarten mit kurzen Eintragungen zu den Begriffen an.

Wirtschaftsregionen stehen untereinander in einem zunehmenden globalen Wettbewerb um Investitionen und Kapital. Vor allem multinationale Unternehmen suchen immer wieder neue und kostengünstige Standorte, um Märkte zu erschließen und Kosten zu senken. Um dieses Standortverhalten zu unterstützen und im Wettbewerb der Regionen den eigenen Standort global attraktiv zu machen, wenden Regierungen im Bereich der Wirtschaftsförderung und zur Anziehung ausländischen Kapitals unterschiedliche Maßnahmen an.

Sonderwirtschaftszonen (Free Production Zone, FPZ) Zone für Handel und/oder Produktion mit staatlich begünstigten Standortfaktoren. Sie sind im Gegensatz zu Exportproduktionszonen (EPZ) nicht nur auf den Industriebereich fokussiert.

Eine Maßnahme ist die Errichtung von **Sonderwirtschaftszonen** (Free Production Zone, **FPZ**) an bevorzugten, verkehrsgünstig gelegenen Standorten. Damit tragen diese zur Ausbildung und Stärkung von Wachstumsregionen in diesen Ländern bei.
Die Internationale Arbeitsorganisation (ILo) geht mittlerweile von über 3800 Sonderwirtschaftszonen in 130 Ländern aus. Die Länder erhoffen sich dadurch Wachstumsimpulse für die Wirtschaft und neue Arbeitsplätze sowie Knowhow-Zugang zu neuen Technologien. Den Unternehmen werden in den Sonderwirtschaftszonen vielfältige Anreize geboten. Dazu zählen unter anderem die kostenfreie Bereitstellung von Infrastruktur, Zollbefreiung für Im- und Exporte, eingeschränkte Rechte der Gewerkschaften, niedrige Umweltauflagen sowie steuerliche Vergünstigungen. Die Länder garantieren den Unternehmen meistens eine vollständige Steuerbefreiung für mindestens fünf Jahre. Und selbst danach zahlen die ausländischen Unternehmen meistens niedrigere Steuern als einheimische Unternehmen. Sonderwirtschaftszonen haben sich in vielen Ländern der Welt auf arbeitsintensive Produkti-

onsprozesse zur Herstellung standardisierter Produkte für den Export konzentriert. Multinationale Unternehmen verlagern daher besonders arbeitsintensive Teile des Produktionsprozesses dorthin oder fertigen vollständig an diesen Standorten.

Kritiker wenden ein, dass Sonderwirtschaftszonen und die dadurch ausgelösten Wirtschaftsimpulse weniger der heimischen Wirtschaft als den internationalen Unternehmen nutzen. Besonders problematisch wird es, wenn Unternehmen aufgrund günstigerer Produktionsbedingungen in andere Länder „weiterziehen".

Eine andere Möglichkeit im globalen Wettbewerb ist die Einrichtung von **Exportproduktionszonen** (Export Processing Zone, **EPZ**). Im Gegensatz zu Sonderwirtschaftszonen sind sie ausschließlich darauf ausgerichtet, für den Export zu produzieren. In den Exportproduktionszonen sind die regulären Zoll- und Steuerbestimmungen weitgehend außer Kraft gesetzt.

Exportproduktionszone (EPZ)
Gebiet, in dem in der Regel ausschließlich Unternehmen angesiedelt sind, die für den Export produzieren

Dort wird dann unter dem Einsatz einheimischer Arbeitskraft produziert. Besonders in den Wachstumsbranchen, die für ausländische Investoren attraktiv sind, wählen Verantwortliche das Joint Venture als Form der Zusammenarbeit, das heißt, hier gründen zwei oder mehr Firmen aus den beteiligten Ländern ein neues Unternehmen. Die Firma aus dem Entwicklungsland stellt dann zum Beispiel das Grundstück und die Gebäude, die aus dem Industrieland die Maschinen und das Grundkapital. Die Unternehmensentscheidungen erfolgen dann gemeinsam und die Gewinne werden geteilt.

In Mittelamerika spricht man von **Maquiladoras**. Die Maquiladoras befinden sich in Mexiko an der US-amerikanischen Grenze. Hier wird für den US-amerikanischen Markt gefertigt, die niedrigeren Löhne in Mexiko werden von den US-amerikanischen Unternehmen ausgenutzt. Aus den USA werden Einzelteile oder Halbfertigware importiert, zu Fertigware zusammengesetzt und in die USA exportiert. Ein anderer Begriff, der in diesem Zusammenhang verwendet wird, ist der der **„verlängerten Werkbank"**, denn es werden gewisse vor- oder nachgelagerte Arbeiten einer Produktionskette in ein Entwicklungs- oder Schwellenland ausgelagert.

„verlängerte Werkbank"
Auslagerung vor- oder nachgelagerter Arbeiten/Dienstleistungen einer Produktions-/Wertschöpfungskette in ein Entwicklungs- oder Schwellenland zur Kostenersparnis

China ist ein Beispiel dafür, wie sich ein Land von der „verlängerten Werkbank" der Industriestaaten zu einem der größten Produzenten und Exporteure von Industriewaren auf dem Weltmarkt entwickelt hat. In China erfolgte die Ausweisung von Sonderwirtschaftszonen zunächst an unbedeutenden Standorten, nämlich in den Provinzen Guangdong, Fujian und Hainan (1979). Man wollte testen, ob dieses Wirtschaftsmodell für China erfolgreich sein konnte. Anschließend wurden strategisch gut erreichbare Standorte entlang der Küste gewählt. 1984 erhielten zunächst 14 Küstenstädte, darunter Shanghai, als „offene Städte" ähnliche, aber weniger weit reichende Privilegien. Schließlich entstand 1985 ein zum Ausland geöffneter Wirtschaftsstreifen an der Küste. Durch die Sonderwirtschaftszonen wurden zahlreiche ausländische Unternehmen angelockt, die die Standortvorteile Chinas, wie zum Beispiel den riesigen Binnenmarkt, die zahlreichen Arbeitskräfte und die geringen Lohnkosten sowie verfügbaren Rohstoffe, ausnutzten und vor Ort zu produzieren begannen.

Freihandelszone
Zusammenschluss von zwei oder mehreren Staaten, Abbau von Zöllen und anderen Handelshemmnissen

Bei einer **Freihandelszone** (Free Trade Zone, **FTZ**) handelt es sich um einen Zusammenschluss von zwei oder mehreren Staaten zu einem Wirtschaftsgebiet, in dem weder Zölle noch sonstige Abgaben unter den Partnerstaaten verlangt werden. Alle Güter können ohne Beschränkungen ein- und ausgeführt werden. Gegenüber Drittländern entscheidet jedes beteiligte Land selbst über Zollbeschränkungen.

LERNTIPP >> Aus den Themenformulierungen eines Abiturbeispiels aus den vergangenen Jahren können Sie entnehmen, mit welcher Zielrichtung Sie die Einrichtung von Sonderwirtschaftszonen hinterfragen sollten.
Sind Sonderwirtschaftszonen ein geeignetes Instrument ausgewogener Raumentwicklung?
Inwiefern können von Sonderwirtschaftszonen Impulse für eine ausgewogene Entwicklung eines Landes ausgehen?

Wirtschaftszonen als Entwicklungsimpuls?

In den letzten 30 Jahren ist die Zahl der Tochterunternehmen von multinationalen Konzernen um das Hundertfache auf heute über 300 000 gewachsen. Beliebter Standort sind vor allem die Sonderwirtschaftszonen. Früher wurden im Ausland überwiegend solche Werke angesiedelt, die ein fertiges Produkt herstellten. Heute gehen viele Firmen im Rahmen des **Global sourcing** dazu über, die **Wertschöpfungskette** in viele kleine Segmente aufzuspalten und die einzelnen Produktionsschritte über den Globus zu verteilen, jeweils dort, wo sie am günstigsten erledigt werden können. Im Rahmen der Globalisierung entstehen in den Entwicklungsländern Millionen neuer Arbeitsplätze, zudem erfolgt ein Transfer von Kapital und – vielleicht noch wichtiger – Knowhow. Die Bewertungen dieser Entwicklung in ihrem Nutzen für die Entwicklungsländer gehen weit auseinander. Zahlreiche Politiker und Wissenschaftler sehen in der Globalisierung eine Möglichkeit, die Entwicklungsländer endlich voll in die internationale Arbeitsteilung und

Global sourcing
vgl. S. 70, 212

Wertschöpfungskette
vgl. S. 65

den Welthandel zu integrieren und eine Entwicklung auf breiter Basis zu erreichen. Bei dieser optimistischen Sicht würde die Entwicklung nicht nur auf einfache Arbeiten und den Niedriglohnsektor beschränkt bleiben. Inzwischen werden ja auch zunehmend technologisch anspruchsvollere Produktionsschritte in Entwicklungsländer verlagert, die auch moderne Organisations- und Fertigungsmethoden sowie eine räumliche Nähe zu Forschungs- und Entwicklungsabteilungen verlangen. Daher könnten sich in Zukunft in den Entwicklungsländern auch „wissensbasierte regionale Cluster" herausbilden, wie zum Beispiel im indischen Bangalore. Diese Cluster könnten dann als **Entwicklungspole** zu einem gesamtwirtschaftlichen, breiten Wachstum führen.

Dem widersprechen die Kritiker: Eine positive Entwicklung sei bisher weder national noch international in großer Breite festzustellen. Die Entwicklung bleibe auf einzelne Fragmente beschränkt. Zu wenige Länder hätten größere Direktinvestitionen zu verzeichnen, ganze Ländergruppen (insbesondere in Afrika) seien immer noch vom Welthandel und vom Weltkapitalverkehr abgekoppelt. Das Wachstum konzentriere sich auf wenige Wachstumspole. Eine Diffusion in die Breite finde kaum statt – weder räumlich noch sozial. Die Arbeitskräfte seien weitgehend von den multi- und transnationalen Unternehmen abhängig, die ihre Investitionen vor allem nach Gewinnmaximierung ausrichten und daher auch schnell verlagern.

Entwicklungspol sektoraler oder regionaler Ansatzpunkt, von dem Entwicklung ausgehen kann

IV.4 Erweitertes Wissen

Freihandel und Protektionismus

Staaten treffen Wirtschafts- und Handelsentscheidungen zum einen auf regionaler und nationaler Ebene, zum anderen betreiben sie eine **internationale Handelspolitik**. Sie schließen Handelsabkommen oder Wirtschaftsbündnisse mit anderen Staaten. Ziel ist es, Handelsbarrieren abzubauen, den Kapitalverkehr zu steigern und schließlich die Kooperationen zu vertiefen. Diese Bündnisse haben letztlich die Zielsetzung, einen **Freihandel** zu ermöglichen.

Bei der Durchsetzung des Freihandels spielen internationale Organisationen wie die Weltbank, der Internationale Währungsfond und vor allem die Welthandelsorganisation (World Trade Organization, WTO) mit dem Allgemeinen Zoll- und Handelsabkommen (General Agreement on Tariffs and Trade, GATT) eine zentrale Rolle. Auch bilaterale Freihandelsabkommen und multinationale Freihandelszonen erleichtern den wirtschaftlichen Austausch in weiten Teilen der Welt. Neben dem Bin-

↗ Schulbuch S. 92 f. (ASEAN)

nenmarkt der Europäischen Union gehören hierzu beispielsweise die NAFTA (North American Free Trade Agreement) zwischen den USA, Mexiko, Kanada oder die ASEAN (Association of Southeast Asian Nations; seit 2010 mit China als ACFTA, ASEAN-China Free Trade Area).

In die weltweiten Verflechtungen der Waren- und Kapitalströme sind heute fast alle Länder und Regionen eingebunden. Allerdings profitieren nicht alle in gleichem Maße davon. So konzentriert sich ein Großteil des Warenhandels noch immer auf die sogenannte **Triade**, zu der die EU, Nordamerika sowie Ost- und Südostasien (Japan, Südkorea, inzwischen auch China und Teile Südostasiens) gezählt werden. Innerhalb dieser Triade werden noch immer mehr als vier Fünftel des gesamten Handels mit Waren und Dienstleistungen abgewickelt. Folglich waren 2013 neben der sogenannten „Fabrik der Welt" China vor allem hoch entwickelte Volkswirtschaften wie die USA, Deutschland, Japan oder die Niederlande die bedeutendsten Warenexporteure. Bei den Dienstleistungsexporten dominieren die USA vor Großbritannien, Deutschland, Frankreich und China. Auch die internationalen Kapital- und Finanzströme konzentrieren sich auf die Kernländer der Triade. Dies gilt – wenig überraschend – vor allem für die Abflüsse von ausländischen Direktinvestitionen, etwas abgeschwächt aber auch für die Zuflüsse.

Allerdings hat sich die Position der Entwicklungs- und Schwellenländer in den letzten Jahren sowohl beim Handel als auch bei den Kapitalflüssen erkennbar verbessert. Dies liegt vor allem am Aufstieg Chinas, aber auch am Wachstum der anderen **BRICS-Staaten**. BRICS steht für Brasilien, Russland, Indien, China und Südafrika, also für größere Volkswirtschaften, die für ihre jeweiligen Weltregionen eine Leit- und Ankerfunktion übernehmen. Waren die BRICS-Staaten im Jahre 2000 erst mit etwa 7 Prozent am globalen Warenhandel beteiligt, lag dieser Anteil zehn Jahre später schon bei fast 16 Prozent. Bei den Dienstleistungen besteht noch ein größerer Aufholbedarf, aber auch hier erhöhte sich der Anteil von 4 Prozent auf 10 Prozent. Außerdem treten Unternehmen aus China und Indien mittlerweile selbst als Großinvestoren in anderen Ländern in Erscheinung. Inzwischen ist bereits von den **Next Eleven (N-11)** die Rede. Diese Gruppe von elf Ländern umfasst unter anderem Bangladesch, Indonesien, Nigeria, Pakistan, die Philippinen, die Türkei und Vietnam. Dies sind bevölkerungsreiche Länder, in denen trotz erheblicher Entwicklungsunterschiede ein dynamischer Aufschwung der Exportwirtschaft festzustellen ist und die den BRICS-Staaten langfristig nachfolgen könnten.

Jedoch können nicht alle Entwicklungsländer von der Zunahme der Handelsverflechtungen profitieren. Positiv entwickeln sich die Exporte für die Volkswirtschaften, die bei bestimmten industriell gefertigten Konsumgütern erfolgreich sind (z.B. Bangladesch bei Bekleidung), die beliebte Standorte für multinationale Unternehmen sind (z.B. Vietnam im Bereich Elektronik) oder die begehrte Rohstoffe exportieren (z.B. Nigeria mit Erdöl). Trotz wirtschaftlicher Erfolge gelingt es vielen dieser Länder aber nur schleppend, Armut abzubauen und die Lebensbedingungen für alle Menschen zu verbessern. Viele Entwicklungsländer sind zudem stark von nur einem oder zwei Exportgütern abhängig.

↗ Schulbuch S. 94 f.

Ein weltweiter Freihandel wird durch den **Protektionismus** einiger Staaten oder Staatengruppen behindert. Darunter versteht man alle Maßnahmen in Form von Handelshemmnissen, mit denen ein Staat versucht, ausländische Anbieter auf dem Inlandsmarkt zu benachteiligen, um den inländischen Markt zu schützen. So wird zum Beispiel durch Zölle der inländische Markt abgeschottet. Die Eigeninteressen sind wichtiger als ein freier Handel.

Protektionismus handelspolitisches Konzept, das durch eine ausgeprägte Neigung zur Protektion (also Schutz der heimischen Wirtschaft) sowie der Benachteiligung ausländischer Anbieter auf dem Inlandsmarkt gekennzeichnet ist

Hinsichtlich der Integration in den Weltmarkt wird immer wieder der Ruf nach einer Neuen Weltwirtschaftsordnung (NWWO) laut. Dabei sollen die Strukturen des Welthandels so reformiert werden, dass die Entwicklungsländer stärker am Nutzen der Weltwirtschaft teilhaben. Es könnten zum Beispiel die Rohstoffpreise an die der Fertigwaren gekoppelt oder (Rohstoff-)Kartelle nach dem Vorbild der OPEC gebildet werden. Dabei werden die Rohstoffpreise und ihre Schwankungsbreite von den Erzeugerländern festgelegt. Schließlich sollte freier Handel ermöglicht werden. Obwohl die UN-Vollversammlung schon 1974 in zwei Erklärungen die Einführung einer Neuen Weltwirtschaftsordnung gefordert hat, gibt es kaum Fortschritte. Zu unterschiedlich sind die Interessen der einzelnen Staaten. Mehr Erfolg haben die Initiativen einzelner Staatengruppen oder Organisationen: So gewährt die Europäische Union seit 1975 zahlreichen Staaten Afrikas, der Karibik und des Pazifiks (AKP-Staaten) beim Handel freien Zugang zum europäischen Binnenmarkt. Auch zahlreiche Länder des Südens schließen sich zusammen, um gegenseitigen Handel zu fördern und die Abhängigkeit von den Industrieländern zu verringern, zum Beispiel die oben genannten BRICS- oder die ASEAN-Staaten.

IV.5 Übungsmöglichkeiten mit dem Diercke Weltatlas

www.diercke.de

Auch zu diesem Kapitel finden Sie Karten im Diercke Weltatlas, mit denen Sie üben können. Sie finden Zusatzinformationen zu den Karten unter www.diercke.de. Geben Sie den Kartennamen ein und Sie erhalten die Atlaskarte sowie den erläuternden Text. Überprüfen Sie, ob Sie Ihre erworbenen Sach-, Methodenkompetenzen anwenden können. Sie sollten auf jeden Fall in der Lage sein, die Fachbegriffe anzuwenden und Funktion und Ziele von Sonderwirtschaftszonen an Beispielen zu erläutern.

Karte	Atlasseite und Kartennummer
Perlflussdelta – Wirtschaftskraft	187 ②
Shanghai – Wirtschaftsmetropole	189 ④
Pudong – Hightech-Park Zhangijang	189 ⑤
Ciudad Juárez (Mexiko) – Maquiladora-Industrie	268 ②

Globale Disparitäten

Ungleiche Entwicklungsstände von Räumen als Herausforderung

V.1 Zu erwerbende Kompetenzen

Nach Bearbeitung des Kapitels können Sie ...
... Entwicklungsstände von Ländern anhand ökonomischer und sozialer Indikatoren sowie anhand des HDI vergleichen.
... sozioökonomische Disparitäten innerhalb und zwischen Ländern erläutern.
... mögliche Ursachen für unterschiedliche Entwicklungsstände erläutern.
... Entwicklungschancen und Entwicklungsrisiken in unterschiedlich geprägten Wirtschaftsregionen beurteilen.
... konkrete Maßnahmen zum Abbau von regionalen Disparitäten im Hinblick auf deren Effizienz und Realisierbarkeit beurteilen.
... Konsequenzen erörtern, die sich aus der Umsetzung des Leitbilds der nachhaltigen Entwicklung ergeben.
... das Modell der globalen und lokalen Fragmentierung nach Scholz erklären.
... das Wirtschaftsstufenmodell nach Rostow erklären.
... Darstellungs- und Arbeitsmittel in Materialzusammenstellungen fragebezogen auswerten.

V.2 Übersicht über die Themen des Kapitels

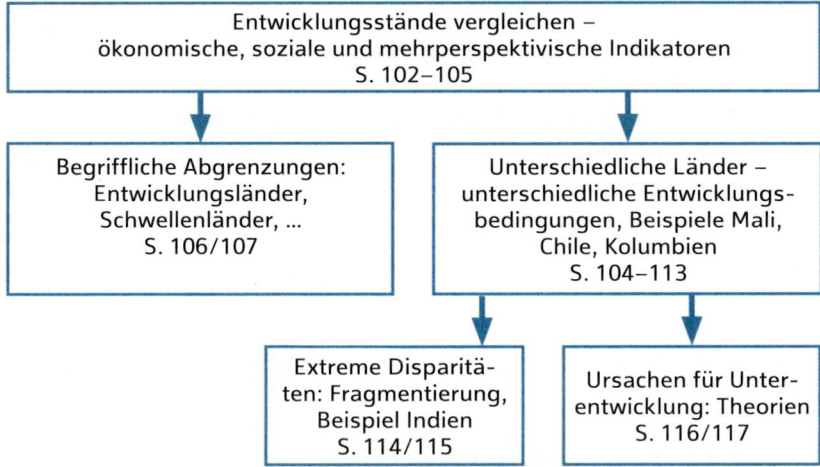

In diesem Kapitel können Sie besonders gut das Auswerten unterschiedlicher Materialien üben, und zwar in Bezug auf den Vergleich von Ländern. Sie lernen auch den Gini-Index kennen, die Auswertung von Dreiecksdiagrammen sowie zwei weitere Modelle: das Modell der globalen und lokalen Fragmentierung und das Wirtschaftsstufenmodell. Außerdem beschäftigen Sie sich mit zwei gegensätzlichen Theorien zur Unterentwicklung und Entwicklung: der Modernisierungs- und der Dependenztheorie. Erweitern Sie am besten Ihre Modell- und Begriffskartei entsprechend.

Nachfolgend einige Beispiele von Themenformulierungen aus den Abituraufgaben der letzten Jahre, die sich auf die Inhalte des Kapitels beziehen:

• Rohstoffförderung als Impuls für eine zukunftsfähige Entwicklung in peripheren Räumen?
• Zukunftsfähige Entwicklung durch Energierohstoffe?

Zu diesen Themen wurden entsprechende Raumbeispiele ausgewählt und vorgegeben. Weitere Themenbeispiele finden Sie bei den Tipps zu Kapitel VII.

Am Ende des Kapitels im Schulbuch finden Sie eine Übungsmöglichkeit in Form einer Probeklausur zum Thema „Ursachen für Unterentwicklung – das Beispiel Niger". Damit können Sie prüfen, ob Sie die naturräumlichen Voraussetzungen für die wirtschaftliche Entwicklung eines Landes und den Entwicklungsstand mithilfe von Materialien herausarbeiten können.

<< LERNTIPP

↗ Abi-Tipp
S. 239 – 241

V.3 Basiswissen

Die Begriffe Entwicklung und Unterentwicklung werden oft auf ökonomische Aspekte reduziert verwendet. Da sie aus der Perspektive der Industrieländer eine Wertung beinhalten, wurden sie schon immer kritisch hinterfragt. Was bedeutet unterentwickelt? Wer legt den Maßstab fest? Dies sind Fragen, mit denen Sie sich in diesem Kapitel beschäftigen. Es geht aber auch darum zu klären, welche Ursachen unterschiedliche Entwicklungen hervorrufen.

Entwicklungsunterschiede – Indikatoren und Klassifizierungen

Entwicklungsländer! Industrieländer! Dies sind häufig genutzte Bezeichnungen im allgemeinen Sprachgebrauch. Nach der Definition der Vereinten Nationen zählen ganz Europa, Nordamerika, Japan, Australien und Neuseeland zu den entwickelten Regionen. Alle anderen Regionen und Länder werden als weniger entwickelt bezeichnet. Auf den ersten Blick scheint diese Einteilung einleuchtend. Doch: Ist China tatsächlich noch ein Entwicklungsland? Und Südkorea? Und Brasilien? Schon lange lassen sich die Staaten der Erde nicht mehr einfach in zwei Gruppen teilen. Zu sehr haben sich die Länder auseinander entwickelt. Es gibt unterschiedliche Auffassungen, welches die aussagekräftigsten Indikatoren für Entwicklung sind: Sind es eher soziale oder wirtschaftliche? Oder ist es die Raumstruktur, die in den Entwicklungsländern große Unterschiede zwischen städtischen und ländlichen, zwischen armen und wohlhabenden Gebieten aufweist? Auch die Einbindung in die Weltwirtschaft und die historische Entwicklung seit dem Mittelalter unterscheiden Industrie- und Entwicklungsländer.

Über 80 Prozent der Weltbevölkerung leben heute in Entwicklungsländern. Allgemein wird darunter eine Gruppe von Ländern verstanden, die hinsichtlich ihrer wirtschaftlichen, sozialen, politischen und ökologischen Entwicklung einen relativ niedrigen Stand aufweisen. Folgende Merkmale sind für viele Entwicklungsländer typisch:

- im ökonomischen Bereich:
  - eine geringe Produktivität der Wirtschaft und daraus folgend ein geringes **Bruttonationaleinkommen (BNE)** und **Bruttoinlandsprodukt (BIP)**,
  - ein geringes Pro-Kopf-Einkommen, verbunden mit einer extrem ungleichen Vermögensverteilung,

Bruttonationaleinkommen (BNE) Wert aller im Laufe eines Jahres von den Bewohnern eines Landes (auch im Ausland) produzierten Waren und erbrachten Dienstleistungen

Bruttoinlandsprodukt (BIP) Gesamtwert aller Güter, Waren und Dienstleistungen, die im Laufe eines Jahres innerhalb der Landesgrenzen erwirtschaftet wurden

- – eine bedeutende Rolle des primären Sektors und der informellen Wirtschaft,
- – eine einseitige, oft auf Rohstoffe ausgerichtete Exportpalette,
- – unterschiedliche Einbindung von einzelnen Regionen des Landes in die globale Wirtschaft,
- – starke regionale Disparitäten,
- – Unterbeschäftigung,
- – unzureichende Infrastruktur,
- im sozialen Bereich:
  - – ein hohes Bevölkerungswachstum, geringe durchschnittliche Lebenserwartung,
  - – geringer Bildungsgrad sowie Probleme in der Ernährung, der Versorgung mit sauberem Trinkwasser und der ärztlichen Versorgung bei sehr großen Teilen der Bevölkerung,
  - – unkontrollierte Binnenmigration,
  - – Landflucht und Verstädterung,
  - – Benachteiligung von Frauen,
  - – große soziale Unterschiede,
- im politischen Bereich:
  - – undemokratische Strukturen,
  - – politische Instabilität,
  - – Korruption, Klientelismus,
- im ökologischen Bereich:
  - – Umweltzerstörung durch Verstädterung, Ausbeutung von Rohstoffen, Abholzung,
  - – Desertifikationserscheinungen,
  - – hohe Umweltbelastungen in Ballungsgebieten.

Einzelne dieser Merkmale werden als **Entwicklungsindikatoren** ausgewählt, um Ranglisten der Länder nach ihrem Entwicklungsstand erstellen und bestimmte Gruppen ausgliedern zu können. Dies kann zum Beispiel für das Ausmaß der Entwicklungszusammenarbeit für finanzielle Unterstützung oder beim Abschluss von Handelsabkommen von Bedeutung sein. Als Entwicklungsindikatoren sind vor allem die Merkmale geeignet, die gut berechenbar, das heißt in Zahlen fassbar und für alle Staaten der Erde verfügbar sind. Welches dieser Merkmale dann letztendlich zu einer Klassifizierung herangezogen wird, hängt davon ab, was unter „Entwicklung" verstanden wird. Hier sind grundsätzlich zwei Perspektiven zu unterscheiden: Die eine sieht Entwicklung vor allem als ökonomische Entwicklung mit einer Volkswirtschaft, die floriert, die zum Beispiel durch eine leistungsstarke Industrie und ein hohes Bruttonationaleinkommen (BNE) gekennzeichnet ist. Maßstab für eine hohe Entwicklung sind aus dieser Perspektive die Industrieländer.

Entwicklungsindikator
Merkmal, mit dessen Hilfe der Entwicklungsstand eines Landes analysiert werden kann

83

Eine andere Sichtweise richtet den Blick auf das Wohl des einzelnen Menschen im jeweiligen Land, seine Möglichkeiten, menschenwürdig zu leben und an der wirtschaftlichen, kulturellen und politischen Entwicklung partizipieren zu können.

↗ Schulbuch S. 102 f.

Ökonomische Kennzahlen wie das Bruttonationaleinkommen (BNE), das Bruttoinlandsprodukt (BIP) und das Pro-Kopf-Einkommen (BIP pro Einwohner) sind seit Jahrzehnten die gängigsten Kenngrößen, um weltweite Disparitäten zwischen Industrie- und Entwicklungsländern darzustellen. Dabei gibt das BNE den Wert aller Produkte und Dienstleistungen an, die während eines Jahres von den Bürgern / Firmen eines Landes im In- und Ausland erbracht wurden. Das BIP bezieht sich auf alle innerhalb der Landesgrenzen geschaffenen Werte. Diese Wirtschaftsdaten werden in allen Ländern der Erde regelmäßig erhoben und lassen Rückschlüsse auf die Wirtschaftskraft eines Landes oder Wirtschaftsraumes zu. Sie bieten sich daher an, um wirtschaftlich starke gegenüber wirtschaftlich schwachen Regionen abzugrenzen – so wie dies auch innerhalb Deutschlands oder der EU praktiziert wird. Doch muss die Aussagekraft der wirtschaftlichen Indikatoren im globalen Maßstab mit zahlreichen Fragezeichen versehen werden. Dies wird am BNE deutlich: Ein großer Teil der Wirtschaft wird von dieser Messgröße gar nicht erfasst. Die **informelle Wirtschaft**, eingeschlossen die gesamte Subsistenz- und Hauswirtschaft, fließen (gezwungenermaßen) in die Berechnung des BNE nicht ein. Im Gegensatz zu den Industrieländern ist dieser Bereich der Wirtschaft in den Entwicklungsländern jedoch von großer Bedeutung. Der Anteil der hier beschäftigten Menschen und der erbrachten Wirtschaftsleistung ist oftmals höher als der Anteil des offiziell im BNE erfassten „formellen" Sektors.

informelle Wirtschaft
Produktions-, Betriebs- und Dienstleistungen, die sich der staatlichen Kontrolle entziehen und nicht in der offiziellen Statistik erfasst sind

Zudem handelt es sich bei den angegebenen Werten immer um Durchschnittswerte des jeweiligen Staates. Da jedoch die sozialen Unterschiede innerhalb der Entwicklungsländer wesentlich höher sind als in Industrieländern, ist die Aussagekraft eines Durchschnittswertes eher gering. In Brasilien zum Beispiel erwirtschafteten die reichsten 10 Prozent der Bevölkerung, unter ihnen 49 Milliardäre, über 60 Prozent des Volkseinkommens (2015). Schließlich sind die in Dollar angegebenen Werte auch bezüglich ihrer Kaufkraft nicht vergleichbar. So kann man in China für den Wert eines Dollars viermal so viele Grundnahrungsmittel kaufen wie in den USA. Aus diesem Grunde wird das Pro-Kopf-Einkommen heute zumeist in **Kaufkraftparitäten (KKP)** angegeben (Purchasing Power Parities, PPP). Der gewichtigste Kritikpunkt an einer Kennzeichnung des Entwicklungsstandes von Staaten ausschließlich aufgrund ökonomischer Indikatoren liegt jedoch darin, dass dann „Entwicklung" ausschließlich als ein wirtschaftlicher Prozess gesehen wird. Ein Land mit

Kaufkraftparitäten (KKP)
Maßeinheit zum Vergleich verschiedener Währungen. Dies geschieht nicht über den Wechselkurs, sondern über die Kaufkraft.

hoher Wirtschaftskraft gilt als „entwickelt" – ganz gleich wie die Lebensbedingungen der Menschen dort sind. So hat zum Beispiel der weltgrößte Erdölexporteur Saudi-Arabien ein rund zehn Prozent höheres BNE pro Kopf als Tschechien, dennoch ist die soziale Situation der meisten Menschen in dem Ölstaat sehr viel schlechter: Die Kindersterblichkeit ist zum Beispiel sechsmal so hoch und die Zahl der eingeschulten Kinder nur etwa halb so groß wie in unserem Nachbarland.

Die Klassifizierungen, die sich am Entwicklungsstand der Menschen orientieren, arbeiten mit verschiedenen sozialen Indikatoren, die vor allem etwas darüber aussagen, wie die **Grundbedürfnisse** der Menschen befriedigt sind. Darunter versteht man sowohl die materiellen Grundbedürfnisse (basic needs) wie ausreichend Nahrung, Kleidung und Trinkwasser, eine gesundheitliche Grundversorgung und eine menschenwürdige Wohnung als auch die immateriellen Grundbedürfnisse (basic human needs) wie Bildung, Arbeit, Selbstbestimmung der eigenen Lebensverhältnisse und Partizipation, das heißt die Mitbeteiligung an gesellschaftlichen Entscheidungsprozessen. Die heute gebräuchlichste Klassifizierung ist der von der UNDP (United Nations Development Program) jährlich im Bericht über die menschliche Entwicklung veröffentlichte **Human Development Index (HDI)**. Er berücksichtigt drei Indikatoren: die Lebenserwartung, den Bildungsstand und das Pro-Kopf-Einkommen. Er ist damit eine Synthese aus mehreren Werten und bezieht sowohl ökonomische als auch soziale Aspekte ein. Die Werte für diese drei Indikatoren (wobei die Bildung wieder aus zwei Teilindikatoren zusammengesetzt ist) werden auf eine Skala von 0 bis 1 projiziert, indem der jeweils höchste Wert als 1 und der niedrigste als 0 gesetzt wird. Der Mittelwert ergibt den HDI.

Neben dem HDI gibt es weitere Indizes, mithilfe derer Aussagen zum Entwicklungsstand eines Landes getroffen werden können. So hat der 2010 neu eingeführte **Index für mehrdimensionale Armut (MPI)** wie der HDI drei Dimensionen – Gesundheit, Bildung und Lebensqualität –, denen jedoch zehn Indikatoren mit jeweils identischer Gewichtung in ihrer Dimension zugrunde liegen. Der MPI soll ausdrücken, welche Verwirklichungschancen für die Menschen innerhalb eines Landes bestehen.

Trotz aller Bemühungen, valide Klassifizierungen zu erstellen, bleibt festzuhalten, dass kein Merkmal und auch kein Merkmalsbündel in gleichem Maße für alle Entwicklungsländer aussagekräftig ist. Letztlich gleicht kein Land dem anderen. Das einzige gemeinsame Kriterium, das alle Entwicklungsländer verbindet, ist, dass dort der größte Teil der Bevölkerung permanent am Rande des Existenzminimums lebt und daher seine Grundbedürfnisse nur unzureichend befriedigen kann.

Grundbedürfnisse
z.B. Nahrung, Kleidung, Trinkwasser, gesundheitliche Grundversorgung, Unterkunft, Bildung, Arbeit

Human Development Index (HDI)
generalisierter Maßstab zur Berechnung der menschlichen Entwicklung

↗ Schulbuch S. 104 f.

Industrie- und Entwicklungsländer, unterschiedliche Bezeichnungen

↗ Schulbuch S. 106 f.

Für Industrie- und Entwicklungsländer werden unterschiedliche Bezeichnungen verwendet, von denen jedoch keine weltweit unumstrittene Anwendung findet. Die Entwicklungsländer selbst bevorzugen den Sammelbegriff **Länder des Südens** im Gegensatz zum entwickelten „Norden". Im Rahmen der Globalisierungsdebatte wird von den Ländern des Globalen Südens, dem **Globalen Süden** oder auch der „neuen Peripherie" gesprochen. Die Vereinten Nationen zählen alle Staaten Europas, Nordamerika, Australien, Japan und Neuseeland zu den Industrieländern. Alle anderen Regionen und Länder werden als weniger entwickelt bezeichnet, als **Less Developed Countries** oder auch als **Developing Countries**. Manche kritisieren auch den unbedenklich erscheinenden Sammelbegriff Entwicklungsländer, weil er etwas vortäusche, was nicht stattfinde: Entwicklung. Zudem suggeriere es etwas, was es nicht gebe: einen „richtigen" Entwicklungspfad.

Die Bezeichnung **Dritte Welt** ist aus der Abgrenzung gegenüber der Ersten Welt, den westlichen Industrieländern, und der Zweiten Welt, dem ehemaligen Ostblock, entstanden. Nach dem Zusammenbruch des ehemaligen sozialistischen Staatenblocks Anfang der 1990er-Jahre verstärkte sich die Kritik an dieser Bezeichnung: Sie sei zum einen nicht mehr aktuell und zum anderen abwertend. So ist heute in der Alltagssprache und in großen Teilen der Wissenschaft mangels besserer Alternative vor allem die Bezeichnung Entwicklungsländer gebräuchlich. Eine Untergruppe darin bilden die besonders armen Länder, die **Least Developed Countries (LDC)**. 34 dieser Länder liegen in Afrika südlich der Sahara, 13 in Asien und eins in der Karibik. Seit den 1990er-Jahren wird diese Diskussion, der es in erster Linie um eine Abgrenzung geht, überlagert von einer integrativen Sichtweise: Mit der Bezeichnung der „Einen Welt" wollte man mit Blick auf die globalen wirtschaftlichen, technischen, kulturellen und ökologischen Verflechtungen dazu anregen, sich mehr mit den gemeinsamen Problemen dieser Einen Welt zu beschäftigen.

*Tab.: Länder-
gruppen*

LDC: Least Developed Countries. Laut UN-Definition Staaten mit extrem niedrigem Pro-Kopf-Einkommen, hoher ökonomischer Verwundbarkeit (z.B. durch schwankende Exporterlöse) und geringen „human resources", gemessen an Bildungsstand, Analphabetismus, Gesundheit, Ernährung
LLDC: Landlocked Developing Countries. Länder ohne Zugang zum Meer und damit mit erheblichen Erschwernissen im Außenhandel (LDC wurde und wird auch als Abkürzung für Less Developed Country, LLDC für Least Developed Country und LLC für Landlocked Country verwendet.)
Schwellenländer: Länder auf der Entwicklungsschwelle zum Industrieland mit wachsender Industrieproduktion, steigendem Export von Fertigwaren und steigendem Pro-Kopf-Einkommen
NIC: Newly Industrializing Countries. Länder, die schon über ein hohes Bruttonationaleinkommen und einen hohen Industrialisierungsgrad verfügen und damit auch zu den Schwellenländern zu rechnen sind
Kleine Tiger: NIC in Südostasien. Erste Generation: Südkorea, Taiwan, Hongkong, Singapur; zweite Generation: Malaysia, Thailand, Indonesien
BRICS: Abkürzung für die aufstrebenden Schwellenländer Brasilien, Russland, Indien, China und Südafrika
Industrieländer werden häufig mit den OECD-Staaten (Organisation for Economic Cooperation and Development) gleichgesetzt (obwohl hier auch Staaten Mitglied sind, die nach anderen Kriterien zu den Schwellenländern gezählt werden, z.B. die Türkei und Mexiko).

Die statistischen Werte, die zur Berechnung von Entwicklungsständen herangezogen werden, sind Durchschnittswerte. Sie „verschleiern" die tatsächlichen Unterschiede innerhalb der Länder. Corrado Gini hat ein statistisches Maß zur Berechnung von Ungleichverteilungen entwickelt, den Gini-Index, auch Gini-Koeffizient genannt.

Der **Gini-Koeffizient** wird aus der **Lorenzkurve** errechnet. Die Lorenzkurve erlaubt, Konzentrationstendenzen grafisch darzustellen. Man kann zum Beispiel ablesen, wie Landbesitz oder Einkommen auf die Bevölkerung oder wie die Nutzfläche auf die landwirtschaftlichen Betriebe verteilt sind. An einer Lorenzkurve zur Einkommensverteilung wird die Vorgehensweise deutlich: Auf der Abszisse wird die Bevölkerung abgetragen, auf der Ordinate das Einkommen. Zur Erstellung der Kurve wird in das Koordinatensystem eingetragen, wie viel Prozent der Bevölkerung jeweils wie viel Prozent des Einkommens erhalten. Dabei werden die Werte kumuliert: Die ärmsten zehn Prozent der Bevölkerung erhalten x Prozent des Einkommens, die ärmsten 20 Prozent der Bevölkerung erhalten y Prozent des Einkommens (inklusive der ersten

↗ Schulbuch S. 103

10 Prozent) etc. Der letzte Wert zeigt dann, wie viel Prozent des Einkommens die ärmsten 90 Prozent der Bevölkerung erhalten. Aus der Verbindung der Punkte ergibt sich die Lorenzkurve. Entfällt auf jede Bevölkerungsgruppe der entsprechende Anteil des Einkommens, dann herrscht völlige Gleichverteilung – es ergibt sich eine Gerade.

Der Gini-Koeffizient ist definiert als das Verhältnis der Fläche zwischen der Lorenzkurve und der Diagonalen zur gesamten Fläche unterhalb der Diagonalen. Bei absoluter Gleichverteilung hat der Gini-Koeffizient den Wert 0, bei völlig ungleicher Verteilung erreicht er (theoretisch) den Wert 1. Je mehr der Wert also gegen 1 tendiert, desto größer ist die Ungleichverteilung.

Ursachen der Unterentwicklung in den Entwicklungsländern

📖
↗ Schulbuch
S. 108 f. (Mali)

Viele Entwicklungsländer sind ehemalige Kolonien. Die während der **Kolonialzeit** geschaffenen Strukturen wirken bis heute fort: politisch, wirtschaftlich, räumlich und kulturell. Damals wurden bestehende politische Systeme oft auf brutale Art beseitigt und unmittelbar vom „Mutterland" abhängige Kolonialsysteme installiert. Die herrschende Schicht bestand aus Europäern oder aus Einheimischen, die eng mit der Kolonialmacht zusammenarbeiteten. Noch heute besteht die Oberschicht vieler Entwicklungsländer aus Nachfahren der ehemaligen Kolonialgesellschaft (z.B. in Südamerika die Kreolen). Als Hauptstadt wurde häufig ein Ort an der Küste gewählt, um eine möglichst enge Bindung zum Mutterland halten zu können und für militärischen Nachschub schnell erreichbar zu sein. Erst in jüngster Zeit verlegen einige Staaten ihre Hauptstädte wieder ins Zentrum des Landes, eine der ersten dieser Neugründungen war Brasília.

📖
↗ Schulbuch
S. 110 f. (Chile)

Die Entwicklung der Wirtschaftsstruktur verfolgte zur Kolonialzeit vor allem ein Ziel: die Ausbeutung der Rohstoffe. Dazu wurden die Bodenschätze erschlossen und die Landwirtschaft wurde auf den Anbau von in Europa benötigten Agrarerzeugnissen umgestellt. Zur besseren Beherrschbarkeit und zur Steigerung der Produktivität wurden weite Ländereien verdienten Mitgliedern der Kolonialgesellschaft oder an Wirtschaftsbetriebe übereignet. Der vielfach heute noch existierende Großgrundbesitz hat seinen Ursprung in der damaligen Zeit.

Der Ausbau der Infrastruktur erfolgte ebenfalls meistens zur Ausbeutung der Rohstoffe. So wurden Straßen und auch Eisenbahnen von den Hafenstädten zu den wirtschaftlich interessanten Gebieten mit Bodenschätzen oder Plantagen gebaut. Über diese Verkehrslinien wurden zum einen die Exportgüter transportiert, zum andern dienten sie aber auch als Nachschubwege für das Militär. Während die Verkehrswege zur Hauptstadt gut ausgebaut wurden, unterbanden die Kolonialherren häufig den Kontakt zwischen den Regionen im Landesinnern, um eine gegen die Kolonialmacht gerichtete Zusammenarbeit zu verhindern.

Um den Absatz der europäischen Fertigwaren zu sichern, wurden aufkeimende Industrien in den Kolonien unterdrückt. So verboten die englischen Kolonialherren in Indien die Arbeit der damals hoch entwickelten indischen Textil- und Seidenmanufakturen, um der eigenen Textilindustrie den Markt zu öffnen. Nicht umsonst bestand eines der wichtigsten Merkmale des indischen Widerstandes gegen die Kolonialmacht England darin, sich demonstrativ Stoffe selbst zu weben – und nicht die englischen zu kaufen. Die schwerwiegendste Hypothek aus der Kolonialzeit ist jedoch die Einbindung der Kolonien in die sogenannte „internationale Arbeitsteilung", die damals begann: Bis heute exportieren zahlreiche Entwicklungsländer überwiegend Rohstoffe und die Industrieländer Fertigwaren. Die indigene Bevölkerung wurde von der Kolonialmacht weitgehend entrechtet und teilweise sogar vernichtet. In den vielen ehemaligen Kolonien zählen die Nachkommen der Urbevölkerung bis heute zur marginalisierten Schicht. In allen Kolonien kam es zu einer zum Teil weitgehenden **Akkulturation**: Die Kultur der Kolonialherren überprägte die der Urbevölkerung, zum Beispiel im Bereich der Religion, der Kleidung oder der Sprache – die heutigen Verkehrssprachen vieler Entwicklungsländer sind dafür ein deutliches Zeugnis. In der Kolonialzeit wurden somit in vieler Hinsicht Strukturen angelegt, die bis heute noch Gültigkeit haben. Dennoch war die Kolonialzeit sicher nicht allein entscheidend für den heutigen niedrigen Entwicklungsstand vieler Länder. Denn nicht nur die ärmsten Länder Afrikas, auch die NICs waren Kolonien. Zum Teil haben die Kolonialmächte auch die Basis für eine positive Entwicklung gelegt, zum Beispiel durch den Aufbau leistungsfähiger Infrastrukturen.

Akkulturation
Anpassung in eine kulturelle Umwelt (z.B. Sitten, Brauchtum, Sprache, Technologie)

Die koloniale Raumstruktur war lange Zeit geprägt durch Strukturen mit einem Zentrum (Industrieland, Kolonialmacht) und der kolonialen **Peripherie**. Beide befanden sich in einem intensiven Austausch von Wirtschafts- und Handelsgütern. Dabei lieferte die Peripherie landwirtschaftliche und mineralische Rohprodukte, die im hoch entwickelten Zentrum „veredelt" und verkonsumiert oder weiterverarbeitet wurden. Damit dieser Rohstofffluss nicht ins Stocken geriet und um Absatzmärkte für die eigenen Produkte zu erschließen, lieferte das Zentrum neben Kapital zunehmend vor allem industrielle Güter in die Peripherie. Deren Bezahlung führte zu einem Kapitalrückfluss in das Zentrum. Diese Struktur stärkte die Macht der Kolonialmächte, beschränkte die Entwicklung der Peripherie auf wenige Produkte (und Handelspartner)

Peripherie
Bezeichnung einer Lage randlich zu einem Zentrum oder einem Kerngebiet

und schuf eine technologische sowie kapitalmäßige Abhängigkeit, die durch den beratenden Einsatz von Eliten aus dem Zentrum noch verstärkt wurde. Die räumlichen Strukturen in den Entwicklungsländern waren auf die Optimierung der Wirtschaftsbeziehungen ausgerichtet. Die Kolonien hatten jeweils ein koloniales Zentrum, meistens eine Hafenstadt mit dem Sitz der Kolonialverwaltung. Der Hafen war auf den Abtransport von Rohstoffen und landwirtschaftlichen Erzeugnissen in die Industrieländer und den Antransport von Fertigwaren von dort ausgerichtet. Er hatte aber auch eine militärische Funktion und diente dem Personenverkehr. Durch die Kolonialverwaltungen fand ein Import der Kultur und Sprache der Kolonialmächte statt. Das koloniale Zentrum war in der Regel auch Anfangspunkt von Stichstraßen und -bahnen, die den Hafen mit Bergbau- und Plantagengebieten verbanden. Dort konnten gegebenenfalls Subzentren entstehen. Das Verkehrsnetz war auf den Abtransport von Rohstoffen und landwirtschaftlichen Erzeugnissen und den Antransport von Fertigwaren innerhalb der Kolonie ausgerichtet.

Der Außenhandel zur Kolonialzeit bestand darin, dass die Kolonie landwirtschaftliche Rohstoffe, Holz und Bergbauerzeugnisse produzierte und diese über Zwischenhändler der jeweiligen Kolonialmacht nach Europa exportierte. Damit war die Rolle der Kolonien in der weltweiten Arbeitsteilung festgelegt. Sie besteht für viele Länder bis heute in Teilbereichen fort. Einige ehemalige Kolonien haben sich emanzipiert und einen wirtschaftlichen Status erreicht, der demjenigen der Industrieländer ähnlich ist (z.B. die sogenannten Tigerstaaten), oder sie sind zu Schwellenländern geworden (wie Brasilien).

📖
↗ Schulbuch
S. 110 f. (Chile)

Terms of Trade
Verhältnis aus dem Index der Exportgüterpreise und dem Index der Importgüterpreise, also die reale Austauschrelation zwischen den Import- und Exportprodukten

Da der Außenhandel der Entwicklungsländer als Folge der Kolonialzeit auch heute noch vorrangig auf den Export von Rohstoffen (Bodenschätze oder landwirtschaftliche Produkte) ausgerichtet ist, sind sie von den Entwicklungen auf dem Weltmarkt besonders abhängig. Die **Terms of Trade**, das Verhältnis von Export- zu den Importgüterpreisen, verschlechtern sich, wenn die Preise für Rohstoffe sinken. Mit steigenden Preisen für Fertigwaren, die importiert werden müssen, geht die Schere im Verhältnis der Export- zu den Importgütern weiter auseinander, die Terms of Trade verschlechtern sich ebenfalls. Die Folge ist eine Verschuldung der Entwicklungsländer, weil sie Kredite aufnehmen müssen.

Nicht zu unterschätzen für die Entwicklung in den Entwicklungsländern ist auch die Bedeutung von multinationalen Unternehmen. Sie besitzen heute weltweit Standorte. Sie bestimmen, was und wo produziert wird, wo Arbeitsplätze errichtet werden oder wegfallen. Sie sind für Teile der weltweiten ausländischen Direktinvestitionen verantwortlich. Sie haben bezüglich rechtlicher Rahmenbedingungen, Ansiedlungen und

Schließungen von Unternehmen große Verhandlungsmacht. Multinationale Unternehmen dehnen ihre ökonomischen Praktiken über Ländergrenzen hinweg aus. Sie organisieren globale Warenketten, zum Teil mit häufig wechselnden Standorten. Dadurch beeinflussen sie die wirtschaftlichen Austauschbeziehungen. Grenzen werden hinsichtlich der wirtschaftlichen Tätigkeit immer bedeutungsloser, Verbindungen zwischen Staaten und Gesellschaften werden durch den ökonomischen Austausch gestärkt. Zuvor territorial getrennte Wirtschaftssektoren und Produktionssysteme werden durch die multinationalen Unternehmen weltweit vernetzt oder sogar integriert.

V.4 Erweitertes Wissen

Entwicklungshemmnis Armut

Das grundlegende, existenzielle Problem der meisten Menschen in den Entwicklungsländern ist ihre Armut. Rund zehn Prozent der Weltbevölkerung, über 700 Millionen Menschen, leben in **absoluter Armut**. Das heißt, sie haben weniger als 1,90 US-Dollar (PPP) pro Tag zur Verfügung, um ihren Lebensunterhalt zu bestreiten. Die weitaus meisten dieser Menschen leben in Entwicklungsländern, besonders in Regionen, die durch große **Vulnerabilität** gekennzeichnet sind, sei es aufgrund von hoher Bevölkerungsdichte, von Naturkatastrophen, Kriegen oder politischen Krisen. Wie global, so ist auch national die Armut bei bestimmten Bevölkerungsgruppen und in bestimmten Regionen besonders weit verbreitet. Gerade das räumlich enge Nebeneinander von großem Reichtum und absoluter Armut ist in Entwicklungsländern besonders häufig anzutreffen. Dabei werden die Ungleichheiten sowohl global als auch national immer größer, sowohl in den Entwicklungs- als auch in den Industrieländern. Absolute Armut bedeutet absolute Unsicherheit, finanziell wie auch politisch. Bei Verdienstausfällen (Naturkatastrophen, Krankheit) gibt es keine finanziellen Ressourcen, auf die die Familie zurückgreifen kann. Persönlich ist man häufig der Willkür von Staat oder Arbeitgeber ausgesetzt, absolut Arme haben keine Lobby, die sich für ihre Belange hinsichtlich fairer Löhne oder anderer Grundbedürfnisse einsetzt. Verbunden ist dies mit der absoluten Perspektivlosigkeit, dass sich die Lage verbessern könnte.

Wer absolut arm ist, kann also seine Grundbedürfnisse in keiner Weise befriedigen, kann nicht menschenwürdig leben, gerät in „mehrdimensionale Armut" – gerät in einen „Teufelskreis der Armut": Die Probleme werden immer größer, die Kinder müssen zum Familieneinkommen

Vulnerabilität Verletzbarkeit bzw. Anfälligkeit von Mensch, Gesellschaft oder Infrastruktur in einem Lebens- und Wirtschaftsraum

beitrag, was ihre Bildungsmöglichkeiten verschlechtert. Das Aufbrechen des Teufelskreises ist möglich, gelingt aber oft nur von außen. Dies gilt für den einzelnen Menschen und für den gesamten Staat. Da Arme kein Kapital akkumulieren können, um auch nur in die einfachsten Geräte zu investieren, bleiben zum Beispiel Handwerk und Landwirtschaft unproduktiv. Der Staat erzielt dadurch nur geringe Gewerbe- und Einkommenssteuern. Daher fehlt Geld für dringend notwendige Investitionen, sei es im Sozialbereich oder in der Infrastruktur. Der Teufelskreis gibt somit einen Hinweis auf die Ausweglosigkeit der in absoluter Armut lebenden Menschen, eine Erklärung der komplexen Ursachen der Armut bietet er jedoch nicht. Denn kein Teufelskreis (auch kein Wirkungsgeflecht) kann tatsächlich alle Zusammenhänge abbilden oder gar in ihrer Bedeutung gewichten.

Entwicklungshemmnis: Ernährung und Gesundheit

Unterernährung unzureichende Deckung des Kalorienbedarfs des Organismus

Mangelernährung unzureichende Ernährung infolge einseitiger Zusammensetzung der Nahrung

Weltweit sind circa 800 Millionen Menschen von **Unterernährung** betroffen. Das heißt, sie haben zu wenig Nahrung, um ihren Energiebedarf zu decken. Wesentlich höher ist die Zahl derjenigen, die an **Mangelernährung** leiden, deren Nahrung also unzureichend zusammengesetzt ist, sodass Vitamine, Mineralstoffe, Proteine und Energieträger fehlen. Unter- und Mangelernährung treffen besonders Kinder: Ihre geistige und körperliche Entwicklung leidet, harmlose Kinderkrankheiten wie Masern können aufgrund der geringen Abwehrkraft tödlich enden. Atemwegs- und Durchfallerkrankungen sind bei unterernährten Kindern die Regel. Die größten Probleme der Nahrungsmittelversorgung gibt es in ländlichen Regionen. Besonders vor der Ernte häufen sich die Fälle von Unterernährung. Das ist die Zeit, in der die Getreidevorräte der Familien zur Neige gehen, die Nahrungsmittelpreise steigen und der Arbeitsaufwand, also der Energieverbrauch des Körpers, am höchsten ist. Da die Arbeitskraft der Menschen von ihrer Kalorienzufuhr abhängt, reicht die Ernährung für die harte Feldarbeit oft nicht aus. Vor allem die Frauen, die durch Haushalt und Feldarbeit doppelt belastet sind, leiden an Unterernährung. Hinzu kommt, dass hier die Armut am weitesten verbreitet ist und daher Nahrungszukäufe nur selten möglich sind. Schließlich sind die ländlichen Gebiete wegen der schlechten Infrastruktur auch am schlechtesten mit Hilfsgütern zu erreichen. Ähnliches gilt auch für die Trinkwasserversorgung. Noch immer haben große Teile vor allem der ländlichen Bevölkerung keinen Zugang zu sauberem Trinkwasser und keine Sanitäreinrichtungen. Diese Hygienemängel und eine mangelhafte Gesundheitsversorgung sind wesentliche Gründe für die hohe Zahl schwerer Erkrankungen, die vor allem bei Kindern schnell zum Tod führen können.

Entwicklungshemmnis: Einbindung in die Weltwirtschaft

Seit Jahrzehnten gibt es heftige Kontroversen darüber, ob die Einbindung der Entwicklungsländer in die Weltwirtschaft die Unterentwicklung noch weiter verstärkt oder Entwicklung dadurch erst möglich wird. Tatsächlich hat sich vor allem für die ärmsten Entwicklungsländer seit der Kolonialzeit in der **Struktur des Außenhandels** nur wenig geändert: Sie exportieren – wenn überhaupt – landwirtschaftliche oder mineralische Rohstoffe und importieren aus den weiter entwickelten Ländern Fertigwaren. Bei etwa 30 Rohstoffländern ist der Export sogar so monostrukturiert, dass über 50 Prozent der Erlöse aus dem Verkauf nur eines einzigen Rohstoffes stammen.

Durch diese Exportstruktur ist ihre Wirtschaft krisenanfällig. Zum einen können bei agrarischen Rohstoffen Naturkatastrophen oder Seuchen zu Deviseneinbußen führen. Zum zweiten schwanken die Rohstoffpreise auf dem Weltmarkt. So können die Preise zum Beispiel durch Überproduktion in den Erzeugerländern oder Konsumveränderungen in den Käuferländern sinken und durch Missernten oder Börsenspekulationen steigen. Der Trend bei den meisten Rohstoffpreisen war dabei bis zu Beginn des neuen Jahrtausends stagnierend oder gar fallend – während die Preise für Fertigwaren stiegen. Dies bedeutete für zahlreiche Länder eine Verschlechterung der **Terms of Trade**. Das heißt – vereinfacht ausgedrückt –, sie erhielten für dieselbe Menge an exportierten Rohstoffen auf dem Weltmarkt weniger Fertigwaren wie Maschinen oder Lizenzen. Diese benötigen sie jedoch zur Modernisierung der Wirtschaft, zur Produktivitätssteigerung in der Landwirtschaft, zum Aufbau und Ausbau eigener verarbeitender Industrien, letztendlich zur **Konkurrenzfähigkeit auf dem Weltmarkt**. Folglich investierten viele Länder zunächst in die Modernisierung des primären Sektors, um die Rohstoffexporte erhöhen und dadurch die Deviseneinnahmen steigern zu können. Dies führte jedoch wiederum zu einem höheren Angebot auf dem Weltmarkt und damit zu sinkenden Preisen. Die sich bis zu Beginn des Jahrtausends stetig verschlechternden Terms of Trade waren eine wesentliche Ursache für die heute noch andauernde Verschuldung der Entwicklungsländer.

Entwicklungshemmnis: fragmentierte Entwicklung im Zuge der Globalisierung

Unbestritten ist, dass die Globalisierung keine gleichmäßige Entwicklung fördert, sondern dass sich die wirtschaftliche Entwicklung auf einzelne Regionen konzentriert.

↗ Schulbuch
S. 114f. (Indien)

Die **Theorie der globalen Fragmentierung** unterscheidet dabei drei Kategorien von Regionen mit unterschiedlicher Einbindung in die Globalisierung:
• die globalen Orte/Regionen, inklusive der Global Cities,
• die globalisierten Orte/Regionen,
• die neue Peripherie.

↗ Schulbuch S. 115

MODELL > Das Modell der globalen und lokalen Fragmentierung nach Fred Scholz

1. „Globale Orte/Regionen" = Schaltstellen des weltwirtschaftlichen Geschehens:
   • Kapitalbewegungen und Investitionen,
   • Produktionsaufträge, Produktionsstandorte, Produktionsumfang und Produktionsdauer,
   • Forschung und Entwicklung, Produktentwurf, -planung, -werbung und -vermarktung,
   • durch ihre ökonomische Wichtigkeit auch politische Entscheidungsmacht.

2. „Globalisierte Orte/Regionen" = zum einen die Stadt- oder Landesteile mit den Filialen der transnationalen Konzerne oder den Aktionszentren der lokalen Partner, zum anderen die (Niedriglohn-)Weltfabriken für Billig- wie für Luxuswaren, für Hightech-Erzeugnisse und anspruchsvolle Dienstleistungen:
   • Über die Zukunft dieser „globalisierten Orte/Regionen" und ihrer Akteure (im global reagierenden Milieu) entscheiden sie nicht selbst, sondern jene in den Schaltzentralen der Macht, in den „globalen Orten/Regionen".

3. Die „neue Peripherie":
   • ist im Norden wie im Süden anzutreffen,
   • von Kontinent übergreifender und flächenweiter Ausdehnung,
   • sozial, ethnisch, sprachlich, kulturell vielfältig differenziert,
   • typische Merkmale von Entwicklungsländern.

→ Also drei räumliche Kategorien (von Fragmenten): Nicht Länder, sondern bestimmte Orte/Regionen und auch dort nur Teile der Bevölkerung partizipieren am globalen Wettbewerb und dem wirtschaftlichen Erfolg, von den globalen und globalisierten Orten/Regionen gehen keine raumgreifenden Sickereffekte und Wachstumsimpulse aus.

Entwicklungshemmnis: abfließendes Kapital und Know-how

Das erwirtschaftete Kapital wird nur selten in den Entwicklungsländern investiert, der größte Teil fließt als **Gewinnretransfer** zu den Konzernzentralen in die Industrieländer zurück. Außerdem werden im Rahmen dieser zunehmenden Vernetzung gerade die besten Fachkräfte aus den Entwicklungsländern in die Industrieländer gezogen (z.B. bevorzugte Einwanderungsmöglichkeiten für Computerspezialisten nach Deutschland). Durch diesen **Braindrain**, diese Migration gerade der gut ausgebildeten und auch jungen Leute, gehen den Entwicklungsländern wichtige Ressourcen für den Aufbau der eigenen Wirtschaft verloren: Wenn Wissenschaftler, Ärzte und Unternehmer auswandern, sinken die Chancen, im internationalen Wettbewerb Anschluss zu finden. Doch der Braindrain kann sich auch zu einem **Braingain** entwickeln: Emigranten schicken in großem Maße im Ausland verdientes Geld in ihre Heimat, sie sorgen auch für wirtschaftliche Kontakte mit dem Ausland und schließlich kehren nach einiger Zeit auch viele der Auswanderer in ihre Heimat zurück – zum Teil mit gewissem Vermögen, oft mit zahlreichen im Ausland erworbenen Qualifikationen, die dann dem Heimatland zugutekommen.

Braindrain
Verlust der gebildeten, qualifizierten Bevölkerung durch Abwanderung

Theorien von Unterentwicklung und Entwicklung

Es gibt mehrere Theorien von Unterentwicklung und Entwicklung. Die **Modernisierungstheorien** suchen die Ursachen der Unterentwicklung vor allem innerhalb der Entwicklungsländer selbst, zum Beispiel in den gesellschaftlichen Strukturen, den Traditionen oder den naturräumlichen Gegebenheiten. Modernisierungsstrategien haben das Ziel, die Entwicklung der Industrieländer nachzuahmen. Mit deren Hilfe können dann zum Beispiel Wachstumspole aufgebaut und die Industrialisierung vorangetrieben werden. Die Durchführung aller Maßnahmen erfolgt (top down) in enger Zusammenarbeit der Regierungen der Industrie- und der Entwicklungsländer.

Im Gegensatz dazu sehen die **Dependenztheorien** die entscheidenden Ursachen der Unterentwicklung in der Abhängigkeit der Entwicklungsländer von den Industrieländern, begonnen von der Kolonialzeit bis heute. Für sie ist die Unterentwicklung nicht eine (selbst verantwortete) Rückständigkeit gegenüber den Industrieländern, sondern Ergebnis einer (immer noch anhaltenden) Deformation durch die Industrieländer. Die bis heute durch die Kolonialzeit geprägten wirtschaftlichen, sozialen und räumlichen Strukturen sind dafür der Beweis.

↗ Schulbuch S. 116 f.

Von den Dependenztheorien beeinflusste Strategien empfehlen eine Mobilisierung der eigenen Kräfte und eine stärkere Zusammenarbeit der Entwicklungsländer untereinander. Sie fordern eine neue Weltwirtschaftsordnung, in der die Entwicklungsländer als gleichwertige Partner behandelt werden. Die Entwicklung innerhalb der Länder sollte nach dem **Bottom-up-Prinzip** erfolgen, durch Hilfe zur Selbsthilfe und vor allem mit dem Ziel der Grundbedürfnisbefriedigung aller.

Bottom-up-Prinzip
Entwicklung von unten nach oben

V.5 Übungsmöglichkeiten mit dem Diercke Weltatlas

www.diercke.de

Auch zu diesem Kapitel finden Sie Karten im Diercke Weltatlas, mit denen Sie üben können. Sie finden Zusatzinformationen zu den Karten unter www.diercke.de. Geben Sie den Kartennamen ein und Sie erhalten die Atlaskarte sowie den erläuternden Text. Überprüfen Sie, ob Sie Ihre erworbenen Sach-, Methoden- und Urteilskompetenzen anwenden können. Sie sollten in der Lage sein, die Entwicklung des jeweiligen Raumes aus der Karte herauszuarbeiten, zu erläutern und zu bewerten.

Karte	Atlasseite und Kartennummer
Bangalore (Indien) – Weltmarktintegration und Fragmentierung	182 ③
Serra dos Carajás (Brasilien) – Rohstofferschließung	265 ④
Brasilien – Regionale Enwicklungsunterschiede	236 ①
Ciudad Guayana – Entwicklungspol	229 ⑧
Venezuela – Entwicklung	229 ⑦

VI Bevölkerungsentwicklung und Migration

Ursachen räumlicher Probleme

VI.1 Zu erwerbende Kompetenzen

Nach Bearbeitung des Kapitels können Sie ...
... Ursachen von Migration erläutern.
... das Push- und Pull-Modell der Migration erklären.
... die sozioökonomischen und räumlichen Auswirkungen von Migration auf Herkunfts- und Zielgebiete erläutern.
... die Entwicklung der Weltbevölkerung beschreiben.
... das Modell des demographischen Übergangs beschreiben.
... anhand des Modells des demographischen Übergangs Unterschiede und Gemeinsamkeiten der demographischen Entwicklung zwischen Industrie- und Entwicklungsländern sowie daraus resultierende Folgen erläutern.
... Aussagemöglichkeiten und -grenzen demographischer Modelle bewerten.
... Altersstrukturen mithilfe von Altersstrukturdiagrammen vergleichen.
... Darstellungs- und Arbeitsmittel in Materialzusammenstellungen fragebezogen auswerten.

VI.2 Übersicht über die Themen des Kapitels

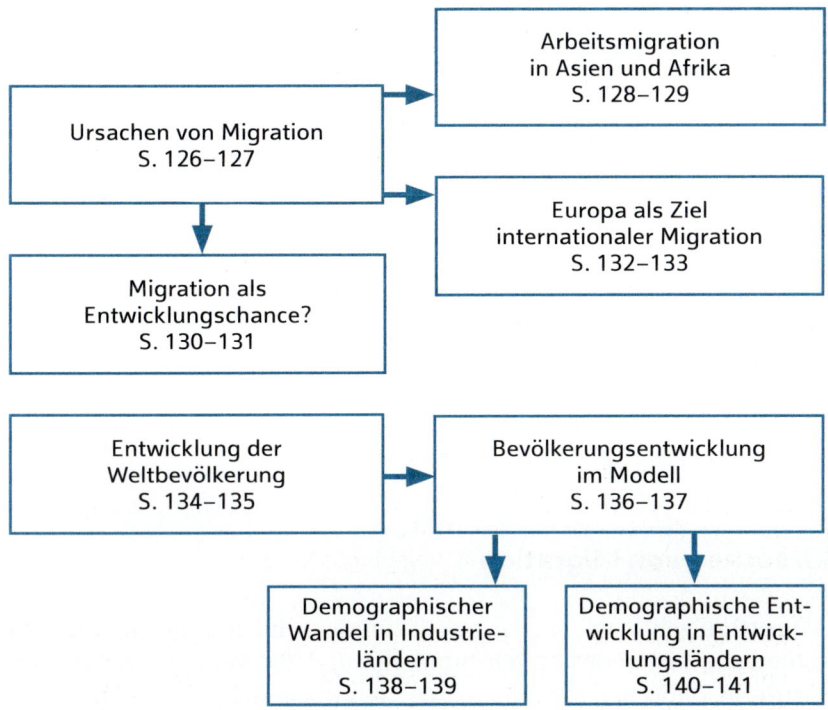

In diesem Kapitel werden Sie wieder mit Modellen arbeiten. Sie können also Ihre Kartei zu Modellen erweitern. Die Push- und Pull-Faktoren der Migration sollten Sie sich besonders gut einprägen, denn diese werden bei Themen zur Migration immer nachgefragt.

<< LERNTIPP

Das Basiswissen zur Migration und zur Bevölkerungsentwicklung kann in unterschiedlichen thematischen Zusammenhängen von Bedeutung sein. Eine Teilaufgabenstellung könnte zum Beispiel sein:

↗ Abi-Tipp zur Bearbeitung von Teilaufgaben
S. 220 und 222 f.

- Charakterisieren Sie die Bevölkerungsstruktur von ...
- Beschreiben/erläutern Sie die Bevölkerungsentwicklung von ...
- Stellen Sie die Problematik dar, die sich aus der Bevölkerungsentwicklung und -struktur von ... ergibt.
- Erörtern Sie die Auswirkungen der Migration für das Herkunfts- und Zielgebiet.

VI.3 Basiswissen Migration

↗ Schulbuch S. 126

Die weltweite Migration ist in einer Grafik im Schulbuch auf Seite 125 dargestellt. Diese sieht zunächst etwas verwirrend aus, kann aber mithilfe des Lesebeispiels gut „entschlüsselt" werden. Sie ist das Ergebnis der Arbeit einer Gruppe von Wissenschaftlern des Instituts für Demographie der Österreichischen Akademie der Wissenschaften (ÖAW) und des Wittgenstein Centre for Demography and Global Human Capital in Wien. Die Wissenschaftler entwickelten eine Schätzmethode für die globalen Wanderungsbewegungen. Dabei nutzten sie Datensätze der Vereinten Nationen, die auf Registern, Befragungen und Flüchtlingsstatistiken basieren. Aus europäischer Sicht sind die Wanderungsbewegungen in Afrika besonders interessant. Untersuchen sollten Sie auch die Wanderungsbewegungen in Asien. Während Sie zunächst vielleicht nur eine Beschreibung der Wanderungsbewegungen geben können, sollten Sie am Ende des Kapitels in der Lage sein, Gründe zu benennen.

Ursachen von Migration

Migration
Wanderung von Menschen, die mit einem Wechsel des Wohnsitzes verbunden ist

Migration gehört wie Sesshaftigkeit zur menschlichen Lebensweise. So lebten am Beginn des 21. Jahrhunderts rund 200 Millionen offiziell registrierte Menschen außerhalb ihres Geburtslandes. Das sind mehr als jemals zuvor. Geschätzt wird, dass mindestens ebenso viele Migranten nicht dokumentiert sind.

Wanderungen gehören seit den Jägern und Sammlern über die Völkerwanderung bis hin zu den Kriegsflüchtlingen und Arbeitsmigranten unserer Zeit zur menschlichen Lebensweise. Diese beständige Rolle von Migration beruht auf einer großen Vielfalt der Wanderungsursachen. Sie können als **Push- und Pull-Faktoren** beschrieben werden, Faktoren, die Menschen einerseits abstoßen und andererseits zu einem anderen Raum hin anziehen. Solche Migrationsgründe sind materielle Not auf der einen Seite und Wohlstand oder wirtschaftliche Blüte auf der anderen Seite, Kriege und Verfolgungen auf der einen und politische Stabilität oder demokratische Freiheit auf der anderen Seite, Bevölkerungswachstum und -druck auf der einen oder Arbeitskräftebedarf und bewusste Ansiedlungsstrategien auf der anderen Seite.

Push-Faktoren
Gründe, die Menschen im Herkunftsgebiet „abstoßen"

Pull-Faktoren
Gründe im Zielgebiet, die Menschen „anziehen"

Zu den Ursachen von Wanderungen zählen auch Natur- und Umweltkatastrophen sowie zunehmend ökologische Probleme – viele durch den Klimawandel ausgelöst.

↗ Schulbuch S. 127

MODELL > Das Push-Pull-Modell der Migration von Everet S. Lee (1966)
- berücksichtigt individuelle Motive, die zur Migration führen,
- Push-Faktoren sind mit Minus-Zeichen gekennzeichnet,
- Pull-Faktoren sind mit Plus-Zeichen gekennzeichnet,
- berücksichtigt intervenierende Hindernisse (z.B. strenge Einwanderungsgesetze, Transportkosten)
- berücksichtigt individuelle Faktoren (Geschlecht, Alter, Bildungsstand etc.)

Ziele und Wege von Migranten sind allerdings nicht nur mit Push- und Pull-Faktoren zu erklären. Häufig sind es die „Wegbereiter", die Einfluss auf die Wanderungsbewegungen nehmen (z.B. Schleuserbanden, staatliche Vermittlungsagenturen, organisierte Anwerbung, Verwandte). Im Zielland können sich Migranten leichter zurechtfinden, wenn bereits Landsleute oder Verwandte dort leben. Die heutigen Kommunikationsmöglichkeiten tragen ebenfalls entscheidend dazu bei, welchen Weg Migrationsströme nehmen.

Auswirkungen in den Herkunftsländern

Die Abwanderung gerade von qualifizierten Migranten bedeutet für die Herkunftsländer, besonders für Entwicklungsländer, einen erheblichen Verlust – schließlich wurde in deren Qualifikation investiert. Es wandern gerade jene ab, die Stützen der Entwicklung sein könnten und die für das Funktionieren der Länder erforderlich sind. Dieser **Braindrain** und der geringere Bildungsgrad der zurückgebliebenen Bevölkerung haben Auswirkungen auf das Wirtschaftswachstum und die Möglichkeiten der Armutsbekämpfung in diesen Ländern. Dies zeigt sich zum Beispiel deutlich im Gesundheitssystem vieler Entwicklungsländer: Die Anwerbepolitik von Industriestaaten führt verbreitet zum Mangel an Ärzten und qualifiziertem Pflegepersonal. Beispielsweise arbeiten in Manchester mehr malawische Ärzte als in ganz Malawi.

Braindrain
vgl. S. 95

Andererseits sind auch durchaus positiv zu bewertende Rückkopplungseffekte für die Herkunftsländer zu verzeichnen. Nicht zu unterschätzen ist die Rolle von Rücküberweisungen (**Remissen**) von Migranten in ihre Herkunftsländer. Vor allem in kleineren Entwicklungsländern können sie einen beträchtlichen Teil des Bruttoinlandsprodukts (BIP)

101

ausmachen. Es wird beobachtet, dass es sich um sehr stabile Zuflüsse von Kapital handelt, die vor allem privaten Haushalten zur Verfügung stehen und einen großen Einfluss auf die Entwicklung der Volkswirtschaften und die Armutsbekämpfung haben können. Sie kurbeln den Konsum an und ermöglichen Investitionen besonders in Kleinunternehmen. Manche Experten wenden ein, dass gerade die Ärmsten nicht davon profitieren und die Rücküberweisungen die Abhängigkeit vom Ausland verstärken. Dies gilt auch für Reinvestitionen von ehemaligen Migranten aus dem Ausland.

Auch Rückflüsse ganz anderer Art spielen eine Rolle: Migranten transportieren Innovationen, Wissen oder Werthaltungen in ihre Herkunftsländer. Darüber hinaus bilden die Migranten für die Herkunftsländer gewissermaßen ein Reservoir von Arbeitskräften, die womöglich besser qualifiziert und ausgestattet mit Kapital zurückkehren (**Braingain**). Migranten bilden „Brückenköpfe" der einheimischen Wirtschaft, die wichtige Rollen bei der Vermarktung von Produkten spielen können. So wird zum Beispiel der Erfolg der koreanischen Autoindustrie nicht zuletzt auf Koreaner im Ausland zurückgeführt. Die Frage, ob **Emigration** gewissermaßen als Entwicklungschance für die Herkunftsländer gesehen werden muss, ob der Nutzen oder die Kosten für die Herkunftsländer von Migranten überwiegen, kann nicht eindeutig beantwortet werden.

Am Beispiel der indischen Migranten kann die Diskussion darüber vertieft werden, ob Migration eine Entwicklungschance für das Herkunftsland sein kann.

Die Staaten der Golfregion gehören zu den bedeutenden Zielen globaler Migrationsströme, insbesondere aus Südasien und Südostasien. So leben zum Beispiel mehr als 20 Millionen Menschen indischer Herkunft außerhalb Indiens. Ein großer Teil der Migranten lebt in den USA und Kanada, aber auch in Großbritannien. Es handelt sich bei ihnen in der Regel um gut ausgebildete Arbeitskräfte, zum Beispiel Ärzte, Lehrer und IT-Spezialisten.

„Ein Migrationssystem [...] verbindet Südasien mit den Golfstaaten. Dort führte der Ausbau der Ölförderung in der zweiten Hälfte des 20. Jahrhunderts zu einer großen Nachfrage nach ungelernten Arbeitskräften. [Ende 2017] hielten sich in den [Golfstaaten] [8,8] Millionen indische Staatsbürger auf. Über das [sogenannte] Kafala-System werden die Migrantinnen und Migranten eng an ihren jeweiligen Arbeitgeber gebunden. Dieser tritt als Bürge (Kafil) auf, der für die Migranten sämtliche Formalitäten erle-

Braingain
Gewinn an hochqualifizierten Arbeitskräften durch Zuwanderung

Emigration
Auswanderung

Immigration
Einwanderung

⤢ Schulbuch S. 130 f.

⤢ Schulbuch S. 128 f.

digt und dadurch eine dominante Stellung einnimmt. So kann er beispielsweise im Falle von Streitigkeiten die sofortige Abschiebung veranlassen und durch das Einziehen der Reisedokumente den Gastarbeitern ihre Bewegungsfreiheit nehmen. Durch diese rechtlose Stellung fällt es leicht, die Arbeitskräfte zu isolieren und bei Bedarf rasch wieder abzuschieben. Die durchschnittliche Aufenthaltsdauer ist daher relativ kurz (in den Vereinigten Arabischen Emiraten sind es weniger als fünf Jahre) und Einbürgerung stellt eine Ausnahme dar. Gleichwohl entstanden stabile transnationale Netzwerke und eine Infrastruktur für die südasiatischen Migranten. [...]

Das Verhältnis der Personen indischer Herkunft zu Indien erscheint häufig besonders eng. Gründe hierfür sind die vor allem bei Hindus kulturell-religiös begründete Fokussierung auf Indien als heiliges (Heimat-)Land, die Stellung der Großfamilie und die damit zusammenhängenden Bindungen zur Herkunftsgesellschaft sowie zum Teil die traditionellen Heiratsregeln. Letztere führen dazu, dass die Verbindungen zur Herkunftsgesellschaft kontinuierlich erneuert werden und transnationale Großfamilien entstehen. [...]

Die indische Regierung bemüht sich in der letzten Dekade zunehmend um Kontakt [zu den im Ausland arbeitenden Indern]. [...] [Sie werden als] wichtiges Potenzial für die Entwicklung des Landes identifiziert. Mit [...] Veranstaltungen sollen [...] [diese] angeregt werden, in Indien zu investieren, Geschäftskontakte zu vermitteln und ihr Wissen für die Entwicklung Indiens zu erschließen."

Quelle: Butsch, Carsten: Overseas Indians - indische Migranten in transnationalen Netzwerken. In: Geographische Rundschau 1/2015, S. 40–43, aktualisiert

VI Erweitertes Wissen Migration

Einflussfaktoren auf Migrationsströme

Außer den Push- und Pull-Faktoren bestimmen noch weitere Faktoren die Migrationsströme. Diese sind hier zusammengestellt. Je nach Raumbeispiel müssen Sie überprüfen, welche Faktoren für Richtung und Ziel der Wanderungsbewegungen zutreffen.

Ausmaß, Richtung und Form von Migrationsströmen werden von vielen Faktoren beeinflusst:

- Nicht alle Bevölkerungsgruppen sind in der Lage zu wandern. Denn Migration setzt bei den wandernden Menschen materielle Ressourcen voraus. Zur interkontinentalen Migration sind arme Bevölkerungsgruppen gar nicht oder nur unter größtem Opfer fähig, sie können sich Reisen oder Schleuserdienste nicht leisten.
- Auch wandern vor allem jüngere, qualifizierte Erwachsene, die in der Regel besonders flexibel und risikofreudig sind. Denn am Zielort muss sich ein Zuwanderer in einer fremden Umgebung und Sprache zurechtfinden und neue Kontakte aufbauen. Mit Familie oder Besitz dagegen ist die Bindung an die Heimatregion stärker.
- Migration findet fast immer „in den Fußstapfen" anderer statt. Denn für Richtung und Ausmaß von Wanderungen ist die Bedeutung sozialer Netzwerke hoch einzuschätzen: Kontakte zu Freunden und Verwandten in einer Zielregion, die Sicherheit geben, Institutionen, die Migranten unterstützen, aber auch die Kenntnisse von kriminellen Schleuserbanden. So werden Informationen über Ziele und Wege oder Beschäftigungs- und Einkommenschancen transportiert.
- Auch die Qualität der Verkehrs- und der Kommunikationsmöglichkeiten beeinflusst Migration. Dichtere Verkehrsverbindungen vereinfachen und verbilligen Mobilität und die Entwicklung von Netzwerken. Moderne Kommunikationsmittel sind oft für die Organisation des Migrationsprozesses entscheidende Hilfsmittel und sie erleichtern die Aufrechterhaltung sozialer Kontakte, etwa zur zurückgebliebenen Familie. Auswanderung ist so für den Einzelnen also weniger riskant und endgültig. Es gibt eine wachsende Zahl von Migranten, die zwischen Herkunfts- und Zielland pendeln und dabei an mehreren Orten verankert sind und bleiben. Der Alltag, soziale und ökonomische Beziehungen, die Zugehörigkeit zu Haushalten und Zugehörigkeitsgefühle erstrecken sich bei solchen Transmigranten multilokal und deshalb verknüpfen sie diese Orte über Grenzen hinweg.
- Zuwanderungsbeschränkungen oder -regelungen von Staaten stellen Migrationshindernisse dar, die irreguläre Zuwanderung verringern. So wird ungewollte Zuwanderung in die EU durch starke Grenzkontrollen weitgehend verhindert. Andererseits fördern die Industriestaaten die Einwanderung hochqualifizierter, mobiler Arbeitskräfte und fragen Einwanderer für Arbeiten nach, die wegen niedriger Löhne und schlechter Arbeitsbedingungen von Einheimischen selten übernommen werden.
- Auch historische, ökonomische und politische Beziehungen von Staaten zueinander beeinflussen Migrationsbewegungen. Zum Beispiel bestehen häufig noch enge Verknüpfungen europäischer Staa-

📖
↗ Schulbuch
S. 132 f. (EU)

ten mit ihren ehemaligen Kolonien, die sich bis heute auf Migrationsbewegungen und gesellschaftliche Strukturen auswirken. So lassen
sich charakteristische Migrationssysteme von Zielland oder -region
und Herkunftsländern voneinander abgrenzen, die durch historisch
gewachsene Muster geprägt sind.

Das europäische Migrationssystem

*Die Europäische Union als Ziel von Migranten wird aktuell im Zusam-
menhang mit den Flüchtlingsströmen aus Nordafrika und dem Nahen
Osten gesehen. Um einen besseren Überblick über das europäische Migrationssystem in Vergangenheit und Gegenwart zu bekommen, erhalten
Sie hier eine zusammenfassende Darstellung.*

Obwohl die Länder der Europäischen Union sowohl in der Vergangenheit als auch heute durch unterschiedliche Migrationsmuster und
-dynamiken geprägt wurden und werden, wird Europa einschließlich
der wichtigsten Zuwanderungsländer als einheitliches Migrationssystem betrachtet. Doch immer noch besitzen die Mitgliedstaaten weit-
gehende Souveränität in Fragen der Einwanderungspolitik, da hierbei
sehr schnell sensible Themen von zentraler innenpolitischer Bedeutung berührt werden.

↗ Schulbuch S. 133

Ausgehend von historischen Entwicklungslinien und den daraus noch
bis heute resultierenden Verknüpfungen zwischen Herkunfts- und Zielländern lassen sich die EU-Mitgliedstaaten in fünf Subsysteme untergliedern: Die Bevölkerung Westeuropas ist durch die koloniale Vergangenheit der Länder geprägt. Bis heute dominiert die Zuwanderung von
Personen aus den ehemaligen Kolonialstaaten.
Das Subsystem Zentraleuropa ist dagegen durch die Migration der
„Gastarbeiter" der 1960er- und 1970er-Jahre gekennzeichnet. Bei der
Anwerbung wurde von einer Rückkehr der ausländischen Arbeitnehmer nach einigen Jahren Aufenthalt ausgegangen. Inzwischen leben
die Nachfahren dieser Zuwanderer in zweiter und dritter Generation in
diesen Ländern.
Die südeuropäischen Staaten verzeichneten nach dem Zweiten Weltkrieg als Folge der Gastarbeiterabwerbung Wanderungsverluste im Gegensatz zu den Ländern in Nord-, West- und Mitteleuropa. Heute sind
sie durch ihre südliche Randlage innerhalb der EU mit dem Problem
der irregulären Zuwanderung konfrontiert.
Die osteuropäischen Länder haben sich seit ihrem Beitritt zur EU von
Emigrationsländern zu Transitländern entwickelt, durch die eine Einwanderung insbesondere aus Russland und der Ukraine in die EU erfolgt.

Nordeuropa ist schließlich besonders durch eine interne Migration geprägt, der Anteil ausländischer Bevölkerung ist relativ niedrig.

Die Zusammenarbeit der EU-Mitgliedsländer in Einwanderungsfragen begann mit dem Schengener Abkommen 1985, das den Wegfall der Personenkontrollen an den Binnengrenzen der damals fünf Schengenstaaten Deutschland, Frankreich, Italien, Belgien und Luxemburg beinhaltete und 1995 in Kraft trat. Allerdings wurden die zeitgleich von der Europäischen Kommission formulierten Leitlinien für eine gemeinsame Migrationspolitik von den Mitgliedstaaten nicht akzeptiert. Die Wahrung der inneren Sicherheit nach dem Wegfall der Grenzkontrollen lag weiterhin einzig in der Verantwortung der Staaten.

📖
↗ Schulbuch S. 132 f.

Die vielfältigen Erwartungen der verschiedenen Mitgliedstaaten an eine gemeinsame Migrationspolitik sind bis heute schwer zu vereinbaren. Diese beinhalten Themen wie gemeinsame Grenzsicherung, Prävention von Fluchtbewegungen, Rückführung von Flüchtlingen, Integration der Einwanderer, Schutz der heimischen Arbeitsmärkte, aber auch Förderung der Einwanderung zur Beseitigung von spezifischen Mängeln auf dem Arbeitsmarkt. Im Bereich der Asylpolitik und der Sicherung der Außengrenzen sind bezüglich eines gemeinsamen europäischen Vorgehens Fortschritte sichtbar, was der EU die Bezeichnung „Festung Europa" einbrachte. Eine enge Zusammenarbeit erfolgte durch den Aufbau eines gemeinsamen Visasystems und durch die Grenzschutzagentur FRONTEX. Das Dubliner Abkommen von 1990 harmonisiert die Asylverfahren in der EU. Es garantiert jedem Antragsteller die Durchführung eines Asylverfahrens in einem EU-Mitgliedstaat und beschränkt es auch auf dieses eine Verfahren. 2013 wurde der Anwendungsbereich auf alle Flüchtlinge ausgedehnt, die um internationalen Schutz ersuchen.

Nach dem gemeinsamen rechtlichen Regelwerk der EU benötigen Menschen aus Drittstaaten entsprechende Einreisepapiere, wenn sie in die EU einreisen möchten. Wer ohne diese Erlaubnis einreist oder länger auf dem Gebiet der EU bleibt, als er im Rahmen eines legalen Aufenthalts (zum Beispiel als Tourist) dürfte, bricht EU-Recht. Menschen, die ohne die notwendigen Papiere in die EU kommen oder in der EU bleiben, werden als **irreguläre Einwanderer** bezeichnet, in Deutschland und in der Begriffswahl der Europäischen Union oft auch als illegale Einwanderer.

irreguläre Zuwanderung
Einwanderung ohne die notwendigen Einreisepapiere

Die Entwicklung der Zahl der Asylbewerber zeigt einen hohen Zusammenhang mit politischen Krisen weltweit. So stieg die Zahl der Flüchtlinge aus Syrien seit Beginn des Bürgerkriegs drastisch an. Da die Flüchtlingszahlen die Aufnahmeländer vor große Herausforderungen hinsichtlich der Unterbringung und Integration stellen, kam es zu einer Flüchtlingskrise in der EU. Einige Mitgliedstaaten verweigerten und verweigern weiterhin die Aufnahme von Flüchtlingen, in den aufnehmenden Ländern kam und kommt es zu innenpolitischen Unruhen. Die EU konnte ihr Ziel, Flüchtlinge aus den Hauptankunftsländern Italien und Griechenland in andere europäische Länder zu bringen, nicht erreichen. Laut einem Beschluss sollten bis zu 120 000 Migranten binnen zwei Jahren auf andere Länder umverteilt werden. Tatsächlich umverteilt wurden nur rund 29 000 Menschen.

Der unsichere juristische Status macht illegale Einwanderer zu günstigen, leicht ausbeutbaren Arbeitskräften, denen auch katastrophale Arbeitsbedingungen zugemutet werden. Die EU-Kommission sieht eine Lösung für das Problem der illegalen Einwanderung nur darin, dass legale Wege der Migration für schutzbedürftige Menschen nach Europa geschaffen werden.

Auswirkungen im Einwanderungsland Deutschland

Seit dem 19. Jahrhundert hat sich Deutschland von einem Auswanderungsland zu einem Zuwanderungsland mit einer zunehmend vielfältigeren Bevölkerungsstruktur entwickelt. Nach dem Zweiten Weltkrieg zogen acht Millionen Vertriebene bis 1950 zu, seitdem rund 30 Millionen Menschen: Aussiedler, Arbeitsmigranten, deren Familienangehörige oder Asylbewerber. Jeder fünfte in Deutschland Lebende hatte 2016 einen sogenannten Migrationshintergrund.

Insgesamt hat Deutschland von der Zuwanderung profitiert. Zu diesem Ergebnis kommen Studien, die volkswirtschaftliche Kosten und Nutzen gegeneinander aufrechnen. Vor allem schlägt zu Buche, dass Zuwanderer zur Erhöhung des Inlandsprodukts beitragen sowie den Konsum und die Konjunktur stützen. Das deutsche „Wirtschaftswunder" wäre ohne die Zuwanderung von Arbeitskräften kaum denkbar gewesen. Auch die damit einhergehende Verjüngung der Bevölkerungsstruktur hat positive Folgen: Einwanderer tragen in der alternden und schrumpfenden Gesellschaft zur Stabilität der Sozialsysteme der Gesellschaft bei. Um allerdings den prognostizierten Bevölkerungsrückgang auszugleichen, wäre eine beispiellose Zuwanderung notwendig, die sicherlich kaum auf Akzeptanz stoßen würde. „Ersatzmigration" kann also dafür nur ein Lösungsansatz sein.

Problematisch ist die Integration vieler Zugewanderter. Nicht wünschenswerte Folgen wie mangelnde Integration in die Gesellschaft oder die Entwicklung sozialer Unterschichten, die sich zum Beispiel in geringeren Bildungs- und beruflich-sozialen Chancen zeigt, sind mindestens in der Tendenz auch in der Bundesrepublik festzustellen. Einwanderung erzeugt auch Konflikte, wo Zuwanderer und Einheimische in Konkurrenz um Arbeitsplätze, Schulen, Sozialleistungen und Wohnraum zu stehen glauben oder tatsächlich darum konkurrieren. Es ergeben sich kulturelle Konflikte, wenn Einheimische und auch Einwanderer Werte, Identitäten oder Lebensstile bedroht sehen. In Krisen verschärfen sich oft solche Spannungen. Häufig sind Migranten die ersten Opfer von Wirtschafts- und politischen Systemkrisen und von populistischen Kampagnen, die Fremden- und Konkurrenzängste auszubeuten versuchen.

VI.5 Basiswissen Bevölkerungsentwicklung

↗ Abi-Tipp
S. 239–241

Der zweite Themenkomplex in diesem Kapitel beschäftigt sich mit der Bevölkerungsentwicklung. Sie können dabei besonders gut das Auswerten von Diagrammen und Modellen üben.

Das Wachstum der Weltbevölkerung

📖
↗ Schulbuch S. 134 f.

Alle zwei Jahre veröffentlicht das „Department of Economic and Social Affairs" der Vereinten Nationen seine neuesten Prognosen zur Entwicklung der Weltbevölkerung. Hatte es vor einigen Jahren noch angenommen, dass die Bevölkerungszahl ab 2050 stagnieren werde, so geht es jetzt bis Ende des Jahrhunderts von zunehmendem Wachstum aus. 2015 prognostiziert die UNO für 2100 11,2 Milliarden Menschen – bei der letzten Schätzung zwei Jahre zuvor war sie noch von 10,9 Milliarden ausgegangen. Dabei findet das Wachstum fast ausschließlich in den Entwicklungsländern statt. Allein in Afrika wird sich die Bevölkerung bis 2100 nahezu vervierfachen. Doch diese statistischen Szenarien sind mit größeren Unsicherheiten behaftet, da die Bevölkerungsentwicklung von vielen sehr unterschiedlichen Faktoren beeinflusst wird, sei es dem Ausbruch von Kriegen, dem Auftreten von Epidemien oder plötzlichen Veränderungen in der Bevölkerungspolitik einzelner Staaten. Allein, dass China nach 36 Jahren 2015 die Ein-Kind-Politik beendete, führt zu jährlich Hunderttausenden zusätzlichen Geburten.

Geburtenrate
Zahl der Lebendgeborenen pro 1000 Einwohner, bezogen auf ein Jahr

Sterberate
Zahl der Sterbefälle pro 1000 Einwohner, bezogen auf ein Jahr

Wachstumsrate
Geburtenrate minus Sterberate

Bis Mitte des 20. Jahrhunderts war in den Entwicklungsländern die **Geburtenrate** (GR) zwar hoch, es kam aber nur zu einem geringen Bevölkerungswachstum, da die **Sterberate** (SR) sich auch noch auf hohem Niveau bewegte und die **Wachstumsrate** somit gering blieb. Die damals in den meisten Entwicklungsländern noch hohen Sterberaten resultierten vor allem aus einer unzureichenden medizinischen (Grund-)Versorgung, verbunden mit schlechten hygienischen Bedingungen (zum Beispiel bei der Versorgung mit Trinkwasser). Es kam immer wieder zu Seuchen und selbst leichte Krankheiten konnten zum Tode führen. Verstärkt wurde dies häufig durch Probleme bei der Nahrungsversorgung (zum Beispiel Unter-, Mangelernährung), die in Hungerkatastrophen mit Millionen Toten gipfeln können. Allein in China starben während der letzten großen Hungersnot von 1959 bis 1961 bis zu 40 Millionen Menschen.

Seit Mitte des 20. Jahrhunderts wurden jedoch in immer mehr Entwicklungsländern große Fortschritte in diesen Bereichen erzielt, zum Beispiel durch Massenimpfungen, den Einsatz von DDT zur Bekämpfung der Anopheles-Mücke als Malariaüberträgerin oder durch Nahrungsmittelhilfe. Dadurch sank die Sterberate rapide und die Lebenserwartung stieg, in Afrika von 37 Jahren (1950) auf 60 Jahre (2016). Dies war der Beginn einer raschen Bevölkerungszunahme, die in vielen Entwicklungsländern die kritische Grenze von zwei Prozent weit überschritt – der Beginn eines extremen Bevölkerungswachstums. Im Gegensatz zur Sterberate blieb die Geburtenrate zunächst hoch, da die Gründe für eine hohe Kinderzahl in vielen Ländern ihre Gültigkeit behielten: In Staaten ohne ausgebaute Sozialsysteme (Kranken-, Rentenversicherung) spielen in den ärmeren Schichten Kinder eine wichtige Rolle bei der Versorgung im Alter, bei Krankheit oder Arbeitsunfähigkeit. Zudem tragen Kinder in vielfältiger Weise zum Lebensunterhalt der Familie bei. Sie helfen zum Beispiel bei der Beschaffung von Trinkwasser und Brennholz, unterstützen die Eltern bei der Feldarbeit oder tragen durch Straßenverkäufe zum Familieneinkommen bei – und nicht selten auch durch regelmäßige Lohnarbeit (Kinderarbeit). In einigen Kulturen ist die Zahl der Nachkommen, vor allem der männlichen, von Bedeutung für das soziale Ansehen der Familie. Frauen ohne Kinder gelten als minderwertig, Männer mit vielen Kindern sind besonders angesehen. Dies ist auch ein Grund, warum in vielen Regionen die Frauen häufiger schwanger werden, als sie eigentlich wollen. Der Zugang zu Verhütungsmitteln wird ihnen verwehrt und die Männer sind nicht bereit, zur Verhütung beizutragen. Nicht selten besteht aber auch überhaupt keine Möglichkeit, sich Verhütungsmittel zu beschaffen und sich über ihren richtigen Gebrauch zu informieren. Es gibt zurzeit bei 220 Millionen Frauen in Entwicklungsländern Bedarf an Verhütungsmitteln. Bekämen sie die Möglichkeit der Verhütung, könnte die **Fruchtbarkeitsrate (Fertilität),** das heißt die durchschnittliche Kinderzahl pro Frau im gebärfähigen Alter von 15 bis 49 Jahren, deutlich sinken. Zwar hat es in vielen Teilen der Welt in den letzten Jahrzehnten groß angelegte Programme der Familienplanung gegeben, in denen zum Beispiel der Zugang zu Verhütungsmitteln erleichtert und durch eine Vielzahl von Maßnahmen Aufklärung betrieben

Fertilität
Zahl der Kinder pro Frau, bezogen auf ein Land oder eine Region

📖
↗ Schulbuch S. 140

📖
↗ Schulbuch S. 141

**Altersstruktur-
effekt**
Wenn geburtenstar-
ke Jahrgänge ins
reproduktionsfähi-
ge Alter kommen,
bleibt die Geburten-
zahl trotz sinkender
Fertilität hoch.

📖
↗ Schulbuch S. 138 f.

**Bestands-
erhaltungsniveau**
Zahl an Kindern,
die nötig ist, damit
eine Generation
die eigenen Eltern
ersetzen kann. Dies
ist ab einer Fertilität
von 2,1 Kindern pro
Frau möglich.

wurde. Doch sind diese Bemühungen vielerorts gescheitert, weil zu wenig Rücksicht auf Tradition und Religion genommen wurde. Sie schei-
terten vor allem aber auch, weil keine flankierenden Maßnahmen er-
griffen wurden, um die soziale Situation, vor allem die der Frauen, zu
verbessern. Gerade hier zeigt sich nämlich die Schlüsselrolle der Frauen
in der Entwicklung: Dort, wo sie nur geringe Möglichkeiten der Bildung
und Ausbildung haben, ist die Einsicht in Bedeutung und Methoden der
Empfängnisverhütung nur gering. Zudem stehen Bildungsstand und
Heiratsalter, beziehungsweise der Zeitpunkt der ersten Mutterschaft,
in enger Korrelation. In vielen Entwicklungsländern sind Sechzehnjäh-
rige schon verheiratet, in Teilen Afrikas sind über ein Drittel der Acht-
zehnjährigen schon Mütter. Mit zunehmender Bildung steigt dagegen
das Heiratsalter und es verkürzt sich die Fruchtbarkeitsphase. Erst mit
der Beseitigung dieser Faktoren, das heißt zum Beispiel mit wachsendem Lebensstandard, mit Einführung eines staatlichen Sozialsystems,
mit steigenden Bildungs- und Ausbildungsmöglichkeiten auch für den
weiblichen Teil der Bevölkerung, begann in einigen Regionen der Erde auch die Geburtenrate und damit die Wachstumsrate nachhaltig zu
sinken. Aber nur in wenigen Entwicklungsländern hat sich die Geburtenrate der relativ niedrigen Sterberate so weit angenähert, dass auch
die Wachstumsrate gering ist, denn der **Altersstruktureffekt** wirkt sich
noch einige Zeit lang aus.

Für die Industrieländer mit hohem Lebensstandard und gesicherter
Grundbedürfnisbefriedigung ist eine niedrige Fruchtbarkeitsrate die
Regel. Die lange Ausbildungszeit und die Berufstätigkeit vieler Frauen,
die hohen finanziellen Belastungen durch die Kindererziehung, ein ge-
änderter Lebensstil (Singlegesellschaft), ein wenig kinderfreundliches
Lebensumfeld („kinderfeindliche Gesellschaft") haben in einigen Industriestaaten die Geburtenrate sogar unter die Sterberate sinken lassen: Die Bevölkerungszahl nimmt dort ab. In Europa wird die Bevölkerungszahl zwischen 2015 und 2100 um 92 Millionen sinken, davon
in Deutschland allein um 17 Millionen. Doch gerade an diesen Zahlen
zeigt sich die Unsicherheit der Prognosen: Die 2014 und 2015 neu entstandenen Migrationsströme sind hier noch nicht berücksichtigt.

Global ist eine schnelle Senkung des Bevölkerungswachstums nicht
in Sicht. Selbst wenn es gelänge, die Geburtenrate weltweit sofort auf
das **Bestandserhaltungsniveau** von 2,1 Kindern pro Frau zu senken,
der Altersstruktureffekt ließe die Geburtenrate noch einige Zeit weiter
steigen. Denn die heutige, größte Jugendgeneration in der Geschichte
kommt erst noch ins Elternalter. Dadurch wird sich das Bevölkerungswachstum auch dann fortsetzen, wenn jede Frau nur zwei Kinder be-
käme.

Das Modell des demographischen Übergangs

Bei diesem Modell handelt es sich um ein Modell, das Sie unbedingt erläutern und in Bezug auf die Übertragbarkeit auf außereuropäische Länder beurteilen können sollten.

<< **LERNTIPP**

MODELL > Das Modell des demographischen Übergangs
- basiert auf den Analysen der amerikanischen Demographen Warren S. Thompson und Frank W. Notestein (1920er- und 1930er-Jahre),
- untersucht wurde der Verlauf der Geburten- und Sterberate der europäischen Länder im Verlauf der Industrialisierung,
- besteht aus fünf Phasen: agrarischer Bevölkerungsprozess, frühindustrieller Bevölkerungsprozess, industrieller Bevölkerungsprozess, Bevölkerungsprozess der fortgeschrittenen Industrieländer, postindustrieller Bevölkerungsprozess

demographischer Übergang
Veränderung des generativen Verhaltens (Geburtenverhaltens)

↗ Schulbuch S. 136

---

1. Phase
- kein Wissen über Verhütung
- keine Verhütungsmittel verfügbar
- fehlendes Sozialsystem
- schlechte Hygiene (Epidemien)
- unzureichende medizinische Versorgung (im Falle von Erkrankungen)
- hohe Kindersterblichkeit
- (phasenweise) schlechte Lebensmittelversorgung (Hungersnot)
- gesellschaftliche Stellung der Frauen
- Ansehen der Familie hängt u.a. von Kinderzahl ab

2. Phase
weiterhin:
- geringes Wissen über Verhütung
- keine Verhütungsmittel verfügbar
- fehlendes Sozialsystem
- gesellschaftliche Stellung der Frauen benachteiligt
- Ansehen der Familie hängt u.a. von Kinderzahl ab
ab dieser Phase:
- sinkende (Kinder-)Sterblichkeit
- verbesserte Lebensmittelversorgung (keine Hungersnöte mehr)
- verbesserte medizinische Versorgung (Impfungen)

3. Phase

ab dieser Phase:
- stark verbesserte medizinische Versorgung
- Lebenserwartung erhöht sich
- ausreichende Versorgung mit Lebensmitteln
- stark verbesserte Bildung (höher Bildung)
- Verhütungsmittel zunehmend verbreitet
- Verbesserungen hinsichtlich der gesellschaftlichen Stellung der Frau
- staatliches Sozialsystem
- verbesserter Lebensstandard
- abnehmender Einfluss der Religion auf die Familienplanung
- sich verändernde Altersstruktur der Bevölkerung

4. Phase
- hoher Lebensstandard
- hohe Lebenserwartung
- gute medizinische Versorgung
- weiter zunehmend hohe Bildung
- Familienplanung durch Empfängnisverhütung
- Streben nach materiellem Besitz, Veränderungen im gesellschaftlichen Wertesystem
- starke Verbesserungen hinsichtlich der gesellschaftlichen Stellung der Frau (Gleichberechtigung)
- weiter abnehmender Einfluss der Religion auf die Familienplanung
- sich tiefgreifend verändernde Altersstruktur der Bevölkerung (Abnahme des Anteils junger Bevölkerung)

5. Phase
- sehr hoher Lebensstandard
- sehr hohe Lebenserwartung
- sehr gute medizinische Versorgung
- verbreitet hohe Bildung
- Familienplanung durch Empfängnisverhütung
- Streben nach materiellem Besitz, Veränderungen im gesellschaftlichen Wertesystem
- Gleichberechtigung der Frau
- neue Familienstrukturen (z.B. Patchwork- oder Regenbogenfamilien)
- weiter abnehmender Einfluss der Religion auf die Familienplanung
- sich weiterhin tiefgreifend verändernde Altersstruktur der Bevölkerung (weitere Abnahme des Anteils junger Bevölkerung)

Das Modell des demographischen Übergangs sollte ein allgemeingültiges Modell zur Bevölkerungsentwicklung sein. Die Übertragbarkeit des Modells auf die Bevölkerungsentwicklung in den Entwicklungsländern ist jedoch begrenzt: Zu unterschiedlich sind die sozialen und kulturellen Faktoren. So sank zum Beispiel die Sterberate in den Entwicklungsländern nach 1950 vergleichsweise schneller als in Industrieländern, was zu höherem und anhaltendem Wachstum führte.

Während sich der demographische Übergang in den Industrieländern über mehrere Generationen erstreckte und diese damit Zeit hatten, sich den veränderten Gegebenheiten anzupassen, stehen die Entwicklungsländer durch das schnelle Absinken der Sterberaten und das daraus resultierende hohe Wachstum vor enormen Herausforderungen: Für Millionen von Jugendlichen müssen Bildungs- und Ausbildungsplätze und anschließend Arbeitsplätze geschaffen werden. Gelingt es aber, die Geburtenrate schnell und nachhaltig zu senken, dann kommt eine Phase, in der deutlich mehr Menschen im arbeitsfähigen Alter sind, als es Kinder, Jugendliche und Alte gibt. Dann ergibt sich eine sogenannte **demographische Dividende**, ein demographischer Bonus: Es müssen dann weniger Menschen versorgt werden, während gleichzeitig viele einer Arbeit nachgehen und produktiv sein können. Das kurbelt die Wirtschaft an und ermöglicht anhaltendes Wachstum.

Trotz aller Einschränkungen: Die Zuordnung der Bevölkerungsentwicklung eines Landes zu einer Phase des demographischen Übergangs wird aber gerne genutzt, um verschiedene Länder zu vergleichen und Rückschlüsse auf die sozialen und wirtschaftlichen Verhältnisse zu ziehen.

↗ Schulbuch S. 140

demographische Dividende wirtschaftlicher Nutzen, der durch eine Veränderung der Altersstruktur der Gesellschaft hervorgerufen werden kann

Veränderungen in der Altersstruktur

Die Bevölkerungsstruktur eines Landes oder Gebiets wird durch ein Altersstrukturdiagramm deutlich. Auch viele deutsche Städte haben für ihre Bevölkerung Altersstrukturdiagramme erstellt, die sie fortlaufend ergänzen. Vielleicht ist es für Sie interessant, Ihren Jahrgang in der Alterspyramide Ihres Wohnorts zu sehen (Recherche).

Sie sollten auf jeden Fall in der Lage sein, die Grundformen der Altersstrukturdiagramme (auch Alters- oder Bevölkerungspyramiden genannt) zu beschreiben: Pyramide, Glocke, Urne.

↗ Schulbuch S. 136 f.

Die **Altersstruktur** einer Bevölkerung wird in **Altersstrukturdiagrammen** visualisiert. Sie zeigen die Altersverteilung nach Geschlecht, oft in Altersgruppen zu je fünf Jahren. Sie dienen unter anderem auch für Prognosen zur Bevölkerungsentwicklung.

📖
↗ Schulbuch S. 138

In den Industrieländern ist die Verteilung der Bevölkerung auf die einzelnen Altersgruppen relativ gleichmäßig, bis die Anzahl aufgrund der natürlichen Sterblichkeit mit dem Alter sinkt. Bis zum Jahr 2050 wird der Anteil der älteren Bevölkerung deutlich zunehmen (**Überalterung**). Die Altersstruktur ähnelt der Form nach einer Glocke bzw. (in Zukunft) der einer Urne.

Bei den weniger entwickelten Ländern ist zunächst die Anzahl der Menschen in den jeweiligen Altersgruppen deutlich größer als in den Industrieländern. Der Altersaufbau ähnelt der Form einer Pyramide, das heißt, die jungen Altersgruppen sind der Zahl nach am stärksten vertreten. Mit zunehmendem Alter geht ihre Anzahl rasch zurück.

VI.6 Erweitertes Wissen Bevölkerungsentwicklung

Wie viele Menschen verträgt unser Planet?

Innerhalb der letzten fünf Jahrzehnte ist die Weltbevölkerung von drei Milliarden auf über sieben Milliarden gewachsen – stärker als in den vier Millionen Jahren zuvor. Die von der UNO veröffentlichten Berechnungen zur weiteren Bevölkerungsentwicklung gehen von vier verschiedenen Szenarien aus, die auf unterschiedlichen Fertilitätsraten basieren. Nahezu alle Prognosen erwarten ein weiteres Bevölkerungswachstum, zumindest für die nächsten drei Jahrzehnte. Doch selbst wenn sich die Fertilität schneller als erwartet ändern würde, wäre wegen des **Altersstruktureffekts** erst nach 20 Jahren mit einer spürbaren Verlangsamung des Wachstums zu rechnen.

📖
↗ Schulbuch S. 106

Parallel zur Bevölkerungszahl wächst der Verbrauch der Ressourcen: Jeder – ob Arm, ob Reich – will eine Steigerung seines Lebensstandards. So benötigt die Menschheit nicht nur mehr, sondern auch höherwertige Nahrung, mehr Industriegüter, mehr Rohstoffe, mehr Energie. Zunehmend stellt sich die Frage: Wie hoch ist die Tragfähigkeit unseres Planeten? Das heißt: Wie viele Menschen können auf der Erde leben, ohne das globale Ökosystem dauerhaft zu schädigen?

Schon 1798 stellte der englische Gelehrte **Thomas Malthus** Tragfähigkeitsberechnungen an. Als entscheidende limitierende Größe sah er damals noch die Nahrungsmittelproduktion. Er nahm an, dass das Bevölkerungswachstum exponentiell verlaufen würde, während die Erzeugung von Nahrungsmitteln nur linear gesteigert werden könne.

Das unterschiedliche Wachstum müsse unweigerlich zu Nahrungsmittelknappheit, Massensterben und Kriegen führen. Malthus ging also von einer festen Obergrenze der Bevölkerung aus, die die Erde tragen könne.

Entgegen der Vorhersage von Malthus konnte bis heute global gesehen die Nahrungsmittelproduktion mit dem Bevölkerungswachstum Schritt halten, doch geschah dies nicht nur aufgrund weiterentwickelter Produktionsmethoden, sondern auch durch die damit verbundene unwiderrufliche Ausbeutung zahlreicher Ressourcen, zum Beispiel des Grundwassers oder der fossilen Energieträger.

Im Auftrag des **Club of Rome** erstellte 1972 ein Team aus Kybernetikern, Naturwissenschaftlern und Ingenieuren mithilfe des Simulationsprogramms „World" mehrere Szenarien zur weiteren Entwicklung der Menschheit. Dabei wurden zum ersten Mal neben der Fertilität Dutzende weitere Faktoren, die die Bevölkerungsentwicklung beeinflussen, in die Berechnungen mit einbezogen. In ihren Simulationen sahen die Wissenschaftler die Erde als ein großes System mit untereinander in Wechselwirkung stehenden Problemkreisen. Bevölkerungswachstum, Nahrungsmittelangebot, industrielles Wachstum, Ressourcenverknappung und Umweltverschmutzung wurden erstmals in Beziehung zueinander gesetzt. Die verschiedenen Szenarien und die damit verbundenen Schlussfolgerungen wurden in dem Bericht „Die Grenzen des Wachstums" veröffentlicht. Er war die Grundlage der neu entstehenden Umweltbewegungen und der Ursprung des Nachhaltigkeitsgedankens. 2010 wiederholte das Team – mit verbesserter Software – seine Berechnungen und entwickelte wiederum verschiedene Szenarien. In einigen wird deutlich, dass es bei nur wenig verändertem Verhalten der Menschheit global zu katastrophalen Entwicklungen mit starkem Bevölkerungsrückgang kommen muss. Allerdings gibt es auch Szenarien, die zeigen, dass es bei beschränktem Bevölkerungswachstum, Einschränkungen im Konsum und nachhaltigem Wirtschaften zu einer Stabilisierung der Bevölkerungszahl ohne globale Katastrophen kommen könnte.

Die Studien und die ihnen zugrundeliegende Methode ist nicht unumstritten: So seien etwa Marktmechanismen nicht berücksichtigt und zu stark vereinfacht worden. Sicher ist, dass solche Modelle nicht alle Faktoren berücksichtigen können, aber sie zeigen Zusammenhänge auf, die auf die entscheidenden Probleme hinweisen.

Die Frage nach der Tragfähigkeit des gesamten Planeten ist für viele immer noch sehr abstrakt. Auswirkungen einer überschrittenen Tragfähigkeit sind gerade in den wohlhabenden Ländern der Erde nur wenig spürbar und auch technisch kompensierbar. Viel unmittelbarer und drängender stellt sich die Frage nach der Tragfähigkeit bestimmter Regionen. Immer häufiger ist die Tragfähigkeit von einzelnen Gebieten überschritten, mit katastrophalen Auswirkungen, die auch wir in Europa spüren – insbesondere durch das Anwachsen der globalen Flüchtlingsströme. Dass „explosionsartiges" Bevölkerungswachstum monokausal zu Hunger, Armut, ökologischem Kollaps und Ausbreitung von Epidemien führt, ist widerlegt. Diese sind viel stärker die Folge politischer Fehlleistungen, von Bad Governance, ungleicher Verteilung und Misswirtschaft.

VI.7 Übungsmöglichkeiten mit dem Diercke Weltatlas

www.diercke.de

Auch zu diesem Kapitel finden Sie Karten im Diercke Weltatlas, mit denen Sie üben können. Sie finden Zusatzinformationen zu den Karten unter www.diercke.de. Geben Sie den Kartennamen ein und Sie erhalten die Atlaskarte sowie den erläuternden Text. Überprüfen Sie, ob Sie Ihre erworbenen Sach-, Methoden- und Urteilskompetenzen anwenden können. Sie sollten in der Lage sein, die jeweilige Bevölkerungsstruktur zu analysieren und Probleme aufzuzeigen bzw. Migrationsströme mit ihren Auswirkungen zu erläutern.

Karte	Atlasseite und Kartennummer
Düsseldorf (Oberbilk) – Migrantenviertel	81 ⑦
Hohensaaten (Brandenburg) – Überalterung	81 ⑧
Europa – Migration	103 ③
Ceuta – Spanische Exklave in Afrika	103 ④
Asiatisch-Pazifischer Wirtschaftsraum – Arbeitsmigration	167 ③
New York – Kulturgeprägte Wohngebiete	219 ②
Erde – Migration	279 ④

VII

Ähnliche Probleme, ähnliche Lösungsansätze?

Strategien und Instrumente zur Reduzierung von Disparitäten in unterschiedlich entwickelten Räumen

VII.1 Zu erwerbende Kompetenzen

Nach Bearbeitung des Kapitels können Sie ...
... das Leitbild der nachhaltigen Entwicklung erläutern.
... aus diesem Leitbild ableitbare Maßnahmen für die Entwicklung eines Landes erläutern.
... Konsequenzen erörtern, die sich aus der Umsetzung des Leitbilds der nachhaltigen Entwicklung ergeben.
... konkrete Maßnahmen zur Entwicklung von Wirtschaftsräumen erörtern.
... Entwicklungschancen und Entwicklungsrisiken in unterschiedlich geprägten Wirtschaftsregionen beurteilen, die sich aus dem Prozess der Globalisierung ergeben.
... die Millenniumsentwicklungsziele der Vereinten Nationen erläutern.
... Entwicklungsstrategien vergleichend darstellen.
... das Modell der „Entwicklung von unten" erklären.
... das Modell der „Entwicklung von oben" erklären.
... das Konzept der Wachstumspole nach Gunnar Myrdal erklären.
... das Modell der Veränderung von Raumstruktur und Pro-Kopf-Einkommen nach der Polarisationsumkehr-Theorie von H. W. Richardson erklären.
... Darstellungs- und Arbeitsmittel in Materialzusammenstellungen fragebezogen auswerten.

VII.2 Übersicht über die Themen des Kapitels

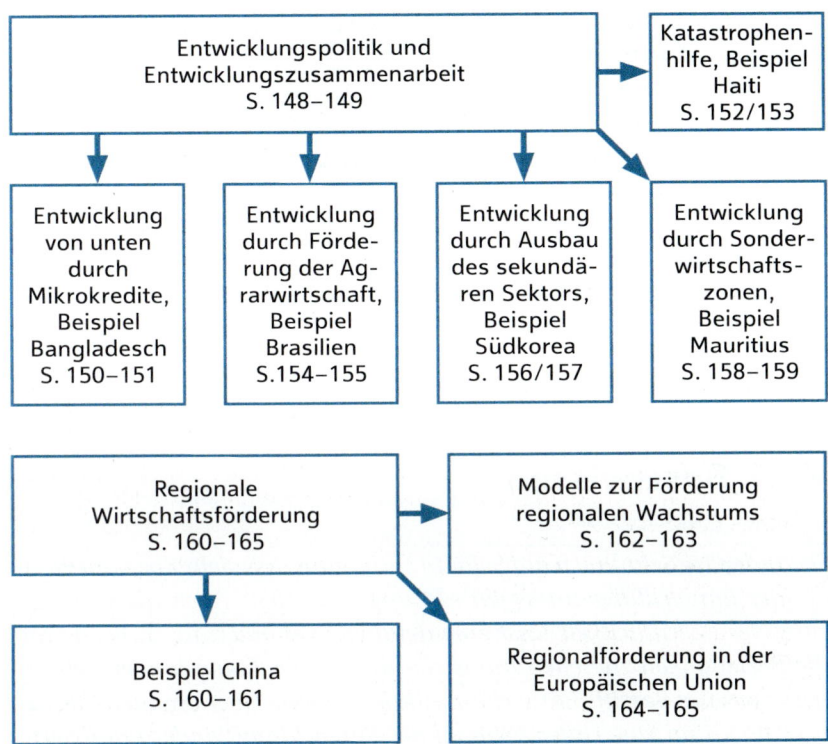

In diesem Kapitel können Sie die Raumbeispiele zur Entwicklung von Räumen durch Förderung des Agrarsektors, des sekundären Sektors und durch Einrichtung von Sonderwirtschaftszonen gut als Klausurtraining nutzen. Ein typischer Dreischritt bezüglich der Teilaufgabenstellung wäre zum Beispiel:

1. Lokalisieren Sie ... und stellen Sie die wirtschaftliche Situation dar.
2. Erläutern Sie die in ... gewählte Entwicklungsstrategie und ihre Auswirkungen.
3. Bewerten Sie die gesamtwirtschaftliche Entwicklung und die Zukunftsperspektiven des Landes.

Auch in diesem Kapitel lernen Sie Modelle kennen. Erweitern Sie Ihre Modell- und Begriffskartei entsprechend.

Nachfolgend einige Beispiele von Themenformulierungen aus den Abituraufgaben der letzten Jahre, die sich auf die Inhalte des Kapitels beziehen:

<< LERNTIPP

↗ Schulbuch
S. 154–159

↗ Abi-Tipp S. 222 f.

119

- Entwicklung durch Agrarproduktion für den Weltmarkt?
- Nachhaltige Wirtschaftsentwicklung durch Ausbau von Verkehrsinfrastruktur? (Ausgleich regionaler Disparitäten durch Ausbau von Verkehrsinfrastruktur?)
- Zukunftsfähige Entwicklung durch Energierohstoffe?
- Raumentwicklung in Europa
- Industrieansiedlung und grenzüberschreitende Infrastrukturprojekte als Motor regionaler Entwicklung?
- Sonderwirtschaftszonen – ein geeignetes Instrument ausgewogener Raumentwicklung?
- Globalisierung als Chance für Entwicklungsländer?

Zu diesen Themen wurden entsprechende Raumbeispiele ausgewählt und vorgegeben.

VII.3 Basiswissen

↗ Schulbuch S. 149

Sie finden im Schulbuch auf Seite 149 eine gute Übersicht über den Wandel der Entwicklungsstrategien seit ungefähr 1950. Auch die Veränderung der Begrifflichkeit lässt eine deutliche Veränderung in Bezug auf die Beziehungen zwischen Industrie- und Entwicklungsländern erkennen. Statt des Begriffs Entwicklungshilfe, der eine Überlegenheit der Geberländer und eine Unterlegenheit der Entwicklungsländer implizierte, verwendet man heute den Begriff Entwicklungszusammenarbeit, der eine Gleichberechtigung beider Seiten ausdrückt. Hilfe zur Selbsthilfe und das Leitbild der nachhaltigen Entwicklung bestimmen heute die Entwicklungszusammenarbeit.

Nachhaltige Entwicklung als Ziel der Entwicklungszusammenarbeit

Als übergeordnetes Prinzip und Ziel für alle Maßnahmen zur Entwicklung von Räumen gilt – wie auch in anderen Bereichen – seit einigen Jahren die **nachhaltige Entwicklung** (Sustainable Development). Diese erfordert jedoch auch einen Wandel innerhalb der Industrieländer, sei es im Rahmen der Weltwirtschaft, in den Konsumgewohnheiten, im Umweltbewusstsein oder in der konkreten Zusammenarbeit von Menschen in den Industrieländern und in den Entwicklungsländern.

Nachhaltig ist eine Entwicklung, wenn die Bedürfnisse der heutigen Generation erfüllt werden, ohne dass die Möglichkeiten künftiger Generationen gefährdet werden. Nachhaltigkeit berücksichtigt drei Dimensionen: Soziales, Wirtschaft und Umwelt. In einigen Publikationen wird auch von einer vierten Dimension gesprochen, der Politik.

Im September 2015 verabschiedeten die Mitgliedstaaten der Vereinten Nationen die **Agenda 2030**. Es wurden 17 Ziele für nachhaltige Entwicklung (**Sustainable Development Goals, SDGs**) formuliert. Diese Ziele berücksichtigen die drei Dimensionen der Nachhaltigkeit. Die Agenda 2030 gilt für Entwicklungs-, Schwellen- und Industrieländer gleichermaßen, denn alle müssen zum Erreichen der Ziele beitragen. Dies können sie zum Beispiel durch ein verantwortungsvolles Konsumverhalten, verantwortungsvolle Produktionsverfahren und die Nutzung von erneuerbaren Energien.

SDG (Sustainable Development Goals) Ziele für nachhaltige Entwicklung

Die Agenda 2030 für nachhaltige Entwicklung macht aber auch deutlich, dass die internationale Staatengemeinschaft überzeugt ist, dass sich die globalen Herausforderungen wie der Klimawandel, internationale Finanzkrisen, die Verabschiedung einer neuen Weltwirtschaftsordnung oder die Beseitigung der Armut nur gemeinsam lösen lassen. Gefordert ist ein System globalen Regierens, das sich nicht am Wohl einzelner Staaten, sondern am Wohl der globalen Gemeinschaft orientiert, gefordert ist **Global Governance**. Im Laufe der letzten Jahrzehnte sind zahlreiche internationale Institutionen entstanden, die schon in einigen Bereichen im Sinne einer Global Governance wirken:

Global Governance Weltordnungspolitik

↗ Schulbuch S. 148

- Den Vereinten Nationen (UN) gehören 192 Staaten und damit fast alle Staaten der Welt an. Sie sind damit die einzige Organisation, die eine universelle Akzeptanz für sich in Anspruch nehmen kann.
- Die Weltbank besteht aus fünf Einzelorganisationen (z.B. Internationale Entwicklungsorganisation, IDA). Sie zählen zu den weltweit wichtigsten entwicklungspolitischen Akteuren.
- WTO (World Trade Organization), die Welthandelsorganisation: Über 90 Prozent der weltweiten Im- und Exporte unterliegen ihren Regelwerken.
- IMF (International Monetary Fund = Internationaler Währungsfonds, IWF): Seine Kernaufgaben sind die Zusammenarbeit bei der Währungspolitik, die Stabilisierung der Wechselkurse und die Freiheit des Devisenverkehrs. Dabei vergibt er (Überbrückungs-)Kredite an finanzschwache Staaten. Diese sind allerdings immer an klare wirtschaftspolitische Bedingungen geknüpft, wodurch den betroffenen Staaten nicht selten einschneidende Sparmaßnahmen auferlegt werden.
- Die **NGOs** (non-governmental organizations), die Nichtregierungsorganisationen, sind ebenfalls Teil einer sich herausbildenden Global Governance. Sie sind in vielen Politikbereichen aktiv, in der Korruptionsbekämpfung, der Verhandlung von Umwelt- und Sozialstandards, der Bewältigung des Klimawandels oder dem Kampf gegen Infektionskrankheiten. Über 3000 NGOs arbeiten regelmäßig mit

NGO Nichtregierungsorganisation

der UNO zusammen. Dennoch: Eine wesentliche Voraussetzung für das Gelingen aller Bemühungen ist eine konstruktive Politik der Regierungen innerhalb der Nationalstaaten, eine **Good Governance**. Diese „gute Regierungsführung" ist zu einem Schlüsselbegriff in der Entwicklungszusammenarbeit geworden. Darunter wird die Art und Weise verstanden, in der eine Regierung ihre Mittel einsetzt, um das Ziel der wirtschaftlichen und sozialen Entwicklung des Staates und seiner Bevölkerung optimal zu verfolgen. Die Weltbank hat berechnet, dass unter Bedingungen der Good Governance die Zahl der in absoluter Armut lebenden Menschen innerhalb von sechs Jahren um über 200 Millionen verringert werden könnte. Ein Beispiel für eine erfolgreiche, gute Regierungsführung ist der wirtschaftliche Aufschwung in den asiatischen Tigerstaaten, wie zum Beispiel in Singapur oder Südkorea.

Good Governance
gute Regierungsführung

LERNTIPP >> Sie werden im Abitur möglicherweise auch nach den Millenniumsentwicklungszielen der Vereinten Nationen gefragt. Diese finden Sie in einer kurzen Zusammenstellung im Schulbuch auf Seite 147.

Entwicklung durch Förderung der Agrarwirtschaft

↗ Schulbuch
S. 150 f.
(Bangladesch)
S. 154 f.
(Brasilien)

Zahlreiche Entwicklungsländer sind Agrarstaaten. Ihre Wirtschaft wird vom primären Sektor dominiert, das heißt, ein sehr großer Teil der Menschen findet in Landwirtschaft, Fischerei, Forstwirtschaft oder Bergbau Beschäftigung. Dabei gibt es nur wenige große Betriebe, die für den Export produzieren. Die meisten landwirtschaftlichen Betriebe sind kleinbäuerlich. Sie arbeiten zum Teil auf kleinsten Flächen und produzieren für den Eigenbedarf und den lokalen Markt. Gerade in den ländlichen Gebieten werden die Dinge des täglichen Lebens noch auf (Bauern-)Märkten gekauft oder getauscht. Richtige Geschäfte sind nur in den größeren Dörfern und Städten zu finden. Aber auch dort versorgt sich der größte Teil der Menschen auf Märkten.

Schon allein aufgrund der geringen Betriebsgröße sind diese Familienbetriebe kaum mechanisiert und arbeitsintensiv. In vielen Staaten ist ihre wirtschaftliche Lage so schlecht, dass sie jeden Strohhalm ergreifen, um zu überleben. So pflanzen die Bauern statt Nahrungsmittel oft Rauschmittel an, zum Beispiel Coca in Südamerika oder Schlafmohn in Asien. Häufig ist dies für sie die einzige Möglichkeit, auf ihrer kleinen Fläche genügend Erlöse für ein menschenwürdiges Leben ihrer Familie zu erwirtschaften.

Seitens der Regierungen werden immer wieder **Agrarreformen** versprochen, die zu einer gerechteren Aufteilung des Landes führen sollen.

Die Regierungen sind jedoch in einem Dilemma: Teilen sie den Großgrundbesitz auf – was sich Landlose und Landarbeiter wünschen –, dann geht bei den kleinen Betriebsgrößen in der Regel die Produktivität zurück. Belassen sie die Großbetriebe, zum Beispiel auch als Agrargenossenschaft, sind viele Menschen enttäuscht. So haben sich dort, wo schon Agrar- oder Bodenbesitzreformen durchgeführt wurden, die damit verknüpften hohen Erwartungen meistens nicht erfüllt.

Typisch für die meisten Entwicklungsländer ist auch der im Vergleich zur Beschäftigtenstruktur geringe Anteil des primären Sektors am BIP. Dies ist ein deutlicher Hinweis auf die geringe Produktivität der in diesem Bereich wirtschaftenden Betriebe. Eine stärkere Modernisierung, eine schnelle Anhebung der Produktivität ist kaum möglich und bringt auch Gefahren mit sich. Zwar würden dabei die Produktion erhöht und die Nahrungsmittelversorgung verbessert, gleichzeitig würden aber viele Arbeitskräfte freigesetzt werden, die in den anderen Wirtschaftssektoren keine Beschäftigung finden können.

In den Schwellenländern ist der Anteil der Industrie an den Beschäftigten und vor allem am BIP deutlich größer als in den weniger entwickelten Agrarstaaten. Sie sind im Rahmen der **Sektorenmodells von Fourastié** schon in den Beginn der zweiten Phase, in die Industriegesellschaften, einzuordnen. Hier hat sich in einigen Städten bereits eine kaufkräftige Mittelschicht gebildet, eine leistungsfähige Industrie ist aufgebaut und es existiert ein relativ großer produktiver und oft exportorientierter Bereich innerhalb der Landwirtschaft.

Sektorentheorie
vgl. S. 49

Entwicklung durch Ausbau des sekundären Sektors

Als eine sinnvolle Strategie zur Veränderung der problematischen Außenhandelsstruktur wird der Aufbau eigener Industrien gesehen, um so vom Import der Fertigwaren unabhängiger zu werden und eventuell auch eigene Industriegüter exportieren zu können. Damit wird die Exportstruktur diversifiziert und weniger anfällig für Schwankungen von Rohstoffpreisen auf dem Weltmarkt. In den Industrieländern sehen dies viele mit gemischten Gefühlen. Zwar haben sie auf der einen Seite die Entwicklungsländer gerne als Kunden für Maschinen und Industrieanlagen und gewähren ihnen zum Kauf auch gerne Kredite, auf der anderen Seite, jedoch fürchten sie die Konkurrenz der „Billiglohnländer". So werden häufig seitens der Industrieländer Zölle für den Import von aufbereiteten Rohstoffen oder Fertigwaren erhoben. Kakaobohnen können dann zum Beispiel zollfrei importiert werden, auf fertigen Kakao wird aber ein Zoll von mehreren Prozent erhoben.

↗ Schulbuch
S. 156 f. (Südkorea)
S. 158 f. (Mauritius)

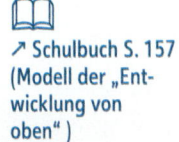

↗ Schulbuch S. 157
(Modell der „Entwicklung von oben")

Der Beschäftigtenanteil im sekundären Sektors ist den meisten Entwicklungsländern gering. Zum einen ist nicht genügend Kapital für Investitionen vorhanden, zum anderen fehlt der Bevölkerung Geld zum Kauf von industriell gefertigten Konsumgütern. Auf dem Binnenmarkt besteht somit zu wenig Kaufkraft, um den Aufbau von Industrie lohnend erscheinen zu lassen. Industrielle Arbeitsplätze liegen daher häufig in Firmen, die für den Export produzieren.

Dennoch sind mit der Entwicklung der Industrie vielfältige Erwartungen verbunden: Die Schaffung von Arbeitsplätzen, die Verringerung der Importe, die Verbesserung der Exportstruktur, ein starkes Wachstum des Bruttoinlandsprodukts und damit höhere Steuereinnahmen – kurz, die Industrialisierung war und ist für viele Regierungen der Entwicklungsländer das Synonym für (wirtschaftliche) Entwicklung. Dabei wird zum einen die Strategie der **Importsubstitution** verfolgt, das heißt, die Regierung fördert die Branchen, für deren Produkte im Land eine ausreichend große Nachfrage besteht, sodass sie in diesem Bereich von teuren Importen unabhängig wird. Der Aufbau von Exportindustrien führt zu einer **Exportsubstitution** (Diversifizierung der Exportstruktur) und schafft wichtige Devisen ins Land. Häufig erfolgt der Aufbau der Industrie in Zusammenarbeit mit den Industrieländern. Dadurch erhofft sich die Regierung nicht nur Kapital, sondern auch eine Ausbildung der Arbeitskräfte und das Know-how, das auf dem Weltmarkt Konkurrenzfähigkeit garantiert. Durch attraktive Angebote versuchen die Regierungen, ausländische Direktinvestitionen ins Land zu bekommen. So werden vor allem in der Nähe von Häfen und Flughäfen **Sonderwirtschaftszonen** ausgebaut, die über alle international üblichen Infrastruktureinrichtungen verfügen. Ausländische Betriebe erhalten für eine gewisse Zeit Steuerbefreiungen. Für die ausländischen Angestellten legt man Wert auf die weichen Standortfaktoren. Nicht selten erhalten leitende Angestellte Häuser am Strand, gut ausgebaute Freizeiteinrichtungen und Bustransfers zu den internationalen Schulen. Häufig werden auch **Exportproduktionszonen** (Export Prozessing Zone, EPZ) errichtet, für die Zollfreiheit besteht. Dort wird dann unter dem Einsatz einheimischer Arbeitskraft ausschließlich für den Export produziert.

Die Maßnahmen, die sich auf den Auf- und Ausbau der Industrie beziehen, kennzeichnen eine Entwicklung „von oben". Die Möglichkeiten einer Partizipation einer breiten Bevölkerungsschicht sind gering. Anders ist es bei Maßnahmen, die eine Entwicklung „von unten" initiieren wollen.

Importsubstitution
Ersetzen von Importen durch Inlandserzeugnisse

Exportsubstitution
bisher für den Export bestimmte Rohstoffe werden zum Aufbau einer Industrie genutzt

Sonderwirtschaftszone
vgl. S. 72

Exportproduktionszone
vgl. S. 73

Entwicklung „von unten" durch Mikrokredite

„Mikrokredit- und Spargruppen gab es schon lange, bevor sie von der Entwicklungszusammenarbeit aufgegriffen wurden. Raiffeisenbanken sind nur ein Beispiel für diese Idee, Sparer in Gruppen zu organisieren und ihr Finanzkapital zu bündeln, um Kleinunternehmern einen Kredit für Investitionen zur Verfügung zu stellen. [...] Inzwischen haben sich unterschiedliche Produkte im Mikrofinanzsektor etabliert. Allen gemeinsam ist die Annahme, dass der eingeschränkte Zugang zu Finanzdienstleistungen der limitierende Faktor für Kleinunternehmen [in Entwicklungsländern] sei. Unternehmung umfasst dabei alle auf Einkommenserwerb ausgerichtete, selbstbestimmte Arbeiten unabhängig von ihrer Rechtsform. Dies schließt formelle Unternehmen ebenso ein wie Tätigkeiten im informellen Sektor oder im Nebenerwerb. Die Vergabe eines **Mikrokredits** ohne banküblichen Sicherheiten und Anforderungen soll es ausgeschlossenen Personengruppen ermöglichen, Fremdkapital aufzunehmen, ohne dafür auf informelle Geldverleiher und deren ‚Wucherzinsen' angewiesen zu sein.

Die Kredite werden [...] zu günstigen Zinssätzen vergeben. Da die potenziellen Mikrokreditkunden meistens nicht über Sicherheiten verfügen, die üblicherweise von Banken akzeptiert werden, sind andere Maßnahmen zur Absicherung der Rückzahlung vorgesehen. Die Klienten werden zumeist [...] in Kleingruppen organisiert, um die Transaktionskosten pro Kunde zu reduzieren. Die Gruppenmitglieder sollen sich vor allem gegenseitig motivieren, die Zahlungsziele einzuhalten und die Rückzahlung durch Bürgschaften und sozialen Druck sicherstellen."

Quelle: Koch, Christoph und Rudić, Christiane: Mikrokredite als Wundermittel für die Millennium Development Goals? Das Fallbeispiel Dar es Salaam. In: Geographische Rundschau 11/2012, S. 28–29

↗ Schulbuch S. 151

Mikrokredit
Kleinstkredit von
1 bis 1000 Euro

Die Gründung der Grameen Bank in Bangladesch ist ein Beispiel. Der verarmten ländlichen Bevölkerung sollte eine Möglichkeit geboten werden, eine nachhaltige Entwicklung für die Familie anzustoßen. Kreditnehmer sind überwiegend Frauen eines Dorfes, die eine Gemeinschaft bilden. Einige von ihnen arbeiten als gewählte Vertreter in der Grameen Bank mit. Neue Kreditnehmer müssen der Gruppe ein überzeugendes Konzept darstellen.

In den letzten Jahren nehmen allerdings die kritischen Stimmen hinsichtlich der Wirksamkeit dieser Mikrokredite zu. Die Mikrokreditnehmer arbeiten zwar mehr, aber in vielen Fällen verdienen sie nicht mehr, da das Geld für die Tilgung der Schulden verwendet werden muss.

↗ Schulbuch S. 150 f.

Das Beispiel der Grameen Bank zeigt aber eine wesentliche Veränderung bezüglich der Akteure, die eine Entwicklung anstoßen. Es sind die Frauen, die zu Kleinunternehmerinnen werden.

Die Rolle der Frauen bei der Entwicklung

Mittlerweile haben die Verantwortlichen in der Entwicklungszusammenarbeit erkannt, dass den Frauen eine Schlüsselrolle zufällt, wenn es um die Grundbedürfnisbefriedigung geht. Die Leistung der Frauen wird jedoch nur selten statistisch erfasst. Grund ist, dass bezahlte Arbeit überwiegend durch Männer verrichtet wird. Da sich jedoch der gesellschaftliche Status häufig daran orientiert, welches Einkommen man erzielt, wurde der Beitrag der Frauen stark unterschätzt. Dabei sind gerade die im häuslichen Umfeld verrichteten Tätigkeiten von grundlegender Bedeutung: Weltweit tragen Frauen den größten Anteil zur Ernährung ihrer Familien bei. Sie erarbeiten etwa die Hälfte der Nahrungsmittel, in Afrika sogar 80 Prozent. In vielen Ländern sind sie die Hauptproduzentinnen in der Subsistenzwirtschaft und für das Überleben der Familie verantwortlich, während der Mann als Wanderarbeiter unterwegs ist oder in der Stadt arbeitet. Durch die Erziehung der Kinder legen die Mütter zudem die Grundlage für die Leistungsfähigkeit der kommenden Generation.

So ist heute die Förderung der Bildung, der Ausbildung, der Gesundheit, der Arbeitsmöglichkeiten und der politischen Partizipation von Frauen ein Entwicklungsschwerpunkt, insbesondere der Nichtregierungsorganisationen. In diesem Zusammenhang gilt die **Hilfe zur Selbsthilfe** als besonders erfolgversprechend. In enger Kooperation mit Partnern vor Ort werden im Rahmen von überschaubaren Unterstützungsmaßnahmen einzelne Menschen, Gruppen oder auch ganze Dorfgemeinschaften in die Lage versetzt, nachhaltig ihre Lebensbedingungen zu verbessern.

Hilfe zur Selbsthilfe Hilfe im Rahmen der Entwicklungszusammenarbeit, die so unterstützt, dass sich ein Land selbst entwickeln kann

Auf dem geschilderten Hintergrund bewegt sich auch die deutsche Entwicklungszusammenarbeit, sowohl die staatliche des Bundesministeriums für wirtschaftliche Zusammenarbeit (BMZ) als auch die der Nichtregierungsorganisationen wie Misereor, Brot für die Welt oder Welthungerhilfe. Angesichts knapper finanzieller Mittel ist die Auswahl der Projekte, die erfolgversprechend erscheinen und somit unterstützt werden sollen, zunehmend schwierig. Daher werden im Vorfeld von Fachleuten (häufig Geographen, Agrarwissenschaftler, Wirtschaftswissenschaftler, Mediziner, Wasserwirtschaftler) Machbarkeitsstudien angefertigt, die über die Wirkungen und Erfolgsaussichten eines Projekts Auskunft geben sollen. Während und zum Abschluss der Projekte erfolgt eine Evaluation, die über Erfolg oder Misserfolg berichtet.

VII.4 Erweitertes Wissen

Wachstumspole und periphere Räume

↗ Schulbuch S. 162 f.

Die Entwicklung polarisiert sich in vielen Ländern auf einige wenige Regionen oder sogar nur auf wenige wirtschaftliche und politische Zentren (**Wachstumspole**). Diese sind zwar Vorreiter der Entwicklung und es gehen von ihnen auch Wachstumsimpulse (**Ausbreitungseffekte** oder **Spread-Effekte**) auf das Umland (die Peripherie) aus, aber es ergeben sich auch negative Auswirkungen. Es können sich nämlich **Entzugseffekte (Backwash-Effekte)** einstellen, das heißt, der Wachstumspol entzieht der Peripherie wichtige Ressourcen (ausgebildete Arbeitskräfte, Kapital). So sind die Wachstumspole häufig nicht die erhofften Zugpferde der Entwicklung, die die weniger entwickelten Gebiete nach sich ziehen, sondern sie schöpfen dort die menschlichen und materiellen Ressourcen ab, die gerade diese Regionen so dringend zu ihrer Entwicklung brauchen.

Ausbreitungseffekt (Spread-Effekt) Wachstumsimpuls, der vom Wachstumspol auf das Umland übergeht

Entzugseffekt (Backwash-Effekt) der Wachstumspol entzieht dem Umland Ressourcen

↗ Schulbuch S. 162

> **MODELL > Der Polarisationsprozess nach Gunnar Myrdal**
> - Es bildet sich eine räumliche Differenzierung in Wachstumszentren und in Regionen aus, die in ihrer Entwicklung zurückbleiben.
> - Ausbreitungseffekte: alle positiven Veränderungen, die vom Wachstumspol ausgehen (z.B. Ausbreitung technischen Wissens, Nachfrage nach Gütern, vorrangig Agrarprodukte und bergbauliche Rohstoffe), Nachfrage nach Dienstleistungen (z.B. Naherholung, Fremdenverkehr); Entwicklungsimpulse werden ausgelöst
> - Entzugseffekte: alle negativen Veränderungen, die durch den Wachstumspol ausgelöst werden (z.B. Abwanderung von Arbeitskräften, Abzug von Kapital)
> - Tendenziell werden die Unterschiede verstärkt, weil die Entzugseffekte, die zur Stärkung und Entwicklung des Zentrums beitragen, stärker sind als die Ausbreitungseffekte.

Wissenschaftler suchen nun nach Verfahren, mit denen die Unterschiede zwischen Wachstumspolen und Peripherie verringert werden können und eine gleichmäßige Entwicklung auch in den peripheren Räumen angestoßen werden kann.

H. W. Richardson vertritt in seiner Polarisationsumkehr-Theorie die Auffassung, dass es zu einer Aufhebung der räumlichen Ungleichgewichte kommen kann. Wenn nämlich die Zentrumsregion mit der Zeit Überlastungserscheinungen zeigt, setzt ein Prozess der Dekonzentration ein. Es entstehen neue Subzentren in der Peripherie. Schließlich entsteht ein stabiles urbanes Hierarchiesystem mit geringen Unterschieden in der wirtschaftlichen Leistungsfähigkeit.

↗ Schulbuch S. 163

MODELL > Polarisationsumkehrtheorie nach H. W. Richardson
1. An einem Ort hoher Standortgunst setzt ein kumulativer Wachstumsprozess ein, ein Polarisationsprozess.
2. Hohe Wachstumsraten und Zuwanderung, Agglomerationsprobleme setzen ein (zum Beispiel Slums, Umweltprobleme), das Umland wird attraktiv.
3. In der Peripherie entstehen Subzentren, eigene Wachstumsdynamik mit Agglomerationsvorteilen, Entzugs- und Ausbreitungseffekten, Firmenverlagerungen und Wanderbewegungen aus der Zentralregion in die Subzentren.
4. Subzentren wirken wiederum wie Wachstumspole: Es kommt zur Bildung weiterer kleiner Subzentren in deren Umland.
5. Diese Mechanismen wirken langfristig der Polarisation entgegen. → Abbau der regionalen Disparitäten

Strategien zur Beseitigung der Unterentwicklung

Im Laufe der Entwicklungsarbeit hat es eine Vielzahl von Strategien gegeben, mit deren Hilfe die Beseitigung der Unterentwicklung angegangen worden ist. Dabei kamen zum Teil sehr ähnliche Instrumente zum Einsatz, auf der anderen Seite ergaben sich durch die jeweiligen Zielsetzungen auch ganz unterschiedliche Handlungsfelder. Beispiele für Strategien sind:

Modernisierungs-
theorie
vgl. S. 95

• Im Zuge der **Modernisierungstheorie** wurde versucht, die Unterentwicklung durch den Auf- und Ausbau der Industrie und eine Erneuerung der Gesellschaft nach westlichem, „modernen" Vorbild zu beseitigen. Die Strategie ist es daher, die Entwicklung der Industrieländer nachzuholen, wobei externe finanzielle, technische und wirtschaftliche Hilfe der Industrieländer vonnöten ist.

• Nach der **Polarisationsumkehrstrategie** wurde versucht, den Auf- und Ausbau bestimmter Industrien gezielt auf Wachstumszentren (Sonderwirtschaftszonen) zu konzentrieren und dafür ausländische

Direktinvestitionen als wichtigste Finanzquelle zu nutzen. Diesen Weg hat zum Beispiel China beschritten. Man erwartet, dass die erfolgreiche Entwicklung des Wachstumszentrums auf die anderen Landesteile ausstrahlt und dass dort weitere Wachstumszentren entstehen.

- Im Gegensatz zu den Modernisierungstheorien vertreten die **Dependenztheorien** eine völlig andere Position. Als wichtigsten Teil einer Strategie wird die Dissoziation empfohlen, die (zeitweilige) Abkopplung des Landes vom Weltmarkt, bis sich die Produktivkräfte nach eigenen Bedürfnissen und Möglichkeiten so weit entfaltet haben, dass eine Rückkehr in den Welthandel als gleichwertiger Partner möglich ist. In Südostasien haben einige Länder versucht, den Rückstand gegenüber Industrieländern durch eine zeitweilige Abkopplung vom Weltmarkt, die Importsubstitution und den Aufbau von immer höherwertigen Exportindustrien zu verringern.

  Dependenztheorie vgl. S. 95

- Viele Experten sehen Verbesserungen und mehr Gerechtigkeit im Welthandel als einen entscheidenden Schlüssel für die Entwicklung.
- Es gibt zahlreiche Beispiele für Entwicklungsprojekte, die eine verstärkte Hilfe zur Selbsthilfe und die Grundbedürfnisbefriedigung (**„Grundbedürfnisstrategie"**) in den Mittelpunkt stellen und damit den Schwerpunkt auf die Armutsbekämpfung legen. In diesem Zusammenhang sind die **Millenniumsentwicklungsziele** der UNO zu sehen (Verringerung von Armut und Hunger, Verbesserung der Bildung, Reduzierung von Kinder- und Müttersterblichkeit, nachhaltige Entwicklung, bessere Versorgung mit sauberem Wasser).
- Strategien der ländlichen Entwicklung verfolgen das Ziel, eine Verbesserung der Beschäftigung und der Einkommen der ländlichen Bevölkerung zu erreichen. Hintergrund ist, dass im ländlichen Raum und von der Landwirtschaft gerade in Entwicklungsländern sehr viele Menschen leben – sowohl durch Selbstversorgung als auch durch Verkäufe auf lokalen Märkten. Sie zu stärken, wird auch zu einer Verminderung der Landflucht beitragen.
- Mithilfe von Strategien der **nachhaltigen Entwicklung** werden Fragen der Bewahrung der Umwelt und der sozialen Gerechtigkeit – nicht zuletzt gegenüber zukünftigen Generationen – in den Mittelpunkt gestellt. Damit werden unterschiedliche Dimensionen der Entwicklung miteinander verbunden, eine einseitige Orientierung an wirtschaftlichen Aspekten wird vermieden.

Regionalförderung in der Europäischen Union zum Ausgleich regionaler Disparitäten

Regionale Disparitäten gibt es nicht nur in den Entwicklungsländern, sondern auch bei uns in Deutschland (z.B. Unterschiede in der wirtschaftsräumlichen Ausstattung zwischen Ost- und Westdeutschland oder zwischen ländlichen und städtischen Regionen) und in Europa. Für die Mitgliedsländer der Europäischen Union gilt, dass die Unterschiede abgebaut werden sollen, um überall annähernd gleiche Lebensbedingungen zu schaffen.

↗ Schulbuch S. 164 f.

Aktivraum
Teilraum, in dem die Wirtschaftsleistung im Vergleich mit dem Gesamtraum überdurchschnittlich ist

Passivraum
Teilraum mit unterdurchschnittlicher Wirtschaftsleistung

EFRE
Europäischer Fonds für Regionale Entwicklung

ELER
Europäischer Landwirtschaftsfonds

Innerhalb der Europäischen Union gibt es **Aktivräume** und **Passivräume**. Diese sind nicht unbedingt deckungsgleich mit den Staatsgrenzen. Disparitäten bestehen auch innerhalb eines Staates zwischen einzelnen Regionen. Hier setzt die Regional- und Strukturpolitik der Europäischen Union an. Ihr Ziel ist es, die wirtschaftliche und soziale **Kohäsion** in der EU zu unterstützen, um regionale Disparitäten zu verringern. Dies soll durch entsprechende Fördermittel erreicht werden. Die Regional- und Strukturpolitik der Europäischen Union ist daher der Bereich, für den die EU das meiste Geld ausgibt. Ärmere oder besonders vom Strukturwandel betroffene Regionen sollen darin unterstützt werden, den Rückstand aufzuholen.

Die Ausgleichspolitik auf europäischer Ebene wird über fünf verschiedene Fonds gesteuert, unter anderem den **Europäischen Fonds für Regionale Entwicklung (EFRE)** und den **Europäischen Landwirtschaftsfonds (ELER)**. Seit 2014 gibt es eine neue Förderperiode, die sich bis 2020 erstrecken wird. Sie zielt vornehmlich auf die Schaffung von Arbeitsplätzen, das Wirtschaftswachstum sowie die Stärkung der Wettbewerbsfähigkeit. Auch die nachhaltige Entwicklung und damit einhergehend die Verbesserung der Lebensqualität der Menschen sind Ziele der **Regionalpolitik**. Insgesamt werden bis 2020 über 351 Milliarden Euro für die Regionalpolitik ausgegeben. In erster Linie werden dabei Projekte gefördert, die kleine und mittlere Unternehmen stärken, Innovationen realisieren, Verkehrsverbindungen schaffen sowie die Qualifizierung der Arbeitskräfte unterstützen. Ein wichtiger Förderschwerpunkt ist auch der Ausbau der digitalen Technik und des Internets.

Die Regionalförderung steht prinzipiell allen Regionen in der EU zu. Allerdings werden diese in drei Kategorien eingeteilt. Das meiste Geld fließt in die Gruppe der weniger entwickelten Regionen. Alle Regionen müssen auch eigenes Geld in die Projekte investieren. So soll sichergestellt werden, dass tatsächlich Interesse an den Maßnahmen besteht.

VII.5 Übungsmöglichkeiten mit dem Diercke Weltatlas

Auch zu diesem Kapitel finden Sie Karten im Diercke Weltatlas, mit denen Sie üben können. Sie finden Zusatzinformationen zu den Karten unter www.diercke.de. Geben Sie den Kartennamen ein und Sie erhalten die Atlaskarte sowie den erläuternden Text. Überprüfen Sie, ob Sie Ihre erworbenen Sach-, Methoden- und Urteilskompetenzen anwenden können. Sie sollten in der Lage sein, Aktiv- und Passivräume zu identifizieren, Auswirkungen von regionalen Disparitäten zu beschreiben und mögliche Maßnahmen für einen Abbau regionaler Disparitäten zu erörtern.

www.diercke.de

Karte	Atlasseite und Kartennummer
Deutschland – Wirtschaftsstruktur	70 ①
Deutschland – Beschäftigte	71 ②
Deutschland – Arbeitslosigkeit	71 ③
Europa – Wirtschaftliche Raummodelle	99 ②
Europäische Union – Beschäftigungsstruktur	100 ①
Europäische Union – Wirtschaftskraft	100 ②
Europäische Union – Regionale Entwicklungsunterschiede	101 ⑤
Shannon (Irland) – Regionaler Wachstumspol	101 ⑥
Ciudad Guayana – Entwicklungspol	229 ⑧
Venezuela – Entwicklung	229 ⑦

VIII Dienstleistungen

In ihrer Bedeutung für periphere und unterentwickelte Räume

VIII.1 Zu erwerbende Kompetenzen

Nach Bearbeitung des Kapitels können Sie ...
... die naturräumliche und infrastrukturelle Ausstattung einer Tourismusregion erläutern.
... den Wandel einer Tourismusregion aufgrund der touristischen Nachfrage erläutern.
... Folgen unterschiedlicher Formen des Tourismus in das Dreieck der Nachhaltigkeit einordnen.
... die Bedeutung und raumzeitliche Entwicklung des Tourismus erläutern.
... positive und negative Effekte einer touristisch geprägten Raumentwicklung erörtern.
... den Zielkonflikt zwischen wirtschaftlichem Wachstum durch Tourismus und nachhaltiger und sozial gerechter Entwicklung in Tourismusregionen erörtern.
... das Modell des Destinationslebenszyklus nach Butler erklären.
... das Modell der raum-zeitlichen Entfaltung nach Vorlaufer erklären.
... das Phasenmodell des touristisch formellen und informellen Sektors erklären.
... eigenes und fremdes Urlaubsverhalten kritisch reflektieren.
... Darstellungs- und Arbeitsmittel in Materialzusammenstellungen fragebezogen auswerten.

VIII.2 Übersicht über die Themen des Kapitels

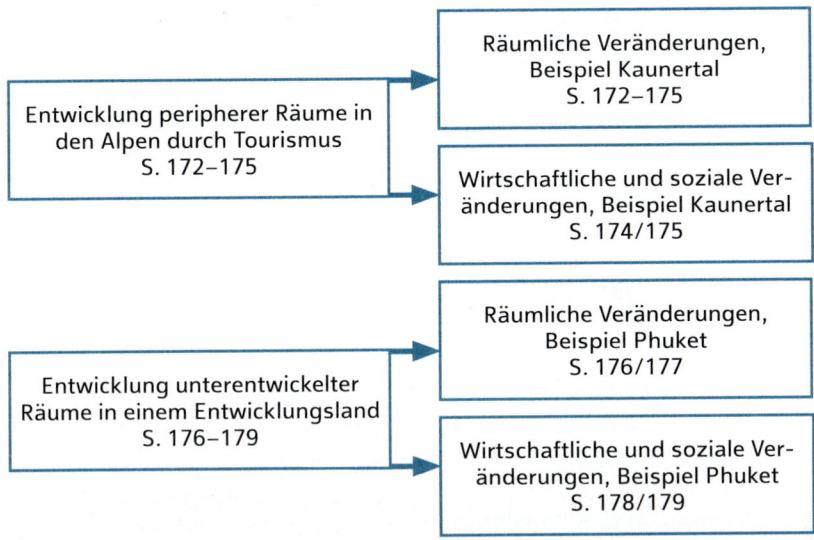

Entwicklung peripherer Räume in den Alpen durch Tourismus
S. 172–175

→ Räumliche Veränderungen, Beispiel Kaunertal
S. 172–175

→ Wirtschaftliche und soziale Veränderungen, Beispiel Kaunertal
S. 174/175

Entwicklung unterentwickelter Räume in einem Entwicklungsland
S. 176–179

→ Räumliche Veränderungen, Beispiel Phuket
S. 176/177

→ Wirtschaftliche und soziale Veränderungen, Beispiel Phuket
S. 178/179

Abituraufgaben zur Thematik dieses Kapitels sind sehr beliebt. Es geht in der Regel immer darum, das naturgeographische Potenzial des ausgewählten Raums im Hinblick auf eine touristische Nutzung zu untersuchen, die Veränderungen durch die touristische Nutzung aufzuzeigen und im Hinblick auf Nachhaltigkeit zu beurteilen. Dabei müssen Sie immer die drei Dimensionen der Nachhaltigkeit berücksichtigen: Ökonomie, Ökologie und Soziales.

Hier folgen einige Beispiele von Themenformulierungen aus den Abituraufgaben der letzten Jahre, die sich auf die Inhalte des Kapitels beziehen:

<< LERNTIPP

↗ Abi-Tipp S. 228 f.

- Zukunftsfähige regionale Entwicklung durch Tourismus?
- Zukunftsfähige wirtschaftliche Entwicklung durch Tourismus?
- Zukunftsfähige Wirtschaftsentwicklung durch Fremdenverkehr im Alpenraum?
- Tourismus als Baustein einer zukunftsfähigen Entwicklung peripherer Räume?
- Tourismus im Spannungsfeld von Ökonomie und Ökologie
- Entwicklung zweier Tourismusdestinationen (Vergleich)
- Der Wirtschaftsfaktor Fremdenverkehr in seiner Bedeutung für Zielregionen
- Zukunftsfähige Regionalentwicklung durch touristische Großprojekte?

Zu diesen Themen wurden entsprechende Raumbeispiele vorgegeben. Auch in diesem Kapitel lernen Sie Modelle kennen.

VIII.3 Basiswissen

Die Tourismusbranche zählt weltweit zu den boomenden Wirtschafts-
zweigen. Sie wächst rascher als andere Branchen und hat trotz Krisen,
Krieg und Terror in vielen Teilen der Welt eine überraschende wirtschaft-
liche Stabilität erreicht. Erstmals kletterten die Touristenzahlen im Jahr
2012 beim grenzüberschreitenden Tourismus über die Milliardengrenze.
Von 1970 bis heute hat sich die Zahl der Reiseankünfte weltweit ungefähr
versiebenfacht. Damit ist der Tourismus mit seinen Dienstleistungen ein
globaler Wachstumstreiber, der die Landschaften, Gesellschaften und die
Wirtschaft ganzer Regionen auf allen Kontinenten beeinflusst. Wie sich
periphere und unterentwickelte Räume durch den Tourismus entwickeln
können, wird in diesem Kapitel anhand von zwei Raumbeispielen un-
tersucht. Grundlegende Kenntnisse, insbesondere zur Fachbegrifflichkeit,
sollten aus der Sekundarstufe I bereits bekannt sein.

Hintergrundwissen/Wiederholung:
Tourismusarten und Tourismusformen

Tourismusart
das Motiv der Reise
steht im Vorder-
grund (warum?).

Tourismusform
Reisedauer, Zeit-
punkt, Reisemittel,
Organisation und
Teilnehmer stehen
im Vordergrund
(wie?)

Aufgrund der unterschiedlichen Ansprüche und finanziellen Möglich-
keiten der Reisenden lässt sich der Tourismus in **Tourismusarten** und
Tourismusformen unterteilen. Bei der Tourismusart steht das Motiv
der Reise, das „Warum", im Vordergrund. Hier unterscheidet man nach
Reiseinhalt (z.B. Geschäfts-, Besuchs-, Pilger-, Bildungs-, Urlaubsreise,
Badeurlaub, Naturerlebnis, Sextourismus, Wellnessaufenthalt), nach
Reisemotiv (z.B. Erholung, Erlebnis, Arbeit, Entdeckung) und nach
Reiseziel (z.B. Fernreise oder Naherholung, Auslands- oder Inlands-
reise, Meer, Berge, Städte).
Die Tourismusform unterscheidet nach dem „Wie". Hier stehen Reisedauer (Kurz-, Langzeitreise, Ausflug), Reisezeitpunkt (Saison, Jahres-
zeiten, Feiertage), Reisemittel (Verkehrsmittel), Reiseorganisation (Pau-
schal-, Individualreise) und Reiseteilnehmer (z.B. Jugend-, Senioren-,
Familien-, Gruppenreisen) im Blickpunkt. Diese Ergebnisse können
sich je nach Zeitgeist, wirtschaftlicher Lage in den Quellregionen der
Touristen, politischer Situation in den Zielregionen des Tourismus oder
neu aufkommenden Trends ändern.

Hintergrundwissen/Wiederholung: Geschichte des Tourismus

Der Tourismus ist kein Phänomen des 20. Jahrhunderts. Bereits in der Antike gab es Erholungs- und Bildungsreisen, die sich jedoch nur privilegierte Bevölkerungsschichten leisten konnten. Reiche Stadtbürger nutzten im Römischen Reich das zum Waren- und Truppentransport errichtete Straßennetz von etwa 90 000 Kilometer Überlandstraßen und 200 000 Kilometer kleineren Landstraßen, um Thermalbäder innerhalb Italiens und Seebäder in Süditalien sowie auch Strände in Griechenland, Ägypten und Südfrankreich aufzusuchen. Im Mittelalter stieg die Mobilität, wenn auch langsam. Verschiedene Stände verreisten, um sich zu bilden und um neue Ideen in Kultur, Religion, Handwerk, Wissenschaft und Handel zu erlangen. Es waren Kaufleute, Pilger und Studenten, die sich zu den großen Zentren in Italien (Bologna), England (Oxford) und Frankreich (Paris, Montpellier) aufmachten. Vom 16. bis 18. Jahrhundert reisten vorwiegend Adelige, zu Pferd und mit Kutsche, hauptsächlich aus politischen, gesellschaftlichen und beruflichen Motiven und mit großem Begleitpersonal in die Metropolen der europäischen Nachbarländer.

Der neuzeitliche Tourismus startete mit der fortschreitenden Industrialisierung und mit der Entwicklung neuer Verkehrsmittel (Dampfschifffahrt, Eisenbahn). Thomas Cook, der britische Tourismuspionier und Gründer des gleichnamigen Reiseunternehmens, organisierte die erste Pauschalreise mit dem Zug von Leicester nach Loughborough am 5. Juli 1841 für einen Schilling pro Person. Im Reisepreis enthalten waren die Hin- und Rückfahrt, ein Schinkenbrot und eine Tasse Tee, Blasmusik inbegriffen.

Zur Zeit des Nationalsozialismus im Dritten Reich kann man von einem aufkommenden **Massentourismus** in Deutschland sprechen, der jedoch staatlich organisiert und ideologisch geprägt war. Erstmals konnte eine breite Öffentlichkeit von Urlaubern zu Niedrigpreisen von einem Rundumangebot mit Wanderungen, Zugreisen und Kreuzfahrten inklusive Unterkunft und Verpflegung Gebrauch machen.

Seit der Nachkriegszeit (Wirtschaftswunder) findet ein Tourismusboom statt. Hierzu trugen unter anderem die Halbierung der Wochenarbeitszeit, die Verdreifachung der individuellen Freizeit pro Woche (seit der Industrialisierung) und die Steigerung der Urlaubstage auf heute durchschnittlich 30 Tage bei. Eine weitere Triebfeder war die Verlagerung des Personentransports von Bus und Bahn auf den Individualverkehr (eigener Pkw, Wohnwagen) und den Charterflug, heute auch oft mit **Billigfluggesellschaften (low cost carrier)**. Gerade das Flugzeug als Transportmittel eröffnete durch seine ständigen technischen Neue-

Massentourismus Form des Tourismus, der sich in organisierter Form und in größeren Gruppen abspielt

135

rungen sukzessive Reiseziele auf allen Kontinenten. Außerdem machen zunehmende Fremdsprachenkenntnisse, ständig wachsende Reiseerfahrungen, die zunehmende Zahl von zahlungskräftigen Rentnern und Erleichterungen bei Reisereservierungen (Internet) sowie bei Devisen- und Einreisebestimmungen den heutigen wirtschaftlichen Schub aus.

Hintergrundwissen/Wiederholung: Nachhaltiger Tourismus

„,Sanfter Tourismus', ,intelligenter Tourismus', ,umwelt- und sozialverträglicher Tourismus', ,nachhaltige Tourismusentwicklung' – in diesen Begriffen spiegelt sich die Suche nach Formen des Tourismus wider, mit denen zwar eine große wirtschaftliche Wertschöpfung in den Tourismusregionen und auch eine hohe Zufriedenheit der Gäste verbunden sind, die aber zugleich die Landschaft und Umwelt sowie die einheimische Bevölkerung nicht unnötig belasten. [...] Die ,Internationale Alpenschutzorganisation CIPRA' (Commission Internationale pour la Protection des Alpes) definierte im Jahr 1984 den **,sanften Tourismus'** als ,einen Gästeverkehr, der gegenseitiges Verständnis des Einheimischen und Gastes füreinander schafft, die kulturelle Eigenart des besuchten Gebietes nicht beeinträchtigt und der Landschaft mit größtmöglicher Gewaltlosigkeit begegnet.' [...] Seit [...] der UN-Konferenz über Umwelt und Entwicklung (1992) wird [...] vor allem der Begriff der **Nachhaltigkeit** (Sustainability, Sustainable Development) genutzt. Im Leitbild der nachhaltigen Entwicklung stellen Wirtschaftswachstum, Sozialverträglichkeit und Umweltverträglichkeit gleichberechtigte Ziele dar, die auf lange Dauer verfolgt werden. Dabei gilt das Grundprinzip, gegenwärtige natürliche Ressourcen nur in einem solchen Umfang zu verbrauchen, dass auch künftige Generationen noch ihre Bedürfnisse befriedigen können."

Quelle: Steinecke, Albrecht: Tourismus. Das Geographische Seminar. Braunschweig 2011, S. 188–190

Tourismus in seiner Bedeutung als Entwicklungsimpuls für periphere und unterentwickelte Räume

Die Tourismusbranche ist in vielen Regionen der Erde, gerade in den sich entwickelnden Staaten, zu einem Motor der Wirtschaft geworden. Hierdurch treibt sie auch gesellschaftliche Veränderungen und Weiterentwicklungen an.

Der Tourismus kann als Multiprodukt bezeichnet werden, da er eine hohe wirtschaftliche Ausstrahlungskraft in viele andere Branchen hat. Es sind zum einen die **Einkommenseffekte**, die durch den Tourismus entstehen. Hier unterscheidet man nach **direkten**, **indirekten** und **induzierten Effekten**. Direkte Effekte beziehen sich auf die von Touristen konsumierten Waren und Dienstleistungen. Indirekte Effekte ergeben sich daraus, dass für die Produktion von Waren für den Tourismus Vorleistungen in der Wertschöpfungskette notwendig sind. Weiterhin gibt es induzierte Effekte, die sich als Folge des im Tourismus erwirtschafteten Einkommens einstellen, wenn nämlich das im Tourismus erwirtschaftete Einkommen in andere Wirtschaftsbereiche investiert wird. Hier können sich durch den **Trickle-Down-Effekt** auch positive Auswirkungen für die ärmeren Bevölkerungsschichten ergeben.

Zum anderen sind es die **Beschäftigungseffekte**, die ebenfalls nach direkten, indirekten und induzierten Effekten unterschieden werden.

Schlussendlich können auch **katalytische Effekte** entstehen, da zum Beispiel der (nationale und) internationale Bekanntheitsgrad und die aufgebauten Verkehrsanbindungen weitere touristische und unternehmerische Aktivitäten fördern.

Im Zentrum des Systems Tourismus stehen der Reisende und die ihm bei der Organisation seines Urlaubs behilflichen Unternehmen. Der Tourismus ist abhängig von Zulieferern und Leistungsträgern unterschiedlicher Branchen sowie von Institutionen, ohne die die Durchführung einer Reise nicht möglich wäre. Außerdem steuern die touristischen Attraktionen der Zielorte entscheidend die Nachfrage. Auch wenn der Boom im Fremdenverkehr durch Risikofaktoren wie Terroranschläge, Geiselnahmen, Regionalkonflikte, Infektions- und epidemische Krankheiten oder Katastrophen (Tankerunglücke, Überschwemmungen, Erd- und Seebeben) in bestimmten Regionen zurückgeht, wächst insgesamt die Tourismuswirtschaft weiter. Die Touristenströme werden lediglich in eine andere Region umgelenkt.

Der Tourismus hat zweifellos ökonomische Auswirkungen auf die Volkswirtschaft. Deviseneinnahmen aus dem (internationalen) Tourismus können, gerade in sich entwickelnden Staaten, zum Aufbau von Infrastruktureinrichtungen (Verkehr, Bildung, medizinische Versorgung) eingesetzt werden. Allerdings kommen nicht die gesamten Einnahmen der Zielregion zugute. Oft fließt ein großer Teil wieder ins Ausland oder in die nationalen Zentren ab. So müssen zum Beispiel benötigte Güter wie Lebensmittel oder Getränke aus dem Ausland importiert werden, weil sie als lokale Produkte nicht vorhanden sind oder nicht den Standards der Reisenden entsprechen. Ähnlich verhält es sich mit der Vergabe von Bauaufträgen, die mit den vor Ort vorhandenen

direkte Effekte
Einkommen aus den von Touristen konsumierten Waren und Dienstleistungen

indirekte Effekte
Einkommen aus den Vorleistungen in der Wertschöpfungskette

induzierte Effekte
das erwirtschaftete Einkommen wird in andere Wirtschaftsbereiche investiert

Trickle-Down-Effekt
Durchsickern des Kapitals von den wohlhabenden zu den ärmeren Bevölkerungsschichten, die dadurch auch am wirtschaftlichen Wachstum teilhaben

Arbeitskräften nur teilweise durchgeführt werden können. Außerdem fließen Gewinne von multinationalen oder nationalen Konzernen aus der Tourismusbranche wieder an den Standort des Firmensitzes. Nach Schätzungen der UN beträgt die **Sickerrate** in weniger entwickelten Regionen zwischen 40 und 80 Prozent der Einnahmen, in entwickelten Regionen zwischen 10 und 20 Prozent.

Sickerrate
Kapital, das einem touristisch genutzten Raum verloren geht

Im Rahmen der soziokulturellen in Verbindung mit sozioökonomischen Auswirkungen findet eine Abwanderung besonders von Jugendlichen aus strukturschwachen Regionen in touristische Zentren statt. Sie ist verbunden mit einer Flucht aus dem primären in den tertiären Sektor, in meist unqualifizierte und schlecht bezahlte Arbeitsplätze. Dies gefährdet die Aufrechterhaltung von Landwirtschaft und Fischerei und damit die Eigenständigkeit traditioneller Gesellschaften. Durch das Aufeinandertreffen unterschiedlicher Kulturen und die Ausstrahlungskraft der westlichen Lebensweise wird das bisher traditionelle Leben aufgegeben und das Konsumverhalten der Touristen nachgeahmt (**Akkulturation**). Eine schnellere Modernisierung der Gesellschaft kann dadurch eingeleitet werden, womit aber immer ein möglicher Verlust der traditionellen Werte und Normen und damit der kulturellen Identität einhergeht.

Akkulturation
vgl. S. 89

Die ökologischen Auswirkungen spiegeln sich im Flächenbedarf der touristischen Einrichtungen wider und führen zu Landschaftsveränderungen mit beträchtlichen Folgen für Fauna und Flora. Außerdem kann es zur Übernutzung der heimischen Ressourcen (z.B. Wasser), zu Belastungen durch touristische Aktivitäten und zu erhöhter Abwasser- und Abfallentsorgung kommen.

LERNTIPP >> Eine gute Lernhilfe zum Tourismus und seinen Auswirkungen finden Sie im Schulbuch auf Seite 180.

Modelle zur Entwicklung von Räumen durch Tourismus

In der Tourismusforschung wurden mögliche Entwicklungstendenzen in Tourismusdestinationen untersucht und Modelle entwickelt. Sie beziehen sich auf die strukturellen, räumlichen und zeitlichen Veränderungen in Tourismusdestinationen.

Produktlebenszyklus
vgl. S. 54

Ein Modell ist das Modell des Lebenszyklus eines Tourismusstandortes von Richard W. Butler, einem schottischen Tourismusforscher.

> „Die Hauptaussage des Modells [...] ist, dass touristische Regionen Alterungsphasen durchlaufen. [Das Wachstumszyklusmodell von Butler ist in Anlehnung an das Konzept des Pro-

duktlebenszyklus entstanden.] Touristendestinationen und Resorts sind letztlich nichts anderes als „Produkte", die sich im Laufe der Zeit weiter entwickeln und verändern, um den Bedürfnisses des Marktes (Urlauber) zu entsprechen. [...] Trotz massiver gesellschaftlicher Entwicklungen und gravierender Veränderungen im Tourismussektor seit 1980, zum Beispiel durch Billigfluglinien, erhöhten Wohlstand und verminderte Reisebeschränkungen, hat das Modell von Butler auch heute noch Relevanz."

Quelle: Hoffmeister, Guido: Der Destinationslebenszyklus. In: Praxis Geographie extra – Modelle in der Geographie, S. 54

↗ Schulbuch S. 174

MODELL > Lebenszyklus eines Tourismusstandortes nach Richard W. Butler

Zyklische Entwicklung eines Tourismusstandorts:

1. Erkundungsphase: Pioniertouristen (kleine Zahl von Abenteuertouristen, Künstler, Forscher); noch unzureichend entwickelte touristische Infrastruktur
2. Erschließungsphase: steigende Nachfrage nach dem Reiseziel; Ausbau der touristischen Infrastruktur; Tourismusboom beginnt
3. Entwicklungsphase: externe Akteure schalten sich ein; lokale Akteure verlieren an Bedeutung; touristisches Angebot und Tourismuszahlen steigen.
4. Konsolidierungsphase: Touristenzahlen pendeln sich auf einem hohen Niveau ein.
5. Stagnationsphase: kaum noch Zuwachs an Besucherzahlen; ökonomische, ökologische und soziokulturelle Probleme; Tragfähigkeit erreicht bzw. schon überschritten
6. Neuorientierungsphase: sinkende Besucherzahlen, Maßnahmen zum Gegensteuern
7. Erneuerungs- oder Verfallsphase: mehrere Szenarien denkbar; Erneuerung mit wettbewerbsfähigen Angeboten, Aufschwung (Beginn eines neuen Lebenszyklus) oder Verfall durch sinkende Attraktivität

„Das Modell der raum-zeitlichen Entfaltung der Tourismuswirtschaft in Entwicklungsländern wurde von Karl Vorlaufer eingeführt. [...] [Es] wurde [...] an Raumbeispielen aus Ostafrika und Sri Lanka entwickelt. In der älteren Fassung des Modells lassen sich Rückwärtskopplungs-, Polarisations- und Polarisationsumkehreffekte erkennen, [in der neueren Fassung sind es stattdessen] vor allem die Ausstattungsmerkmale der betrachteten Teilräume, die als entwicklungsprägend dargestellt werden.

↗ Schulbuch S. 123 f.

Das Modell beschreibt, wie es über die Entfaltung der Tourismuswirtschaft in einem Entwicklungsland schrittweise zu einem Abbau regionaler Disparitäten und zu einer Mobilisierung bislang ungenutzter Ressourcen kommen kann. [...] Unter Fokussierung auf die für die Tourismuswirtschaft wichtigsten Zulieferindustrien und Dienstleistungen und unter Einbeziehung der mobilen Produktionsfaktoren Arbeit und Kapital wird der Entwicklungsprozess über einen unbestimmten Zeitraum in seinen Auswirkungen für eine funktional dominante Kernregion und eine Peripherieregion mit einem in der Entwicklung begriffenen touristischen Zentrum beleuchtet. Dabei werden die für die Tourismuswirtschaft wichtigsten Zulieferindustrien und Dienstleistungen sowie die mobilen Produktionsfaktoren Arbeit und Kapital berücksichtigt.“

Quelle: Philipp, Anke: Modell zur raum-zeitlichen Entfaltung der Tourismuswirtschaft. In: Praxis Geographie extra – Modelle in der Geographie, S. 58 und 56

📖
↗ Schulbuch S. 177

MODELL > Das Entwicklungsmodell der Tourismuswirtschaft nach Karl Vorlaufer
1. Initialphase: Ausgangspunkt der Entwicklung ist ein Zentrum, das Wachstum konzentriert sich auf das Zentrum.
2. Wachstumsphase: Es kommt zu einer Steigerung der Kapitalzuflüsse in die Peripherie, ausländische Direktinvestitionen; Ausbau der touristischen Infrastruktur, Zulieferungen aus dem Zentrum, Zuwanderung von Arbeitskräften aus dem Zentrum.
3. Konsolidierungsphase: Es werden Impulse für den ländlichen Raum der Peripherie wirksam: Agrarwirtschaft, Industrie, Zulieferungen in das neue Zentrum in der Peripherie, Zu- und Abwanderung von Arbeitskräften, Rückgang der ausländischen Lieferanten für die Tourismuswirtschaft.

Entwicklung peripherer Räume in den Alpen durch den Tourismus

„Bis ins 18. Jahrhundert waren die Alpen ein schwer zugänglicher und deshalb auch weitgehend unbekannter Raum, von dem eine gewisse Faszination, aber vor allem Furcht und Schrecken ausgingen. [...] Aufgrund ihres Reliefs stellten die Berge zugleich ein Verkehrshindernis dar, das man mied bzw. möglichst rasch durchquerte: So wurden in den Postkutschen die Jalousien geschlossen, um den Anblick der Berge nicht ertragen zu müssen. Die unwegsamen, wilden Alpen standen in krassem Gegensatz zum Naturideal der Zeit, das sich in barocken Gartenanlagen mit einem regelmäßigen Wegesystem, geometrischen Beeten und Labyrinthen manifestierte.

↗ Schulbuch
S. 172–175
(Kaunertal)

Ein Wandel dieser Landschaftswahrnehmung setzte erst ein, als die Alpen zum Untersuchungsobjekt umfassend gebildeter Aristokraten und Bürger wurden. [...] Neben die wissenschaftliche Aufklärung trat die künstlerische Verklärung. [...] Dichter und Schriftsteller wie Johann Wolfgang von Goethe, Friedrich Schiller und Lord Byron haben in Reisebeschreibungen und Gedichten zu einer positiven Neubewertung des Gebirges beigetragen. [...]

Neben das aufklärerische Interesse und die idyllische Verklärung trat im 19. Jahrhundert die sportliche Begeisterung des Bergsteigens: In rascher Folge wurden die Gipfel der Alpen bestiegen. [...] Der neu entstehende Alpinismus wurde zunächst vor allem von britischen Aristokraten und Bürgerlichen getragen: Sie gründeten im Jahr 1857 in London mit dem „Alpine Club" den ersten Alpenverein. Nach dem englischen Vorbild entstanden bald auch in den Alpenländern alpinistische Bewegungen, [Alpenvereine] wurden gegründet. Von [ihnen] gingen wesentliche Impulse zur weiteren touristischen Erschließung der Berge aus: Sie gaben wissenschaftliche Publikationen und Karten heraus, erschlossen die Berge durch Anlage und Kennzeichnung von Wanderwegen und organisierten ein Bergführer- und Rettungswesen. Außerdem bauten die Alpenvereine zahlreiche Schutz- und Übernachtungshütten. [...]

In der zweiten Hälfte des 19. Jahrhunderts erhielt der alpine Tourismus einen weiteren Impuls durch neue medizinische Forschungsergebnisse, als Mediziner die Heilwirkung der Höhenluft entdeckten. [...] Mit den Kurorten entstand eine breite touristische Infrastruktur. [...]

Zentrale Voraussetzung für die weitere touristische Erschließung der Alpen waren zum einen der Bau von Eisenbahnen [...], zum anderen die Erschließung von Aussichtspunkten durch Schmalspur-, Zahnrad- und Bergbahnen. [...] Erst im Jahr 1889 wurde der Skilauf in den Alpen eingeführt – aus Norwegen, wo man Ski und Schneeschuh als Fortbewegungsmittel nutzte. [...] Bis in die Zeit nach dem Zweiten Weltkrieg war das Skilaufen eine naturnahe Aktivität, denn es wurden universell einsetzbare Ski benutzt, die vor allem der Fortbewegung im Schnee dienten und generell für alle Arten des Skilaufes verwendbar waren.

Der Erste Weltkrieg, die Grenzänderungen nach dem Zerfall der österreichisch-ungarischen Monarchie und die wirtschaftlichen Probleme der Nachkriegszeit stoppten zunächst die Aufwärtsentwicklung des Tourismus in Österreich. Doch bereits in den 1920er- und 1930er-Jahren entwickelte sich der Tourismus [...] zu einem Massenphänomen, das geprägt wurde durch die Erholung in der Sommerfrische und bescheidene Ansätze eines Wintersporttourismus. Diese Entwicklung ist auf die Teilnahme immer breiterer Schichten der Bevölkerung am Tourismus, aber auch auf die gezielte Erweiterung der touristischen Infrastruktur zurückzuführen. [...]

Nach 1955 bewirkten die zunehmende Motorisierung und der Ausbau der Verkehrsträger das Einsetzen eines massenhaften Sommertourismus. [...] Nach 1965 setzte ein massenhafter Wintertourismus ein, mit dem eine neue Entwicklung begann. [...] Für die Skiläufer stand nicht mehr das Landschaftserlebnis im Mittelpunkt, sondern vor allem die schnelle Erreichbarkeit der Pisten und die infrastrukturelle Ausstattung der Skigebiete sowie die Qualität der Pisten. Die alpine Umwelt wurde zur austauschbaren Kulisse degradiert und technisch durch den Bau von Tausenden von Aufstiegshilfen erschlossen. [...]

Innerhalb dieser Entwicklung hatten viele alpine Tourismusregionen seit den 1980er-Jahren einen Bedeutungsverlust der Sommersaison und Bedeutungsgewinn der Wintersaison zu verzeichnen. [...] Die Ausrichtung des touristischen Angebots auf die Wintergäste hatte vorrangig ökonomische Gründe: Einerseits trug sie zu einer besseren Auslastung der vorhandenen touristischen und sonstigen Infrastruktur bei, andererseits handelt es sich bei den Wintersporturlaubern um ein jüngeres und finanzkräftiges Publikum, das größere Einnahme- und Beschäftigungseffekte in den Orten auslöst."

Quelle: Steinecke, Albrecht: Tourismus, Das Geographische Seminar. Braunschweig 2011, S. 170–175

„Mit dem Wandel von der traditionellen, bäuerlichen Kultur-
landschaft zur „urbanen Erholungslandschaft" inklusive Ausbau
des Tourismussektors (Herbergen, Infrastruktur usw.) gehen eine Vielzahl von **Umweltbelastungen** einher. [In vielen Tälern
der Alpen] kommt es zu einer starken peripheren Zersiedlung
bei gleichzeitiger Verdichtung der Ortskerne. Das traditionell gewachsene Ortsbild wird dadurch stark verändert und überformt.
Eine Folge ist die zunehmende Oberflächenversiegelung. Verstärkt werden diese Tendenzen durch den Bau flächenintensiver
touristischer Anlagen (z.B. Hallenbäder, Golfplätze). Häufig werden die neuen touristischen Freizeitanlagen in ökologisch labile
Höhen- und Hangbereiche gebaut.

Untersuchungen der Verkehrsbelastung im Grödnertal in Südti-
rol zeigten außerdem, dass das erhöhte Verkehrsaufkommen im
Vergleich zum benachbarten Villnößtal zehnmal höher ist. Im
Oberboden des inneren Grödnertals wurden erhöhte Bleiakku-
mulationen festgestellt [...]. Die Tallagen der Urlaubsorte begünstigen zudem eine erhöhte, verkehrsbedingte Schallimmission.
Aufgrund der im Winter häufig vorkommenden Inversions-
wetterlagen kommt es außerdem zu einer starken Luftbelastung.
Die ursprüngliche Erholung der Gäste in den Kurorten ist durch
die steigenden Touristenzahlen gefährdet.

Problematisch ist im Zusammenhang mit den steigenden Touris-
tenzahlen zudem die Entsorgung von Müll und Abwässern. Zur
Erhaltung der Wasserqualität muss daher eine flächendeckende
Klärung der Abwässer durchgeführt werden.

[In vielen Tälern der Alpen] lassen sich die landschaftszerschnei-
denden Auswirkungen der Seilbahnen [...] feststellen. [...] Besonders verheerend sind die Auswirkungen der Liftanlagen-Expan-
sion in den labilen Hochwaldlagen und den sensiblen Standorten
oberhalb der Baumgrenze."
Quelle: Bartels, Ina: St. Ulrich (Italien) – wenn der Tourismus zur Belastung
wird. In Diercke 360° 2/2010, S. 20-21

„Viele Wintersportregionen mit touristischer Monostruktur (Ski-
tourismus) sind besonders sensibel gegenüber Klimaänderun-
gen. Schneesicherheit und damit wirtschaftliche Rentabilität
eines Skigebiets wird über die „Hundert-Tage-Regel" bestimmt:
Eine Schneedecke von ca. 30 cm muss an 100 Tagen zwischen
dem 1. Dezember und 30. April in sieben von zehn Jahren erfüllt sein. In Modellrechnungen wird eine Klimaerwärmung um
1–2 °C zwischen 2030 und 2050 angenommen. Die Höhengrenze

der Schneesicherheit verschiebt sich pro Grad Erwärmung um ca. 150 m, wodurch in Zukunft nur noch Skiorte über 1500 m schneesicher sind. Ski-Tourismusorte in geringeren Höhenlagen benötigen daher mittelfristig Anpassungsstrategien. Neben den höheren Durchschnittstemperaturen ist die Zunahme der Starkregenereignisse in den Alpen eine Folge der Klimaerwärmung. Von 1900 bis 1987 gab es wenige große Naturkatastrophen in den Alpen, seitdem sind Hochwasser, Murengänge, Lawinen und Stürme häufiger aufgetreten. Die Ursachen dafür liegen sowohl bei der Klimaerwärmung als auch in der immer intensiveren agrarischen und touristischen Nutzung der gut erreichbaren Flächen sowie der Zersiedlung und Verinselung von Freiflächen."

Quelle: Schleicher, Yvonne: Die Alpen – was hat sich hinter der beliebten Kulisse entwickelt? In: Praxis Geographie 5/2013, S. 9

VIII.4 Erweitertes Wissen

Die Bedeutung des informellen Sektors

informelle Wirtschaft
vgl. S. 84

*Die **informelle Wirtschaft** ist in den Entwicklungsländern für weite Bevölkerungsschichten überlebenswichtig. Insbesondere der Tourismus bietet viele Möglichkeiten für eine Tätigkeit im informellen Sektor. Für diese Tätigkeiten ist keine spezifische formale Ausbildung nötig. Die Tätigkeiten können sich u.a. auf den Einzelhandel beziehen (Verkauf von Nahrungsmitteln, Kleidung und Souvenirs), das Transportwesen oder den Verleih von Sonnenschirmen, Liegen oder Booten. Mitunter ist der informelle Sektor auch eine Nebenverdienstmöglichkeit für vollberuflich Tätige oder eine Kompensation der saisonalen Arbeitslosigkeit.*

TIS
touristisch informeller Sektor

Der **touristisch informelle Sektor (TIS)** wird von Kleinbetrieben bestimmt, und zwar insbesondere von Einpersonenbetrieben (own account workers).

↗ Schulbuch S. 179

„Da für die Ausübung informeller Tätigkeiten weder eine spezifische formale Ausbildung, noch eine formelle Arbeitserlaubnis benötigt wird, bietet der TIS gesellschaftlichen Gruppen, die am formellen Arbeitsmarkt benachteiligt werden (z.B. Frauen, Menschen mit Behinderung, Flüchtlinge), die Möglichkeit, ihren Lebensunterhalt zu verdienen. [...]

Die Entstehung des TIS in einer touristischen Destination ist mit dem Eintreffen der ersten TouristInnen zu erwarten. Der TIS ist in dieser Initialphase der hauptsächliche Träger des touristischen Angebots. Einige wenige TouristInnen passen sich jedoch an das zu dem Zeitpunkt bestehende touristische Angebot an, indem sie in einfachen Unterkünften wie Bungalows schlafen sowie günstige lokale Restaurants besuchen. Das Preisniveau des touristischen Angebots ist aufgrund des in dieser Zeit vorherrschenden niedrigen Lohnniveaus der örtlichen Bevölkerung niedrig. Einheimische werden für kurze Exkursionen (z.B. Fischer, die im Nebenerwerb ihr Boot für Ausflüge vermieten) bezahlt und einfach erzeugte, traditionelle Produkte als Souvenirs erstanden.

In einer frühen Wachstumsphase, in der die Tourismusankünfte steigen, erhöht sich die Zahl der Beschäftigten und Betriebe sowohl im TIS als auch im **TFS**, wobei der TIS zu Beginn der rasanten Entwicklung mehr Angestellte und Unternehmen vorzuweisen hat. Dennoch ändert sich die Struktur des touristischen Wirtschafts- bzw. Beschäftigungssystems: Haben viele Einheimische in der Initialphase den Tourismus lediglich als Nebenerwerbsquelle genutzt, wird dieser bei weiterem Anstieg der Anzahl der TouristInnen zur wichtigsten Einnahmequelle. Bevölkerungsschichten, die über mehr Kapital, Einfluss oder Bildung verfügen (z.B. Händler, lokale Politiker, Lehrer usw.), investieren in das touristische Wirtschaftssystem und eröffnen beispielsweise kleine Beherbergungsbetriebe. Auch FischerInnen nutzen ihre Boote nun hauptsächlich für Sightseeing-Touren, und die Zahl der SouvenirhändlerInnen nimmt zu. Der Tourismus wird zudem von den nationalen EntscheidungsträgerInnen als Verdienstquelle erkannt, und es wird, beispielsweise durch Straßenbaumaßnahmen, in die Infrastruktur der Destination investiert, oder es werden Anreize für nationale InvestorInnen in Hotelprojekte gesetzt (z.B. Fördergelder, Steuererleichterungen). Mit der guten Entwicklung der Tourismuszahlen und den damit geschaffenen Arbeitsplätzen wird der Tourismusort auch für in- und ausländische Migranten aus wirtschaftsschwachen Regionen attraktiv. Diese finden aufgrund ihrer geringen formalen Bildung oder – im Fall von illegal eingereisten MigrantInnen – fehlenden Visa und Arbeitsbewilligungen jedoch meistens im touristisch formellen Sektor keinen Arbeitsplatz und verdienen ihren Lebensunterhalt in weiterer Folge im TIS. [...]

TFS
touristisch formeller Sektor

145

Das weitere Wachstum der Tourismusdestination [wird] in der späten Wachstumsphase beziehungsweise Konsolidierungsphase dann jedoch vom touristisch formellen Sektor getragen. Dies ist dadurch bedingt, dass das Gebiet aufgrund eines steigenden Aufkommens kaufkräftiger TouristInnen zunehmend für (inter)nationale InvestorInnen interessant wird. Die nun vertretene Gruppe von TouristInnen stellt dem Modell nach höhere Ansprüche in Bezug auf die Qualität der touristischen Produkte, die aufgrund des hohen Kapitaleinsatzes (zum Beispiel hochwertige Restaurants oder Hotels) durch den TIS nicht gänzlich befriedigt werden können. Es entstehen im Zuge der nun massentouristischen Entwicklung transnationale Luxus- und Großhotels, befestigte Straßen oder Einkaufszentren. Der touristisch informelle Sektor wird gleichzeitig durch Maßnahmen wie Lizenzierungen und der strengeren Überprüfung von Gesetzen und daraus resultierenden Strafen eingedämmt. In vielen Destinationen kommt es daher zu einer Abnahme der Anzahl der Beschäftigten und Betriebe im TIS."

Quelle: Gantner, Bianca (2011): Schattenwirtschaft unter Palmen: der touristisch informelle Sektor im Urlaubsparadies Patong, Thailand. ASEAS - Österreichische Zeitschrift für Südostasienwissenschaften, 4(1), 51-80. https://doi.org/10.4232/10.ASEAS-4.1-4

↗ Schulbuch S. 179

MODELL > Das Phasenmodell der Entwicklung des touristisch informellen Sektors (TIS) und des touristisch formellen Sektors (TFS) nach Vorlaufer

1. Initialphase: Investitionen der lokalen Bevölkerung in den Tourismus, Zunahme der informellen Beschäftigung
2. Frühe Wachstumsphase: Größere nationale Investitionen, anfangs überwiegt die informelle Beschäftigung, aber mit der Zeit Zunahme der formellen Beschäftigung
3. Späte Wachstumsphase: Internationale Reisekonzerne „übernehmen" den Tourismussektor, formelle Beschäftigung, Verdrängung des informellen Sektors, wenn eine staatliche Regulierung eintritt, sonst Weiterentwicklung des informellen Sektors
4. Konsolidierungsphase: Sättigung des touristischen Markts, Stagnation der Beschäftigung im formellen Sektor, nur noch leichter Anstieg im informellen Sektor, wenn keine staatliche Regulierung vorliegt
5. Stagnation: Rückgang der formellen Beschäftigung, Stagnation der informellen Beschäftigung
6. Niedergang: Die weitere Entwicklung hängt davon ab, ob neue Entwicklungsimpulse gesetzt werden können.

VIII.5 Übungsmöglichkeiten mit dem Diercke Weltatlas

www.diercke.de

Auch zu diesem Kapitel finden Sie Karten im Diercke Weltatlas, mit denen Sie üben können. Sie finden Zusatzinformationen zu den Karten unter www.diercke.de. Geben Sie den Kartennamen ein und Sie erhalten die Atlaskarte sowie den erläuternden Text. Überprüfen Sie, ob Sie Ihre erworbenen Sach-, Methoden- und Urteilskompetenzen anwenden können. Sie sollten in der Lage sein, die naturräumliche und infrastrukturelle Ausstattung einer Tourismusregion zu erläutern, den Wandel einer Region durch den Tourismus zu erklären, positive und negative Effekte einer touristisch geprägten Raumentwicklung zu erläutern und unterschiedliche Formen des Tourismus in verschiedenen Konzepten in Bezug auf Nachhaltigkeit zu analysieren.

Karte	Atlasseite und Kartennummer
Langeoog (Ostfriesland) – Tourismus an der Küste	63 ②
Spreewald – Tourismus im Biosphärenreservat	63 ③
Werdenfelser Land – Tourismus in den Alpen	63 ③
Balearen – Tourismus	105 ④
Oberpinzgau – Tourismus und Naturschutz	117 ③
St. Ulrich – Tourismus und Umweltbelastung	117 ④
Gizeh – Tourismus und Stadtwachstum	152 ②
Bali – Tourismus	193 ⑤
Hawaii – Vulkaninsel	199 ②
Yosemite – Nationalpark	221 ⑦

IX

Städte als komplexe Siedlungsräume

Zwischen Tradition und Fortschritt

IX.1 Zu erwerbende Kompetenzen

Nach Bearbeitung des Kapitels können Sie ...
... städtische Räume nach genetischen, funktionalen und sozialen Merkmalen gliedern.
... die Genese städtischer Strukturen mit Bezug auf grundlegende Stadtentwicklungsmodelle beschreiben.
... den Einfluss von Suburbanisierungs- und Segregationsprozessen auf gegenwärtige Stadtstrukturen erläutern.
... die Entstehung tertiärwirtschaftlich geprägter städtischer Teilräume erklären.
... Stadtumbaumaßnahmen als notwendige Anpassung auf sich verändernde soziale, ökonomische und ökologische Rahmenbedingungen darstellen.
... anhand von städtebaulichen Merkmalen Städte und Stadtteile historischen und aktuellen Leitbildern der Stadtentwicklung zuordnen.
... die Folgen von Suburbanisierungs- und Segregationsprozessen beschreiben und bewerten.
... Chancen und Risiken konkreter Maßnahmen zur Entwicklung städtischer Räume erörtern.
... das Entstehungs- und Gliederungsmodell der deutschen Stadt erläutern.
... das Ringmodell, das Sektorenmodell und das Mehrkernmodell erläutern.
... das Modell der Gentrifizierung erläutern.
... das Modell der US-amerikanischen Stadt erläutern.
... Darstellungs- und Arbeitsmittel in Materialzusammenstellungen fragebezogen auswerten.

IX.2 Übersicht über die Themen des Kapitels

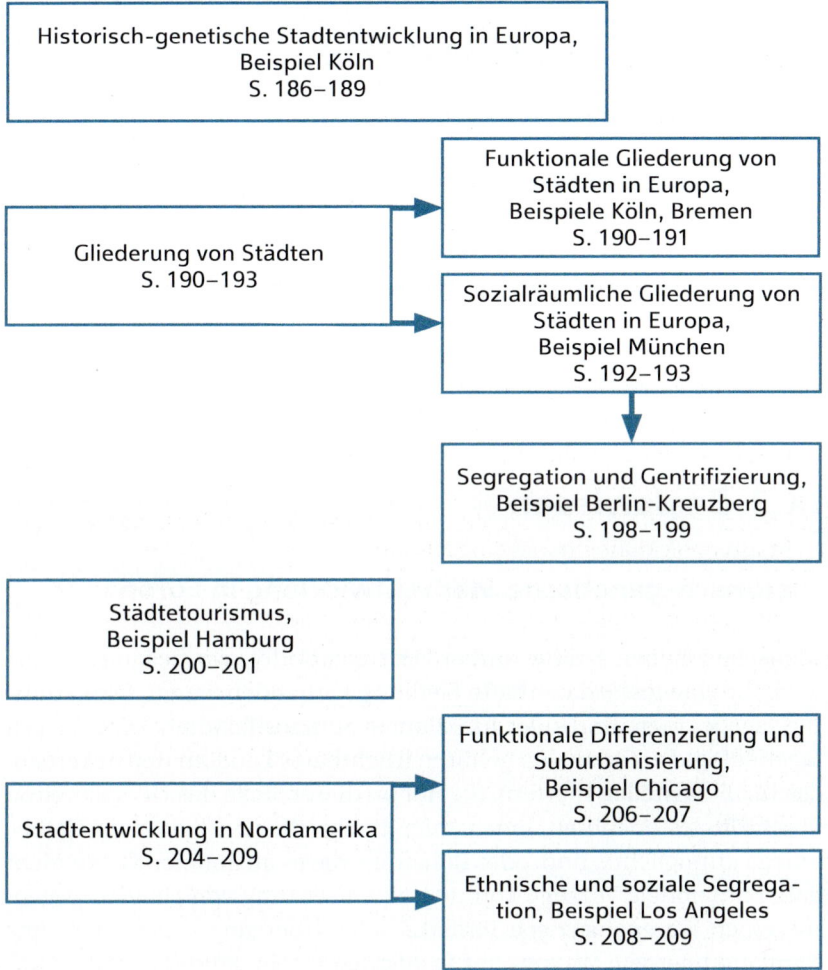

Die folgenden vier Kapitel beschäftigen sich mit stadtgeographischen Themenschwerpunkten. Dabei geht es um Stadtentwicklung in unterschiedlichen Räumen, Kennzeichen unterschiedlicher Stadtstrukturen, Veränderungen im städtischen Raum, Leitlinien der Stadtplanung und Städte der Zukunft. Am Ende des Kapitels im Schulbuch finden Sie eine Probeklausur zum Raumbeispiel Regensburg. Hier können Sie Ihre erworbenen Kompetenzen anwenden. Das Raumbeispiel ist austauschbar, die Fragestellung könnte auch bei anderen Raumbeispielen gestellt werden.

<< LERNTIPP

Folgende Themenformulierungen stammen aus den Abituraufgaben der letzten Jahre:
- Aktuelle Stadtentwicklung in Deutschland
- Aktuelle Stadtentwicklungsprozesse in Deutschland
- Jüngere Entwicklungstendenzen in deutschen Großstädten
- Entwicklung nordamerikanischer Städte seit Beginn des 20. Jahrhunderts
- Sozialräumliche Entwicklungsprozesse in europäischen Metropolen
- Sozialräumliche Strukturen und Prozesse in nordamerikanischen Städten

Zu diesen Themen wurden entsprechende Raumbeispiele vorgegeben.

↗ Abi-Tipp
S. 233–236

Bei der Bearbeitung dieses Kapitels können Sie besonders gut die Auswertung von Karten und Modellen üben.

IX.3 Basiswissen

Historisch-genetische Stadtentwicklung in Europa

📖
↗ Schulbuch
S. 186–189 (Köln)

Menschen haben Städte immer dort gegründet, wo besondere Vorzüge für eine feste, dauerhafte Siedlung vorhanden waren. Dies konnten lagebedingte und/oder funktionale Standortfaktoren sein. Zu den lagebedingten Merkmalen gehören fruchtbares Land für den Ackerbau, seichte Flussstellen (Furten), die nur an dieser Stelle das Überschreiten eines Flusses erlaubten, eine ruhige Bucht, die den Bau einer Hafenanlage ermöglichte, und/oder Rohstoffe, die es an anderen Orten nicht gab. Funktionale Vorzüge konnten eine Kreuzung von Handelswegen, die einen Warenaustausch förderte, oder Übergänge vom Flach- ins Bergland oder von Wasser- auf Landstraßen sein, an denen Waren auf andere Transportmittel umgeladen werden mussten. Andere Städte bildeten sich nach Tagesetappen an einer Fernhandelsstraße, wo an einem Etappenpunkt Händler und Lasttiere versorgt werden konnten, oder an Aussichtspunkten zur Überwachung und Sicherung von Handelsstraßen und/oder an Feudalherrensitzen (Burgen, Klöster).

Die ersten Städte entstanden im Vorderasien vor circa 10 000 Jahren, in China (Luoyang) im 11. Jahrhundert v. Chr., in Südamerika etwa 2600 v. Chr., in Südeuropa (Mittelmeerraum) circa 1500 v. Chr. und in Nordamerika (spanische Gründung San Augustin, heute St. Augustine, Florida) vor 500 Jahren. Sydney als erste Stadt Australiens wurde erst 1788 durch die Engländer gegründet. Stadtgründungen in Mitteleuropa erfolgten – verglichen mit anderen Regionen der Erde – erst spät, etwa vor 2000 Jahren. Außer den griechischen und römischen Städten des Mittelmeerraumes gab es zunächst nördlich der Alpen und der Loire keine Städte. Die ältesten Städte Mitteleuropas wurden im Zuge der Ausdehnung des Römischen Reiches nach Norden und Nordwesten gegründet, zum Beispiel Regensburg, Trier und Köln, wobei der Limes hier die Grenzlinie darstellte. Der größte Teil der mitteleuropäischen Städte entstand jedoch während des Mittelalters, meist als Neugründung an besonderen Standorten. Die **Industrialisierung** war der Zeitraum der **Verstädterung**, in dem die großen Industriestädte oder Stadterweiterungen bestehender Städte entstanden (Mietskasernen in Berlin), um die durch Landflucht in die Stadt strömende Bevölkerung als Fabrikarbeiter mit Wohnraum zu versorgen. Nach dem Zweiten Weltkrieg gab es in Deutschland nur noch wenige Stadtgründungen, und im Zuge der Wiederaufbauphase begannen der Neubau und die Umgestaltung von Gebäuden und ganzen Stadtteilen. Die Städte wuchsen seit dieser Zeit durch Einzelhausbebauung und Großwohnanlagen flächenhaft ins Umland (**Suburbanisierung**). Dabei überformten sie ländliche Siedlungen beziehungsweise sogen sie in ihren Stadtkörper auf.

Die Bewältigung der wachsenden Entfernungen zwischen Zentrum beziehungsweise Kernstadt und Umland wäre ohne die neu entwickelten Transportmittel (Eisenbahn, Pkw, Straßen- und S-Bahn) und dem Ausbau der dazugehörigen Verkehrsinfrastruktur gar nicht möglich gewesen. Die zunehmenden Distanzen schrumpften also zeitlich durch die schnelleren Transportmittel.

Die Verstädterung ist global noch nicht abgeschlossen. Während in den Industrienationen dieser Prozess weitgehend beendet ist, läuft er in Südamerika, Afrika, Asien (und Ozeanien) immer noch mit unterschiedlicher Intensität.

Verstädterung
Vermehrung und/ oder Vergrößerung der Städte eines Raums nach Zahl, Fläche und Einwohnern

Suburbanisierung
Dekonzentrationsprozess von Stadtregionen, verursacht die Wanderung von Bevölkerung und Wirtschaftsbetrieben an den Stadtrand oder in Vororte

Funktionale Gliederung von Städten

Wenn Sie in einer Klausur die funktionale Gliederung einer Stadt beschreiben sollen, geht es darum, die unterschiedliche Nutzung von städtischen Teilräumen zu identifizieren: City, Wohngebiete, Industriegebiete, Gewerbegebiete, Erholungsgebiete.

Die **City** ist das Hauptgeschäftszentrum einer Stadt. Es ist der zentralste Ort einer Stadt und in der Regel über den öffentlichen Nahverkehr gut erreichbar. Mit seinen Waren und Dienstleistungen bedient er die städtische Bevölkerung, die des **suburbanen Raumes** und die der angrenzenden ländlichen Gebiete. Wie weit dieses Versorgungsangebot in Anspruch genommen wird, hängt von der Angebotsbreite und -tiefe der

<< LERNTIPP

📖
↗ Schulbuch
S. 190 f. (Köln)
S. 196 f. (Bremen)

suburbaner Raum
Gebiet der Stadtrandgemeinden

Waren und Dienstleistungen ab. So werden hier in der Regel Waren des langfristigen Bedarfs und spezielle Dienstleistungen abgedeckt, da sie in den Wohnquartieren aufgrund der zu geringen Nachfrage (Kosten-Nutzen-Relation) nicht angeboten werden. Die City hat mit ihrem Bedeutungsüberschuss eine überörtliche Versorgungsfunktion durch Kaufhäuser, hochspezialisierte Einzelhandels- und Dienstleistungsbetriebe, Banken, Versicherungen, Fachärzte, Anwälte, öffentliche und private Verwaltung und beherbergt außerdem kulturelle Einrichtungen wie zum Beispiel Museen oder Theater. Einige Dienstleistungen wie Verwaltungsfunktionen von Konzernen oder auch kulturelle Angebote von Theater und Oper werden in Großstädten sogar von der nationalen Bevölkerung oder von internationalen Besuchern in Anspruch genommen, wodurch ihre Ausstrahlungskraft weit über den regionalen Einzugsbereich hinausgeht. Ein Indiz für die Attraktivität ist die Passantenfrequenz der Einkaufsstraßen.

Die Wohnbevölkerung ist hingegen aufgrund eines Verdrängungsprozesses durch die erzielbaren Spitzenmieten abnehmend, denn das geringe Flächenangebot der City bewirkt hohe Boden- und Mietpreise, die sich die Durchschnittsbevölkerung nicht leisten kann (**Funktionsentmischung**). Hohe Bebauungsdichten und große Bebauungshöhen sind die Folge. In der City großer Städte haben sich bestimmte Standort- und Funktionsgemeinschaften herausgebildet:

- Hauptgeschäftsbereich mit hoher Passantendichte: Konzentration von Einzelhandel, Gastronomie, Ärzten,
- Bankenviertel: Konzentration der Verwaltung von Banken und Versicherungen, Börse,
- Hotels, Gaststätten, Vergnügungen in Bahnhofsnähe. Die räumliche Lage der Standortgemeinschaften hängt meistens von den Absatzbedingungen, von Konkurrenznähe zu anderen Anbietern und von Repräsentationszwecken ab.

Die City weist durch ihre Versorgungsfunktionen und ihre hohe Arbeitsplatzdichte die größten Pendlerströme (Einkaufs-, Berufs-, Bildungspendler) auf. Das hängt auch von ihrer guten Erreichbarkeit ab und führt zu einer extremen Verkehrs- und Umweltbelastung zu Spitzenzeiten durch den motorisierten Individualverkehr. Zunehmend werden cityintegrierte Shopping Malls, meistens als Einkaufspassagen, in der Innenstadt gebaut. In ihnen sowie in den Fußgängerzonen bestimmen die Filialen von Handelsketten das Gesicht der Einkaufsmeilen (**Filialisierung**). Sie verdrängen die inhabergeführten Betriebe, wodurch die Individualität von Innenstädten verloren geht. Innenstädte werden dadurch quasi austauschbar, wenn sie nicht besondere historisch attraktive Gebäude aufweisen.

Mit Beginn des industriellen Zeitalters, in der **Gründerzeit**, setzte eine bis dato noch nicht da gewesene Expansion städtischer Siedlungen in Europa ein. Das Aufblühen bestimmter Industriezweige erforderte ein großes Arbeitskräftepotenzial, das aus dem städtischen Raum nicht gedeckt werden konnte. Auf den Ansturm waren die Städte nicht vorbereitet, was zunächst zu einer starken Überbauung der noch vorhandenen Freiflächen führte. Danach expandierten die Städte jenseits der mittelalterlichen Begrenzung. Es entstanden **Vorstädte** mit fünf- bis sechsgeschossigen Mietskasernen (gründerzeitliche Wohnbebauung). Um auf den einzelnen Grundstücken möglichst viele Bewohner unterzubringen, wurden sie mit Seitenflügeln und mehrfachen Hinterhäusern bebaut und im Extremfall mit Kleinstwohnungen von eineinhalb Zimmern versehen. In den Blockinnenflächen siedelten sich Handwerk und Kleinindustrie an. Die Funktionen Wohnen (Vorderhaus) und Arbeiten (Hinterhöfe) waren somit aufs Engste miteinander verbunden. Viele der zu dieser Zeit entstandenen Wohnungen entsprechen nicht mehr den heutigen Wohnvorstellungen und Wohnraumansprüchen: zu klein, keine zeitgemäße sanitäre Ausstattung, veraltete Heizungen und Ver- und Entsorgungsleitungen, Einfachverglasung und renovierungsbedürftige Treppenhäuser. Die Innenhöfe sind aufgrund der starken Überbauung verschattet und wenig belüftet, stark versiegelt und weisen durch das ehemalige Gewerbe auch Altlasten auf. Diese Wohnungs- und Wohnumfeldsituation führte zur Abwanderung sozial besser gestellter Bevölkerung und zum Nachrücken von Bevölkerungsgruppen wie Studenten, Rentnern und Migranten, leitete aber auch im Falle von Sanierungsmaßnahmen wie zum Beispiel Entkernung und Gentrifizierung (s.u.) teilweise eine Verdrängung der nun ansässigen Bevölkerung ein.

Das Wirtschaftswunder der 1950er- und 1960er-Jahre erhöhte den Lebensstandard der Bevölkerung und damit die Nachfrage nach besserer Wohnraumausstattung und ansprechenderer Wohnumfeldgestaltung als in den wiederaufgebauten Wohnquartieren. Zusätzlich ließ die hohe Wohnungsnachfrage in der Nachkriegszeit einen Bauboom entstehen, der durch den Massenwohnungsbau befriedigt werden konnte. Die Industrialisierung im Bauwesen (Hochhausbau mit vorgefertigten Betonteilen) ließ in den 1960er- und 1970er-Jahren kostengünstig neue Siedlungen entstehen. Während dieser Zeit wurden zwei unterschiedliche Wohnformen erstellt: Eigenheime (Einzel-, Doppel-, Reihenhäuser) und **Großwohnsiedlungen**. Der Wunsch nach Wohnen im Grünen liegt beiden Siedlungsformen zugrunde. Ihre neuen Standorte am Stadtrand und im suburbanen Raum wurden erst durch die fortschreitende Motorisierung (Individualverkehr) und den Ausbau des öffentlichen Nahverkehrs möglich. Diese Bevölkerungssuburbanisierung führte zu einer Be-

Gründerzeit
Phase im späten 19. Jh., die mit der Industrialisierung einsetzte und mit dem Börsenkrach 1873 endete

Großwohnsiedlung
nach einheitlichem Plan errichtete, relativ große Wohnsiedlung im Randbereich von Städten, meistens überwiegend Mehrfamilien- und Hochhausbebauung

völkerungsabnahme in der Kernstadt. Zeitlich versetzt trat aber auch ein Dekonzentrationsprozess von Industrie, Handel und Dienstleistungen ein, da in der Kernstadt ausreichende Flächen zur Erweiterung fehlten beziehungsweise Grundstücks- oder Mietkosten zu hoch wurden.

Viele Großwohnsiedlungen erreichten durch ihre Bevölkerungszahl die Größe eigenständiger Städte. Sie wurden als städtebauliche Großformen geplant, haben kurze Wege zu Gemeinschaftseinrichtungen, beherbergen oft große Infrastruktureinrichtungen und werden von dem Verkehrssystem „Straße" dominiert. Nachteilig wirkt sich die monotone Bauweise und das Fehlen einer gestalterischen Einbindung in die Landschaft aus. Die Wohnfunktion stand bei der Planung im Vordergrund, sodass in den Anfangsjahren funktionale Mängel bei der infrastrukturellen Versorgung (Bildungseinrichtungen, medizinische Versorgung, Einkaufs- und Freizeitmöglichkeiten) und bei der Arbeitsplatzversorgung auftraten. Viele Großwohnsiedlungen wurden so zu reinen **Schlafstädten**.

Sozialräumliche Gliederung von Städten und Segregationsprozesse

LERNTIPP >>

Besteht der Arbeitsauftrag in einer Klausur darin, die sozialräumliche Gliederung einer Stadt zu beschreiben, dann geht es darum, städtische Teilräume im Hinblick auf die soziale Situation der jeweiligen Bewohner zu unterscheiden. Mietpreise, Anteil der Arbeitslosen, Bildungsniveau, berufliche Stellung etc. sind in diesem Fall zu untersuchende Merkmale.

↗ Schulbuch
S. 192 f. (München)

Die Abwanderung der einkommensstärkeren Bevölkerung in neue Wohngebiete am Stadtrand oder im Umland (**Suburbanisierung**) führte zu einer sozialen Umstrukturierung der Bevölkerung in den innenstadtnahen Wohnquartieren. Da durch mangelnde finanzielle Mittel der Mieter oder durch fehlendes Interesse der Vermieter kaum Renovierungsarbeiten durchgeführt wurden, setzte oft ein Abwertungsprozess ein, der sich auf ganze Wohnviertel übertrug. Hierdurch wurden diese Quartiere bezüglich der Wohnsituation nur noch interessant für bestimmte Bevölkerungsgruppen. Es trat eine Absonderung und Entmischung der Wohnbevölkerung ein (**Segregation**). Dieser Segregationsprozess führte zur Entstehung weitgehend sozialstruktureller, demographischer und ethnisch homogener Stadtteile, wodurch sich eine ungleiche Verteilung einzelner Bevölkerungsgruppen im städtischen Raum ergab. Die Segregation nach dem Familieneinkommen, **soziale Segregation**, wird auch als **Armutssegregation** bezeichnet. Von ihr sind überwiegend einkommensschwache Bevölkerungs-

Segregation
Prozess der räumlichen Trennung und Abgrenzung von sozialen Gruppen

schichten, Sozialhilfeempfänger und Arbeitslose betroffen. Ihr hoher Anteil kommt vorwiegend in älteren Arbeitervierteln und in Wohngebieten mit hohem Sozialwohnungs- und Ausländeranteil vor.

Die soziale Segregation ergibt sich oft aus einer Verbindung von **demographischer** und **ethnischer Segregation**. Da sich im Laufe der unterschiedlichen Lebenszyklen der Menschen die Wohnraumansprüche ändern, hat sich auch eine Entmischung nach Altersklassen und Haushaltstypen eingestellt. So ist zum Beispiel die Altersgruppe der jungen Familien mit Kindern in der Regel in Innenstadtvierteln nur wenig vertreten. Sie nimmt zum Stadtrand und im suburbanen Raum zu. Dieser Prozess wird als demographische Segregation bezeichnet. Durch die Zuwanderung ausländischer Arbeitsmigranten und die Aufnahme von Flüchtlingen haben sich in Städten Viertel nach Nationalitäten und ethnischer Zugehörigkeit gebildet. Es sind meistens niedrigpreisige Stadtviertel (ältere Viertel in Innenstadtnähe, Viertel in der Nähe zu Industrieanlagen, Viertel mit sozialem Wohnungsbau), in denen die Migranten sich in räumlicher Nähe zu ihren Landsleuten niederlassen. Auf diese Weise entstehen ethnische Communities. Der Prozess wird als ethnische Segregation bezeichnet.

Die ethnische Segregation hat für Zuwanderer beziehungsweise Neuankömmlinge nicht nur Nachteile. Einwandererquartiere sind Brückenköpfe zwischen alter und neuer Heimat (gleiche Sprache, gleiche Religion). In ihnen können die Migranten auf praktische Hilfe sowie soziale und psychologische Unterstützung ihrer Landsleute hoffen und es findet ein Informationsaustausch zu allen Lebensfragen im Einwanderungsland statt. Die Nähe zu Menschen gleicher Lebenssituation und gleicher Interessenslage fördert das Verständnis der Gruppe untereinander. Die räumliche Konzentration von Zuwanderern erleichtert auch den Aufbau einer auf ihre Bedürfnisse ausgerichteten Infrastruktur (Waren, Dienstleistungen). Nicht selten ist sogar die Möglichkeit der wirtschaftlichen Selbstständigkeit durch die Eröffnung eines Familienbetriebes gegeben (z.B. Gemüseverkauf, Bäckerei, Imbiss, Restaurant, Schneiderei). Es besteht aber immer die Gefahr der Abkapselung ethnischer Gruppen. Da sich ethnische Communities nur selten aus sich heraus verändern, ist der Kontakt zu anderen Milieus zwingend notwendig, damit keine **Parallelgesellschaften** entstehen.

Strukturveränderungen durch Gentrifizierung

Parallel zu den alten fortbestehenden Segregationsprozessen finden in europäischen Großstädten, oft im gleichen Viertel, Aufwertungsprozesse bestimmter Straßenzüge statt (**Gentrifizierung**). Zunächst sind

Gentrifizierung
Aufwertungsprozess in Vierteln und Straßenzügen einer Stadt

📖 ↗ Schulbuch
S. 198 f. (Berlin)

architektonisch ansprechende, aber heruntergekommene Altbauten in innerstädtischen Teilräumen mit entsprechend niedrigen Mieten für Studenten, Alternative und Künstler (Pioniere) attraktiv. Entwickelt sich ein „Kiez" zum Szeneviertel, beginnt ein umgekehrter Segregationsprozess. Diese Pioniere beginnen, Gebäude mit einfachsten Mitteln zu renovieren, verändern die vorhandene Infrastruktur durch neue (alternative) Geschäfte, Dienstleistungseinrichtungen, gastronomische und kulturelle Betriebe. Einkommensstärkere Gruppen (Gentrifier, englisch: vornehme Bürger) besuchen häufig diese Viertel, finden sie „chic", interessieren sich für die Szene und die Gebäude beziehungsweise ziehen hier ebenfalls hin. Andererseits etablieren sich Pioniere aber auch mit ihrem Eintritt ins Berufsleben.

Erhöht sich die Anziehungskraft dieser Viertel weiter, werden Immobilienmakler und Spekulanten auf diese städtischen Teilräume aufmerksam und kümmern sich durch intensive, aufwendige Sanierungsarbeiten um die Gebäude. Die Mieten steigen. Die einkommensschwächeren Bewohner sowie die ehemaligen Pioniere sind gezwungen wegzuziehen beziehungsweise werden von den neuen Gebäudeinhabern „entmietet", indem an ihren Wohnungen oder im gesamten Gebäude überhaupt nichts mehr renoviert und instandgehalten wird. Dieser Gentrifizierungsprozess (engl. Gentrification) hat die Aufwertung von Wohnquartieren durch Modernisierung als Ziel. Gleichzeitig wird aber die soziale Zusammensetzung der Bewohnerschaft verändert (höheres Einkommen, höhere Bildung).

📖 ↗ Schulbuch S. 198

> **MODELL > Modell der Gentrifizierung**
> Phase 1: Invasionsphase I der Pioniere
> Phase 2: Invasionsphase II der Pioniere
> Phase 3: Invasionsphase III der Pioniere/Invasionsphase I der Gentrifier
> Phase 4: Invasionsphase II der Gentrifier
> Phase 5: Invasionsphase III der Gentrifier

Städtebauliche Leitbilder

Die Stadtplanung greift lenkend in die Stadtentwicklung ein, um unkontrolliertes Wachstum zu verhindern. Die Ziele bei der Gestaltung von Städten haben sich jedoch im Laufe der Zeit verändert. Während der Zeit der Motorisierung zum Beispiel war es die autogerechte Stadt, die als Leitbild die Stadtplanung beeinflusste. Heute bestimmt das Leitbild der nachhaltigen Stadt die Planung. Im Folgenden wird eine kurze Zusammenfassung der Entwicklung der Leitbilder gegeben.

Als Reaktion auf das mit der Industrialisierung in Großbritannien unkontrollierte Städtewachstum, die schlechten sozialen und hygienischen Lebensbedingungen und die steigenden Bodenpreise entwickelte Ebenezer Howard Ende des 19. Jahrhunderts das **städtebauliche Leitbild der Gartenstadt**. Es war das erste Planungsmodell, das die städtischen Lebensbedingungen verbessern wollte, und setzte weltweit Reformimpulse in der Stadt- und Raumplanung. Howards Idee sah vor, im Abstand von circa 6,5 Kilometern um eine Großstadt (Zentralstadt) kleinere, weitgehend autarke Städte mit einer begrenzten Einwohnerzahl zu errichten. Diese Gartenstädte sollten durch einen land- und forstwirtschaftlichen Gürtel von der Zentralstadt getrennt sein. Als Verbindung war ein Verkehrsnetz aus Straßen, Kanälen und Eisenbahnlinien vorgesehen. Jede Gartenstadt sollte über die für die Bevölkerung erforderlichen Arbeitsplätze und über zentrale Versorgungseinrichtungen verfügen, sodass keine großen Pendlerwege entständen. Radialstraßen würden die Stadt in Segmente gliedern, in denen zweistöckige Doppelhäuser als vorherrschende Wohnform erbaut werden sollten, umgeben von Garten- und Ackerland zur Selbstversorgung. So sollte eine grüne, aufgelockerte Stadt entstehen mit dem Ziel, den Zuzug in die großen Städte zu bremsen. Es wurden letztlich nur wenige Gartenstädte gebaut. Von der eigentlichen Konzeption blieb oft nur eine aufgelockerte Bebauung mit Grünflächen übrig. Die Idee der Dezentralisierung schlug sich im Bau von Satellitenstädten nieder, wobei entgegen der Gartenstadtidee immer noch eine klare Trennung von Stadt und Landschaft aufrechterhalten blieb.

Wenige Jahrzehnte nach der Gartenstadtidee wurden auf dem Städtebaukongress in Athen (1933) Leitsätze zur modernen Großstadtplanung entwickelt (**Charta von Athen**) und von Le Corbusier 1941 veröffentlicht. Das neue Leitbild der Stadtplanung wurde die systematische Aufgliederung der Großstadt in einzelne Funktionszonen (**Funktionstrennung**) und damit die räumliche Trennung der Hauptfunktionen (**Daseinsgrundfunktionen**) Wohnen, Arbeiten, Freizeit und Verkehr (funktionale Gliederung). Das Ergebnis sollte die **funktionelle Stadt** sein. In den klar strukturierten Städten sollte das Zentrum dem öffentlichen Leben mit Handel, Verwaltung und Kultur vorbehalten sein. Um die Innenstadt sollte sich dann ein breiter Ring von räumlich strikt voneinander getrennten Bereichen für Wohnen, Industrie und Gewerbe anschließen. Die am Stadtrand geplanten Satellitenstädte dienten allein der Funktion des Wohnens. Der Hochhausbau und die damit verbundene Konzentration von Einwohnern und Arbeitsplätzen auf engem Raum sollten die Ausdehnung der Städte einschränken und mehr Platz für Grünflächen schaffen.

↗ Schulbuch S. 187

Charta von Athen
Leitsätze zur modernen Großstadtplanung, entwickelt auf dem Städtebaukongress in Athen

Le Corbusiers Konzept der strikten Funktionstrennung gab den Anstoß für das **Leitbild der gegliederten und aufgelockerten Stadt**. Es setzte sich in Deutschland in den Nachkriegsjahren des Zweiten Weltkrieges durch. Preiswerte Sozialwohnungen in mehrstöckigen Mietshäusern in Zeilenbauweise entstanden. Später kam der Eigenheimbau und damit die Expansion der Städte in die Fläche hinzu (Suburbanisierung). Das bauliche Hauptelement war hier das freistehende Einfamilienhaus beziehungsweise das Reihenhaus. Das Auto und damit der Individualverkehr wurde das verbindende Transportmittel in der gegliederten Stadt. Somit wurde die Stadtplanung ab den 1960er-Jahren in erster Linie zur Verkehrsplanung. In der **autogerechten Stadt** sollten sich alle Planungsmaßnahmen dem ungehinderten Verkehrsfluss des Autos unterordnen. Mehrspurige Hauptverkehrsachsen, Unterführungen für Fuß- und Radverkehr, Tunnelanlagen für den Auto- und den öffentlichen Nahverkehr sowie Parkhäuser in den Innenstädten bestimmen dadurch das Stadtbild. Der zunehmende motorisierte Individualverkehr brachte jedoch eine Menge ökologischer Probleme mit sich, förderte die Erdölabhängigkeit, brachte lange Verkehrsstauzeiten und damit volkswirtschaftliche Schäden mit sich und verursacht hohe Instandhaltungskosten für die Verkehrsinfrastruktur.

Seit der UN-Konferenz für Umwelt und Entwicklung in Rio de Janeiro (1992) und den dadurch eingeleiteten lokalen Handlungsprogrammen (**Lokale Agenda 21**) steht das **Leitbild der nachhaltigen Stadtentwicklung** im Fokus der Stadtplanung, bei der unterschiedliche Akteure beteiligt sind. Im Gegensatz zur Charta von Athen erscheint dieses Leitbild fast wie eine Rolle rückwärts. Es soll eine funktionale Mischung von Wohnen, Arbeiten, sich Bilden, Einkaufen und Erholen herbeiführen, sodass eine **Stadt der kurzen Wege** entsteht. Hierdurch wird der motorisierte Individualverkehr verringert und ein Teil der Umweltbelastung verhindert. Die angestrebte Mischungsdichte der Daseinsgrundfunktionen und die Nachverdichtung freier Grundstücke mit Gebäuden sowie die Konversion von nicht mehr genutzten Flächen soll der Suburbanisierung Einhalt gebieten und zu einer **kompakten Stadt** führen. Den immer noch anhaltenden Siedlungsdruck auf das Umland sollen ausgewählte Siedlungsschwerpunkte entschärfen, die infrastrukturell besonders gut ausgebaut und an den ÖPNV angeschlossen werden. Hierdurch würde die Flächenentwicklung durch dezentrale Konzentration (räumliche Anordnung der Gartenstädte) auf wenige Punkte beschränkt, was auch zu einer größeren Tragfähigkeit des öffentlichen Nahverkehrs führen würde. Außerdem sollen auch soziale Aspekte umgesetzt werden, wie zum Beispiel die soziale Mischung der Bevölkerung nach Einkommens- und Altersklassen, Haushaltstypen und Lebensstilen oder die Versorgung mit erschwinglichem Wohnraum.

nachhaltige Stadtentwicklung
Leitbild im Rahmen der Lokalen Agenda 21

Auch die Vision „**Paris 2050**" des Architekten Callebaut stellt die Nachhaltigkeit in den Mittelpunkt. Parkanlagen und Gemüsegärten auf Dächern, Wohntürme mit Fotovoltaikanlagen und Algenbioreaktoren für erneuerbare Energie sollen die städtische Lebensqualität erhöhen.

Eine gute Lernhilfe zu den Leitbildern der Stadtentwicklung finden Sie im Schulbuch auf Seite 210.

<< **LERNTIPP**

Modelle zur Stadtentwicklung in Deutschland und Europa

Städte in Deutschland haben durch ihre lagebedingten und funktionalen Standortfaktoren einen (Ursprungs-)Kern. Von ihm aus wuchsen sie in der Regel modellhaft meistens wie ein Baumstamm in einzelnen Ringen flächenhaft nach außen, manchmal auch entlang der Verkehrsadern. Dieses Wachstum geschah in Europa nicht kontinuierlich. Es war an einzelne Stadtentwicklungsphasen gekoppelt, die aus militärischen, ökonomischen, demographischen Gründen und/oder städtebaulichen Idealvorstellungen bestimmte charakteristische Merkmale aufwiesen. So kann man heute Städte, falls sie im Zweiten Weltkrieg nicht total zerstört und in der Wiederaufbauphase umgestaltet wurden, am Verlauf der Verkehrsachsen und an ihrer baulichen Struktur in einzelne historische Teilbereiche gliedern und diese Stadtteile auch bestimmten Daseinsgrundfunktionen zuordnen.

↗ Schulbuch S. 194 f.

MODELL > Das Strukturmodell der europäischen Stadt
• Wachstum vom Zentrum zur Peripherie
• ringförmiges Wachstum
• Altstadt mit historischem Stadtkern
• Stadterweiterung im Mittelalter
• Stadterweiterung während der Industrialisierung: gründerzeitliche Wohngebiete, Industriegebiete, Villenviertel
• Suburbanisierung
• Großwohnsiedlungen und stadtrandliche Einfamilienhaussiedlungen
• axiales Wachstum entlang von Nahverkehrslinien
• Gentrifizierung und **Revitalisierung**

↗ Schulbuch S. 195

Revitalisierung städtebauliche Sanierungsmaßnahme, bei der historische Bausubstanz so umgestaltet wird, dass eine zeitgemäße Nutzung erfolgen kann

159

Modelle der Chicagoer Schule

↗ Schulbuch S. 194

„Die Analyse sozioökonomischer Raumstrukturen, wie sie von den Wissenschaftlern der sogenannten Chicagoer Schule betrieben wurde, führt zu Grundrissstrukturen unterschiedlichen Zuschnitts und ist zugleich auch eine Darstellung des Ausmaßes sozialer und gesellschaftlicher Ungleichheit in einer Stadt. [...] Die **Stadtstrukturmodelle der Chicagoer Schule** sind nur in Ländern mit freier Marktwirtschaft und freier Bodenverfügbarkeit anwendbar. Eine vertikale Dimension wird in den Stadtstrukturmodellen nicht berücksichtigt.

Das 1925 erstmals von dem kanadischen Soziologen Ernest Burgess publizierte **Ringmodell** ist aufgrund von empirischen Untersuchungen in Chicago entwickelt worden und bildet die Verhältnisse der US-amerikanischen Städte der Zwischenkriegszeit idealtypisch ab. Als Annahmen gelten, dass sich Städte unter dem Einfluss der Konkurrenz um Standortvorteile ständig verändern. Die Stadt dehnt sich in konzentrischen Kreisen aus, bleibt aber strukturell gleich. Ausgangspunkt für die Wachstums- und Verdrängungsprozesse ist der **Central Business District (CBD)**, verbunden mit einem tendenziell vom Zentrum zur Peripherie ansteigenden Sozialgradienten. In Chicago ergab sich eine einfache Abgrenzung des Kerns durch die Ringbahn, auch Loop genannt. Als Regelhaftigkeit beschreibt das Modell eine Gliederung der Stadt in homogene Ringe um den CBD und unterscheidet vier markante städtische Teilgebiete: CBD, Überganszone, Arbeiterwohnviertel, Wohnviertel der gehobenen sozialen Schichten.

Central Business District (CBD) angloamerikanische Bezeichnung für das innerstädtische Einzelhandelszentrum einer Großstadt

Der CBD vergrößert sich aufgrund des wirtschaftlichen Wachstums nach außen und beansprucht mehr und mehr Fläche für Geschäfte und Büros. In unmittelbar angrenzenden Gebieten setzt daraufhin ein Strukturwandel ein. Die Wohnfunktion wird verdrängt. In der Übergangszone hingegen verfällt die Bausubstanz; die nicht modernisierten Gebäude werden den jeweils aktuellen Ansprüchen nicht gerecht (z.B. Mietshäuser ohne Aufzug). Infolgedessen sinken die Mietpreise und die Übergangszone wird zum Zuzugsgebiet für einkommensschwache Bevölkerungsgruppen, Minoritäten, gesellschaftliche Randgruppen, Einwanderer und wenig profitträchtige Unternehmen. Im Anschluss an die Übergangszone folgt das Arbeiterwohnviertel, daran angrenzend das Wohngebiet für gesellschaftliche Mittelschichten mit Einfamilienhausbebauung sowie eine Pendlerzone für höhere soziale Schichten, die sich auch längere Pendeldistanzen leisten können. Die Distanz zum CBD ist wesentlicher Einflussfaktor bei der Verteilung einzelner Nutzungen und sozialer Schichten. Dabei wird die Distanz nicht als Luftlinie verstanden, sondern als ein Kosten-Zeit-Maß der Erreichbarkeit. Als Wachstumsimpuls gelten die Expansion des CBD und die Zuwanderung in die sozial gestaffelten Wohnviertel.

Das 1939 publizierte **Sektorenmodell** von Homer Hoyt, einem Schüler von Burgess, basiert auf empirischen Untersuchungen zur Höhe der Mietpreise in dreißig US-amerikanischen Städten. Es geht von der Annahme aus, dass die Stadtentwicklung von den Effekten der großen Verkehrsachsen (Straßen, Eisenbahnlinien) sowie vom Wohnstandortverhalten der statushohen Bevölkerung bestimmt wird. Die Stadt ist in homogene Streifen oder Bänder/Sektoren entlang der Verkehrsachsen und Transportwege gegliedert. Industrie- und Gewerbegebiete breiten sich entlang von Sektoren aus. In deren Nähe finden sich jeweils Arbeiterwohngebiete. Das Wohnstandortverhalten der statushohen Bevölkerung ist der entscheidende Aspekt bei Veränderungsprozessen. Die statushohe Bevölkerung bringt die ökonomischen Voraussetzungen mit, auf ökologische oder soziale Veränderung ihrer Wohngebiete in Form von Abwanderung zu reagieren. Bevölkerungsgruppen mit einem niedrigeren Status dringen dann in diese Wohngebiete ein. Den Prozess bezeichnet man als „**Filtereffekt/filtering down**".

Filtereffekt/filtering down Bevölkerungsgruppen mit niedrigem Status überprägen ein Stadtgebiet

Das 1945 von Chauncy D. Harris und Edward L. Ullman publizierte **Mehrkernmodell** geht von der Annahme aus, dass die Strukturierung der Stadt durch die Anordnung der Arbeitsplätze ausgelöst wird. Die Wohngebiete der Arbeiter hängen mit den industriellen Zentren einer Stadt zusammen, ebenso wie die Wohngebiete der mittleren und höheren Angestellten mit der Verteilung der Dienstleistungsarbeitsplätze. Damit wird das Prinzip funktionaler Arbeitsteilung als neues Kriterium neben dem bisherigen Prinzip der sozialen Differenzierung der Wohngebiete beachtet. Die Stadt ist damit durch eine Reihe von sich ständig verändernden und wachsenden Kernen gekennzeichnet. Das traditionelle Stadtzentrum kann den gewerblichen Bedarf nicht mehr decken. Es entstehen Nebenzentren mit Büros und Geschäften am Stadtrand sowie funktionale Cluster unterschiedlicher, miteinander in Beziehung stehender Nutzungen. Im Modell wird davon ausgegangen, dass mit der Größe der Stadt die Zahl und die Spezialisierung ihrer Kerne wachsen, wie peripher gelegene Geschäftszentren, Shopping-Center, Kulturzentren, Parks, kleine Industriezentren.

Kritisiert wird, dass der Begriff „Kern" nicht eindeutig definiert ist. Siedlungskerne werden nicht als Keimzellen städtischer Entwicklung angesehen."

Quelle: de Lange, Elisabeth und Weiß, Silke: Die Stadtmodelle der Chicagoer Schule. In Praxis Geographie extra – Modelle in der Geographie, S. 18–20

Die nordamerikanische Stadt

↗ Schulbuch
S. 206 f. (Chicaco)
S. 208 f. (Los Angeles)

Die nordamerikanischen Städte sind im Gegensatz zu den europäischen Städten relativ jung. Obwohl sie durch den europäisch-kolonialen Einfluss der Spanier im Süden und Südwesten, der Franzosen an der Golfküste und in Kanada und der Briten und Niederländer an der Ostküste geprägt wurden, hat sich das Schachbrettmuster (Gridiron Pattern, Straßengitter) als Grundstruktur durchgesetzt. Da bei den Stadtgründungen und dem Städtebau nicht auf bestehende Stadtstrukturen, sondern nur auf landschaftliche Gegebenheiten Rücksicht genommen werden musste, ist die Straßenführung auf die Himmelsrichtungen (N-S, W-O) ausgerichtet. Dieses orthogonale Netz passt sich nur gelegentlich an Flussläufe, Küsten oder Geländeerhebungen an. Es hat seinen Ursprung in der quadratischen Landvermessung und wurde im Bereich der Siedlungen noch verfeinert. So entstanden Straßenblöcke mit einer Seitenlänge von ungefähr hundert Metern, die teilweise durch Hintergassen noch weiter aufgeteilt wurden. Bauten die Bewohner bis zum Ende des 19. Jahrhunderts überwiegend ein- bis zweistöckig, wobei sie sich architektonisch immer noch nach europäischen Vorbildern richteten, begann mit der technologischen Neuerung der Stahlskelettbauweise, der Erfindung des elektrischen Stroms und den daraus resultierenden Erfindungen des Fahrstuhls und der Lüftungstechnik der Städtebau in der Vertikalen. Die Office Towers von Dienstleistungsunternehmen (z.B. Banken) bestimmten schnell die Silhouette der City. Heute machen es die Metropolen auf allen Erdteilen ihren US-amerikanischen Vorbildern nach (Verwestlichung des Stadtbildes).

Mit der Entwicklung des Autos, der damit verbundenen individuellen Mobilität und dem Bau von Freeways breiteten sich die Städte dann entlang der Verkehrsadern in die Horizontale aus (**Urban Sprawl**, ins Umland „zerfließende" Stadt). Die steigende private Motorisierung ermöglichte auch die schnelle Überbrückung von Distanzen. So zogen die Besserverdienenden in die Vororte und erfüllten sich dort den Traum vom Einfamilienhaus als beliebteste Wohnart in den USA. Die bis Ende des 19. Jahrhunderts weitgehend kompakte Stadt zerfloss in einem Suburbanisierungsprozess in die städtische Peripherie und dann ins Umland, ohne anfangs Infrastruktureinrichtungen und Arbeitsplätze mitzuziehen. Durch diese Stadtflucht wurde gleichzeitig der städtische Lebensstil ins Umland getragen. Die im suburbanen Raum anfangs noch fehlenden Dienstleistungen zogen jedoch der abwandernden Bevölkerung hinterher und siedelten sich in Commercial Strips entlang der Ausfallstraßen an (z.B. Supermärkte, Gartencenter, Restaurants, Tankstellen, Werkstätten, Autozubehör, Rechtsanwälte, Ärzte). Sie füllten die Areale zwischen den Vororten (Schlafstädte) und der City bau-

Urban Sprawl
in den USA übliche Bezeichnung für großflächige Verstädterung

lich auf. Später entwickelten sich an den verkehrsgünstig gelegenen Highways und deren Knotenpunkten Shopping Malls (Einzelhandelsagglomerationen mit Freizeiteinrichtungen). Diese neuen Kundenmagnete schwächten den Einzelhandel in den Innenstädten. Da kaum eine gezielte Stadtplanung und Bauaufsicht vorhanden war und die neuen Einfamilienhaussiedlungen von privaten Unternehmern geplant wurden, entwickelte sich um die Städte ein inselartig zerstreutes Siedlungsmuster, in dem heute vorwiegend die Mittel- und Oberschicht wohnt. Die in den Kern- und Innenstädten frei gewordenen Wohnungen wurden von sozialen und ethnischen Minderheiten bezogen. Erste Gettos entstanden. Die Wohngebiete der unterschiedlichen sozialen Schichten und Ethnien bilden in der US-amerikanischen Stadt ein mosaikartiges Muster einer fragmentierten Stadt. In einer weiteren Phase der Suburbanisierung entstanden in der Nähe von Umgehungsautobahnen die **Edge Cities**. Hierbei handelt es sich um Siedlungen im Umland mit Büro-, Industrieparks und Einkaufszentren, die alle Funktionen einer City aufweisen und bei denen die Anzahl der Arbeitsplätze die Wohnbevölkerung übersteigt.

Edge City
vgl. S. 216

Edge City
im Zuge der Suburbanisierung entstandenes Zentrum im Umland einer Großstadt

↗ Schulbuch S. 207

MODELL > Das Strukturmodell der nordamerikanischen Stadt
- ringzonale, sektorale und mehrkernige Merkmale,
- Expansions- und Verlagerungstendenzen von Nutzungen und Bevölkerungsgruppen in der Stadtregion erkennbar,
- ausgeprägte funktionale Differenzierung,
- Zentrum mit CBD, anschließend eine Zone mit sanierten Vierteln und Parkplätzen (ringförmig),
- Übergangsbereich und Umland (ringförmig),
- traditionelle Industriegebiete, aber auch Hightech-Korridore sektoral an Eisenbahnlinien und Hauptverkehrsachsen orientiert,
- Büro- und Gewerbeparks punktuell verteilt,
- Slums und Gated Communities,
- typische Skyline

Wenn Sie eine nordamerikanische Stadt mit dem Strukturmodell vergleichen sollen, müssen Sie bedenken, dass Modelle verallgemeinern und nur bedingt auf die Realität übertragbar sind. Sie werden aber sicherlich einzelne Strukturelemente des Modells im Raumbeispiel wiederfinden.

<< LERNTIPP

IX.4 Erweitertes Wissen

Stadt – Definitionen eines Begriffs

Wann ist eine Siedlung eine „Stadt", wann ein „Dorf"? Auf den ersten Blick bildet oft die Bevölkerungszahl das Unterscheidungskriterium. Doch bei welcher Bevölkerungsgröße kann man von einer „Stadt", bei welcher muss man noch von einem „Dorf" sprechen? Reicht allein die Bevölkerungszahl zur Stadtdefinition aus oder ist die Stadt mehr als bloß eine statistische Größe?

Um bevölkerungsreiche Dörfer von Städten zu unterscheiden, gibt es weltweit unterschiedliche Schwellenwerte für die Einwohnerzahl einer Stadt. Das macht oft einen internationalen Vergleich allein schon innerhalb Europas fast unmöglich. Der Begriff „Stadt" ist schwierig zu fassen, da je nach Kulturraum der Erde beziehungsweise nach einzelnen Fachwissenschaften hierfür verschiedene Kriterien herangezogen werden:

- Beim statistischen Stadtbegriff erfolgt eine Festlegung mithilfe der Einwohnerzahl.
- Der historisch-juristische Stadtbegriff zieht bauliche und rechtliche Kriterien zur Klassifizierung der Stadt heran, zum Beispiel eine Ummauerung als Trennlinie zwischen Stadt und Land, eine kompakte Bebauung innerhalb der Stadtmauer, das Münz- und Stapelrecht sowie einen Beschäftigungsanteil der Bewohner in überwiegend nicht landwirtschaftlichen Berufen.
- Der soziologische Stadtbegriff fokussiert sich auf die in der Stadt lebende Gemeinschaft: unterschiedliche soziale Gruppen und Milieus, hoher Grad an ethnischer und soziokultureller Differenzierung, Vielfalt der Haushaltsformen (Single- bis Mehrpersonenhaushalt).
- Beim funktionsräumlichen Stadtbegriff wird die Stadt nach den Daseinsgrundfunktionen (wohnen, arbeiten, sich versorgen, sich bilden, sich erholen) eingeteilt. So gibt es unterschiedliche Stadtviertel mit überwiegend einer dieser Funktionen, die untereinander vernetzt sind (am Verkehr teilnehmen) und sich gegenseitig ergänzen (in Gemeinschaft leben).
- Der geographische Stadtbegriff ist der umfassendste, da er viele Merkmale anderer Fachwissenschaften enthält: „größere Siedlung (z.B. nach der Einwohnerzahl), Geschlossenheit der Siedlung (kompakter Siedlungskörper), hohe Bebauungsdichte, überwiegend Mehrstöckigkeit der Gebäude (zumindest im Stadtkern), deutliche funktionale innere Gliederung (z.B. mit City oder Hauptgeschäftszentrum, Wohnvierteln, Naherholungsgebieten), besondere Bevölkerungs- und Sozialstruktur (z.B. überdurchschnittlich hoher Anteil an

Einpersonenhaushalten), differenzierte innere sozialräumliche Gliederung, Bevölkerungswachstum vor allem durch Wanderungsgewinn
[...], hohe Wohn- und Arbeitsstätten-/Arbeitsplatzdichte, Dominanz
sekundär- und tertiärwirtschaftlicher Tätigkeiten bei gleichzeitig großer Arbeitsteilung, Einpendlerüberschuss (positiver Pendlersaldo),
Vorherrschen städtischer Lebens-, Kultur- und Wirtschaftsformen
(z.B. spezielle kulturelle Bedarfsdeckung der Bewohner), Mindestmaß
an Zentralität (z.B. mindestens mittelzentrale (Teil-)funktionen), relativ hohe Verkehrswertigkeit (Bündelung wichtiger Verkehrswege, hohe
Verkehrsdichte), weitgehend künstliche Umweltgestaltung mit zum
Teil hoher Umweltbelastung."
Quelle: Heineberg, Heinz: Stadtgeographie. Paderborn 2017 (UTB, 5. Auflage), S. 28

Die Siedlungsgeschichte Nordamerikas

„Als die Europäer ab dem 17. Jahrhundert zu Hunderttausenden nach
Amerika auswanderten, konnte die dortige Urbevölkerung bereits auf
eine jahrtausendealte Geschichte zurückblicken. Doch schon bald fielen zahlreiche Indianerstämme entweder eingeschleppten Krankheiten
und Seuchen oder der Waffengewalt zum Opfer. Von den ‚unveräußer-
lichen Menschenrechten', auf die sich die 13 amerikanischen Grün-
derstaaten 1776 beriefen, blieben die indigenen Ureinwohner und die
Nachkommen afroamerikanischer Sklaven lange Zeit ausgeschlossen.
Erst durch ihre rechtliche Gleichstellung im Verlaufe des 20. Jahrhunderts wurde in den USA die Basis für eine multikulturelle Gesellschaft
gelegt, wobei der niemals abreißende Zuwanderungsstrom und die verstärkten Binnenwanderungen erheblich dazu beitrugen, dass die po-
puläre Vision von Amerika als ein ‚Melting Pot' der unterschiedlichsten
Ethnien zumindest teilweise verwirklicht wurde.

↗ Schulbuch S. 204 f.

Die Nordhälfte des amerikanischen Kontinents wurde seit der Mitte des
16. Jahrhunderts zur Einflusssphäre der rivalisierenden europäischen
Großmächte Spanien, Frankreich und England. Aus dem Wettbewerb
dieser Kolonialmächte um die Erschließung des Landes gingen im Verlauf des 18. Jahrhunderts zunächst die Briten und dann, in ihrer Nach-
folge, die Vereinigten Staaten als eindeutige Gewinner hervor.
Die ersten Vorstöße in das Innere des Kontinents wurden durch die
Spanier von Mexiko und der Karibik aus unternommen. 1556 wurde St.
Augustine an der Küste Floridas als erste durchgängig besiedelte Stadt
auf amerikanischem Boden gegründet. Im Jahre 1609 folgte Santa Fe
im heutigen Staat New Mexico. Im Gegenzug versuchten die Franzosen, den Kontinent von Nordosten her über den St.-Lorenz-Strom zu

erschließen. Nachdem die reichhaltigen Fischgründe um Neufundland bereits im 16. Jahrhundert regelmäßig von französischen Fischern aufgesucht worden waren, setzten sich die Franzosen um 1600 endgültig im Bereich der heutigen kanadischen Provinz Quebec fest. Dort gründeten sie 1608 die gleichnamige Hauptstadt und nannten das Gebiet Nouvelle France. Von hier aus drangen sie in die Region der Großen Seen vor, erreichten über das Flusssystem des Mississippi den Golf von Mexiko und gründeten dort im Jahre 1718 die Stadt Nouvelle Orleans, das heutige New Orleans.

Die erste erfolgreiche Siedlungsgründung der Engländer erfolgte am 14. Mai 1607 mit der Anlage von Jamestown in der Chesapeake Bay südlich der späteren Hauptstadt Washington. Diese erste Siedlung wurde nicht nur zur Keimzelle der durch den Tabakanbau reich gewordenen Kolonie Virginia, sondern des gesamten englischsprachigen Amerika. 13 Jahre später, 1620, landete in der Nähe der heutigen Stadt Boston die legendäre ‚Mayflower‘ mit 149 Menschen an Bord, unter ihnen zahlreiche als ‚Pilgerväter‘ bezeichnete puritanische Glaubensflüchtlinge, die in der Folge Neu-England besiedelten. Nach diesen Anfängen erlebte die Einwohnerzahl in den englischen Kolonien einen raschen Anstieg. Lebten dort im Jahre 1630 nur knapp 5000 Kolonisten, so stieg deren Zahl bis 1700 auf 250 000. Zum Zeitpunkt der Unabhängigkeit (1776) hatten die USA bereits 2,5 Mio. Einwohner, bis zum Jahre 1800 war ihre Zahl auf 5,3 Mio. angewachsen.

Die Erschließung der Vereinigten Staaten durch Amerikaner und Einwanderer aus Europa erfolgte vor allem in ost-westlicher Richtung. Ihr Ausgangspunkt waren die britischen Kolonien, die sich in einem schmalen Küstenstreifen entlang der Ostküste entwickelt hatten. Von hier aus drangen die Siedler nach Westen vor, wobei die Erschließung neuer Gebiete meistens nach einem ähnlichen Muster erfolgte. Als Pioniere beim Voranschieben der sogenannten Frontier, der Siedlungsgrenze, wirkten häufig die Pelzjäger und -händler. Auf sie folgten die Viehzüchter und Farmer, dann erst kam es zur Gründung von städtischen Siedlungen und dem Zuzug von Kaufleuten und Handwerkern. Zwar waren die Gebiete zwischen den Großen Seen im Norden und dem Golf von Mexiko bereits seit Jahrhunderten von Indianern bewohnt und auch seit dem Ende des 17. Jahrhunderts von den Franzosen erschlossen, aber nicht in einem nennenswerten Umfang europäisch besiedelt worden. Für die Europäer wirkliches Neuland war das im Jahre 1803 von Frankreich gekaufte Gebiet westlich des Mississippi, dessen Besiedlung und wirtschaftliche Inwertsetzung durch den Bau der transkontinentalen Eisenbahnverbindungen nach 1860 entscheidend vorangetrieben wurde.“

Quelle: Diercke Handbuch, Braunschweig 2015, S. 329–330

Entlang der Eisenbahnlinien und insbesondere an Eisenbahnknotenpunkten entstanden neue Siedlungen, die sich zu Zentren des Handels entwickelten. Für die Städte im Nordosten brachte der Bürgerkrieg einen Entwicklungsschub. Der **Manufacturing Belt** wurde zu einem wichtigen Industriegebiet der Schwerindustrie.

Manufacturing Belt
älteste und ehemals
größte Industrie-
region der USA

IX.5 Übungsmöglichkeiten mit dem Diercke Weltatlas

Auch zu diesem Kapitel finden Sie Karten im Diercke Weltatlas, mit denen Sie üben können. Sie finden Zusatzinformationen zu den Karten unter www.diercke.de. Geben Sie den Kartennamen ein und Sie erhalten die Atlaskarte sowie den erläuternden Text. Überprüfen Sie, ob Sie Ihre erworbenen Sach-, Methoden- und Urteilskompetenzen anwenden können. Sie sollten auf jeden Fall in der Lage sein, städtische Strukturen und Stadtentwicklungen zu beschreiben und zu erläutern.

www.diercke.de

Karte	Atlasseite und Kartennummer
Dortmund – Innenstadt 1858, 1945, 2015	75 ④
Dresden – Innenstadt 1858, 1945, 2015	75 ⑤
Regensburg – Historische Entwicklung	74 ②
Karlsruhe – Barocke Stadtanlage	74 ③
Großraum Nürnberg – Siedlungsentwicklung	77 ④
Großraum Nürnberg – Phasen der Urbanisierung	77 ⑥
Münster – Stadtzentrum und angrenzende Stadtteile	78 ②
Münster – Strukturen einer deutschen Stadt	78 ①
Düsseldorf (Oberbilk) – Migrantenviertel	81 ⑦
London	126 ①
London – Innenstadt	127 ③
Paris	126 ②
Paris – Innenstadt	127 ④
Moskau	145 ②
Moskau – Innere Stadt	145 ③
Manhattan (New York) – Global City	218 ①
New York – Kulturgeprägte Wohngebiete	219 ②
Washington D. C. – Machtzentrum	219 ④
Los Angeles – Downtown	222 ③

Metropolisierung und Marginalisierung

Unvermeidliche Prozesse im Rahmen einer weltweiten Verstädterung?

X.1 Zu erwerbende Kompetenzen

Nach Bearbeitung des Kapitels können Sie ...
... Metropolisierung als Prozess der Konzentration von Bevölkerung, Wirtschaft und hochrangigen Funktionen erläutern.
... die weltweite Verstädterung beschreiben.
... Wanderungsbewegungen als Ursache der Herausbildung von Megastädten erläutern.
... Pull- und Push-Faktoren für Wanderungsbewegungen nennen.
... die räumliche und soziale Marginalisierung in Städten in Entwicklungs- und Schwellenländern darstellen.
... Gründe für sozioökonomische Disparitäten innerhalb und zwischen Ländern benennen.
... konkrete Maßnahmen zum Abbau von regionalen Disparitäten im Hinblick auf deren Effizienz und Realisierbarkeit bewerten.
... die Problematik der zunehmenden ökologischen und sozialen Vulnerabilität städtischer Agglomerationen erörtern.
... städtische Veränderungsprozesse als Herausforderung und Chance zukünftiger Stadtplanung bewerten.
... das Modell des Polarisationsprozesses nach Myrdal erklären.
... das Modell der fragmentierten Stadt in Entwicklungsländern erklären.
... das Modell der lateinamerikanischen Stadt erklären.

X.2 Übersicht über die Themen des Kapitels

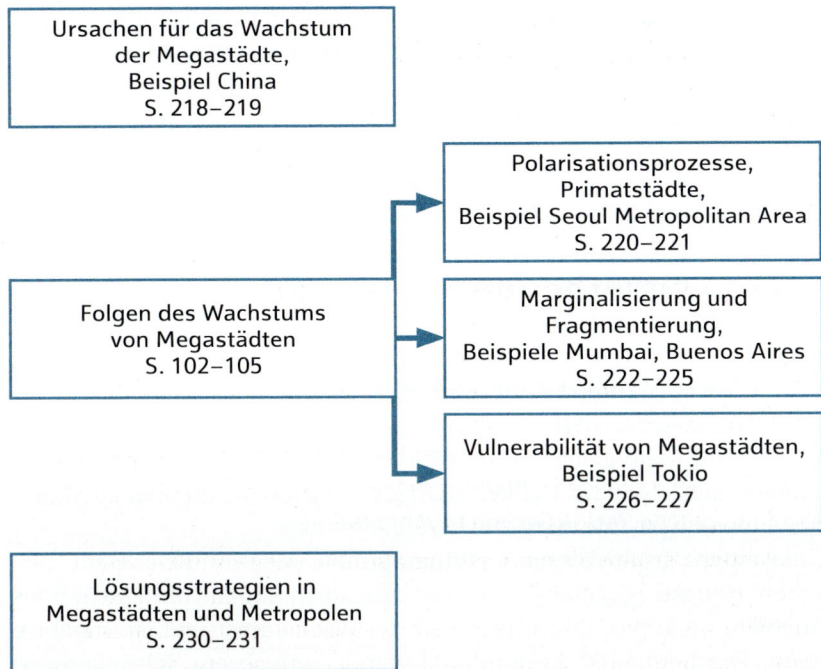

Ursachen für das Wachstum
der Megastädte,
Beispiel China
S. 218–219

Polarisationsprozesse,
Primatstädte,
Beispiel Seoul Metropolitan Area
S. 220–221

Folgen des Wachstums
von Megastädten
S. 102–105

Marginalisierung und
Fragmentierung,
Beispiele Mumbai, Buenos Aires
S. 222–225

Vulnerabilität von Megastädten,
Beispiel Tokio
S. 226–227

Lösungsstrategien in
Megastädten und Metropolen
S. 230–231

<< LERNTIPP

In diesem Kapitel liegt der Schwerpunkt auf der Untersuchung von Megastädten. Sie lernen auch ein weiteres Stadtmodell kennen, das Modell der lateinamerikanischen Stadt. Die Theorie von Myrdal, die Sie bereits kennen, wird aufgegriffen und das Modell von Myrdal wird vertiefend bearbeitet.

Folgende Themenformulierungen stammen aus Abituraufgaben der letzten Jahre, die sich auf die Inhalte des Kapitels beziehen:
• Jüngere Entwicklungsprozesse in Metropolen der Entwicklungsländer
• Jüngere Entwicklung in Metropolregionen
• Raumordnung in Metropolregionen von Entwicklungsländern
• Von der Segregation zur Fragmentierung in Metropolregionen?
• Strukturen und Prozesse in Städten von Entwicklungsländern
Zu diesen Themen wurden entsprechende Raumbeispiele vorgegeben.

**↗ Abi-Tipp S. 227
und S. 233–243**

Am Ende des Kapitels im Schulbuch finden Sie dort eine Probeklausur zur Stadtentwicklung von Lagos. Hier können Sie das Auswerten von Materialien, das Verknüpfen der herausgearbeiteten Ergebnisse und das Formulieren Ihrer Ausführungen üben. Die Teilaufgaben sind so formuliert, dass sie auf andere Raumbeispiele übertragbar sind.

X.3 Basiswissen

LERNTIPP >> Es gibt Großstädte und Millionenstädte, aber erst ab einer bestimmten Größe spricht man von Megastädten oder sogar Metastädten. Sie sollten sich die Einwohnerzahlen einprägen, die als Abgrenzung zurzeit gelten.

Das Wachstum von Städten weltweit

Megastadt
Stadt mit mehr als 10 Mio. Einwohnern

Weltweit wohnt fast die Hälfte der städtischen Bevölkerung in relativ kleinen Städten mit weniger als 500 000 Einwohnern, während jeder achte Stadtbewohner in **Megastädten** (größer als 10 Mio. Einwohner) wohnt. Diese Städte sind flächenmäßig bereits lange über ihre Kernstadt (Verwaltungsgrenze) hinausgewachsen und haben umliegende Dörfer und nahe gelegene Kleinstädte in ihren heutigen Stadtkörper „aufgesogen". Sie sind vielfach zu Agglomerationen von über 20 Millionen Einwohnern (**Metastädte**) herangewachsen.

Metastadt
Stadt mit mehr als 20 Mio. Einwohnern

Die weltweit größte dieser Agglomerationen, das Pearl River Delta zwischen Hongkong, Guangzhou und Macau in China, umfasst bereits ungefähr 46,5 Mio. Einwohner und der Wachstumstrend ist ungebrochen. Die heutige Definition „Megastadt" mit ihrem Schwellenwert von 10 Millionen Einwohnern ist nicht statisch. Sie wurde bereits von ehemals 5 auf 8 zu ihrem heutigen Wert heraufgesetzt. Durch das ungebremste Wachstum wird dieser Wert in den kommenden Jahrzehnten weiter steigen. Die Zahl der Megastädte verschob sich von 1990 mit 10 Megastädten auf 36 in 2016. Im Jahr 2030 werden es laut Prognosen der Vereinten Nationen 41 sein. Der größte Teil davon befindet sich bereits heute im Globalen Süden.

Auch wenn global die Megastädte im Blickpunkt stehen, weisen Städte mit einer mittleren Größe von 500 000 bis 1 000 000 Einwohnern das schnellste Wachstum auf. Das Wachstum dieser Städte läuft im weltweiten Vergleich heute in Lateinamerika gebremst ab, während Süd-, Ost- und Südostasien einen regelrechten Boom erfahren. Ähnlich verläuft die Entwicklung in Afrika. Im Gegensatz dazu ist die Einwohnerzahl in vielen Städten der Industrieländer aufgrund des demographischen Wandels stagnierend und sogar rückläufig.

Ursachen des Städtewachstums

↗ Schulbuch
S. 218 f. (China)

Während der Prozess der Verstädterung in Europa bereits im 18. Jahrhundert begann und in der zweiten Hälfte des 19. Jahrhunderts seine intensivste Phase hatte, setzte das städtische Wachstum vor allem in Asien und Afrika erst nach dem Zweiten Weltkrieg ein. Die heutigen Zuwachsraten der Megastädte dort sind allerdings doppelt so hoch wie die damaligen der aufstrebenden westlichen Metropolen. Durch das besonders große Einkommensgefälle zwischen Stadt und ländlichem Raum wirken besonders die Megastädte in den weniger entwickelten Staaten als nationale Magneten, die der Landbevölkerung eine bessere Zukunft versprechen. Sie bieten vermeintlich bessere Lebens- und Arbeitsbedingungen und Chancen auf Bildung und sozialen Aufstieg. In den meisten Fällen gibt es in den Städten aber nur wenige reguläre Arbeitsplätze, kaum Wohnraum und die Zuwanderer müssen in der Regel (zunächst) im informellen Sektor arbeiten und in den innerstädtischen Slums oder den Hüttenvierteln der Peripherie unterkommen.

↗ Schulbuch S. 219 (Push- und Pull-Faktoren)

Die Städte wachsen aber nicht nur durch Zuwanderung, sondern auch durch ihr hohes Eigenwachstum. Letzteres ergibt sich als natürliches Wachstum durch die vielen jungen zugewanderten Menschen im Familiengründungsalter. Die Fertilitätsraten werden erst mit einem besseren Zugang zu Familienplanungs- und Gesundheitsdiensten und durch die teureren und schwieriger werdenden städtischen Lebensumstände wie Nahrungsmittel-, Bildungs- und Wohnraumversorgung sinken.

Die zugewanderte junge ländliche Bevölkerung hat den gesellschaftlichen Umstrukturierungsprozess der Stadtbevölkerung noch nicht vollzogen. Sie lebt mit den traditionellen Werten und Normen in der neuen städtischen Umgebung weiter, in der die Kinder, zumindest in der ersten Zuwanderergeneration, die gleichen Funktionen wie auf dem Land haben. Dies führt anfangs zu einer hohen Kinderzahl pro Frau. Außerdem ist durch das noch starke Bevölkerungswachstum jede Frauengeneration zahlreicher als die vorangegangene, sodass es auch bei sinkender Geburtenziffer pro Frau zu einem starken absoluten Wachstum kommt.

Metropolisierung, Polarisierung und Marginalisierung

↗ Schulbuch S. 220 (Seoul)

In vielen sich entwickelnden Staaten findet eine überproportionale Zunahme der Einwohnerzahl in nur wenigen Städten statt. Diese Städte bekommen dadurch gegenüber anderen Regionen eines Staates eine demographische Vormachtstellung (**demographische Primacy**), das heißt, ihre Einwohnerzahlen haben einen großen Anteil an der Gesamtbevölkerung ihres Staates. Dieses Phänomen wird mit dem **Primacy Index** erfasst. Er gibt das Verhältnis der größten zur zweitgrößten Stadt eines Staates an. Ist der Index größer als zwei, so wird von einer Vormachtstellung der Stadt (Primate City, **Primatstadt**) gesprochen.

demographische Primacy
demographische Vormachtstellung

Primatstadt
Stadt mit einem Primacy Index > 2

171

**funktionale
Primacy**
wirtschaftliche
und politische Vor-
machtstellung

Diese Städte hätten nicht ihre hohen Bevölkerungszahlen, wenn sie nicht auch eine enorme wirtschaftliche und politische Bedeutung einnähmen. Ihre Bedeutung wird als **funktionale Primacy** bezeichnet. Sie drückt sich wirtschaftlich in der Ansiedlung bedeutender nationaler Unternehmen sowie ausländischer Konzernfilialen aus, die als Scharnier des Staates zur Weltwirtschaft dienen. Mit dieser hohen Konzentration der Wirtschaft hat sich hier auch das höchste Angebot an Arbeitsplätzen gebildet, die eine große Bandbreite an Berufen und Branchen abdecken. Politisch ist die Primatstadt oft Hauptstadt eines Staates und nimmt dadurch nicht nur regionale, sondern auch nationale Verwaltungsfunktionen ein. Sie ist über ein enges Netz politisch international verbunden, wobei auch ausländische Nichtregierungsorganisationen ihren Standort in der Primatstadt haben.

Kulturell konzentriert sich in der Stadt außerdem eine breite Palette von Institutionen des Bildungsbereichs (Universität, alle Schulsysteme, Museen, Theater etc.). Infrastrukturell bietet die Primatstadt die beste nationale und internationale Erreichbarkeit (Transport, Kommunikation). Sie hat außerdem die beste medizinische Versorgung, die beste Wasserver-, Abwasser- und Müllentsorgung sowie die beste Energieversorgung des Staates. Durch diese optimalen Standortfaktoren ist die Stadt ein Ansiedlungsmagnet für nationale und internationale Unternehmen. Sie besitzt eine hohe Wirtschaftskraft, was sich auch im höchsten BIP des Staates ausdrückt. Durch die demographische und funktionale Primacy ist hier das kreativste Milieu des Landes vorhanden. Hier konzentriert sich der größte Teil des Humankapitals des Landes, das über die sich ergebenden Face-to-face-Kontakte ein hohes Entwicklungspotenzial aufweist. Durch diese enorme Attraktivität wird die Primatstadt weiter wachsen, wenn nicht steuernd eingegriffen wird. Es kommt zu einer verstärkten Abwanderung von Menschen und Unternehmen aus dem Hinterland und zur Ansiedlung in der Primatstadt, wodurch die städtische Agglomeration immer weiter zunimmt. Sie wird zu einer übermächtigen Stadt, die die Entwicklung anderer Städte be- und verhindert. Sie überragt schlussendlich alle anderen Städte des Landes wirtschaftlich, demographisch und soziokulturell. Man spricht in diesem Fall von einer **Metropole**. Der abgelaufene Prozess wird als **Metropolisierung** (Vergroßstädterung) bezeichnet.

Metropolisierung
Prozess des Wachstums von Großstädten zu Metropolen

Polarisierung
vgl. S. 128

Das große Gefälle zwischen der Metropole und dem Rest des Landes (**räumliche Disparität**) schlägt sich deutlich in einer **Polarisierung** nieder. Die großen Städte der Entwicklungsländer sind die dominierenden Standorte für Betriebe des sekundären und tertiären Sektors. Sie können als einzige Regionen innerhalb der Entwicklungsländer alle harten und weichen Standortfaktoren bieten: ein großes, leistungsbereites und sehr preiswertes Arbeitskräftepotenzial, Agglomerationsvorteile, eine gut ausgebaute und sicher zu nutzende Infrastruktur, alle wichtigen Behörden, unterschiedlichste Freizeiteinrichtungen, internationale Verkehrsanbindungen und einen großen, relativ kaufkräftigen Markt, bestehend aus Wirtschaftsunternehmen und den (nur) hier ansässigen Mitgliedern der Oberschicht. Wenn sich also ein Unternehmen in einem Entwicklungsland ansiedelt, dann geschieht dies in einer größeren Stadt, vorzugsweise in der Hauptstadt. Hier befinden sich sowohl die Firmen des nationalen Kapitals als auch die Tochterfirmen multinationaler Unternehmen. So polarisiert sich die Entwicklung auf die städtischen Regionen (Wachstumspole). Diese sind zwar Vorreiter der Entwicklung und es gehen von ihnen auch Wachstumsimpulse (**Ausbreitungseffekte**) auf das Umland aus, aber durch die von ihnen ausgehenden **Entzugseffekte** gehen der **Peripherie** wichtige Ressourcen (ausgebildete Arbeitskräfte, Kapital) verloren. Nach Myrdal überwiegen die Entzugseffekte im Vergleich zu den Ausbreitungseffekten.

Ausbreitungs-
effekte
vgl. S. 127

↗ Schulbuch S. 220

MODELL > Modell des Polarisationsprozesses nach Gunnar Myrdal
- Zentrum mit hohem Entwicklungsniveau
- Peripherie mit niedrigem Entwicklungsniveau
- Ausbreitungseffekte, die vom Zentrum ausgehen
- Entzugseffekte, die u.a. durch die Migration ins Zentrum entstehen

Aber auch innerhalb der Stadt kommt es zu Ungleichgewichten, die in der **Marginalisierung** von Teilen der Bevölkerung zum Ausdruck kommen. Slums bilden meistens die erste Anlaufstelle für Zuwanderer. Die hier entstandene Bebauung ist größtenteils informell und befindet sich neben Bahngleisen, unter Straßenüberführungen, an Abwasserkanälen, an und auf Müllkippen sowie an Flussufern. Die Zuwanderer siedeln dort, wo aufgrund der hohen Bebauungs- und Bevölkerungsdichte noch Freiflächen vorhanden sind. Nach Entstehung, Lage und rechtlicher Stellung können verschiedene Typen von Marginalsiedlungen unterschieden werden. Innerstädtische oder innenstadtnahe Slums sind dort entstanden, wo Gebäude vernachlässigt und verlassen worden sind. Hier lebt die Bevölkerung in festen Häusern. Andere Slums liegen auf Flächen entlang von Bahndämmen oder an Kanälen und Flüssen. Hier leben die Menschen in provisorischen Hütten. Ein weiterer Typ ist die Hüttensiedlung am Stadtrand.

Marginalisierung
Ausschluss vom offiziellen, gesellschaftlichen, politischen, sozialen und wirtschaftlichen Leben

↗ Schulbuch
S. 222 f. (Mumbai)

LERNTIPP >>

Dharavi, der größte Slum Asiens, ist ein Beispiel dafür, wie sich in einer Marginalsiedlung eigene wirtschaftliche Strukturen im informellen Sektor bilden können. An diesem Beispiel können Sie die Bedeutung des informellen Sektors aufzeigen.

Fragmentierung und Vulnerabilität

📖
↗ Schulbuch
S. 224 f. (Buenos Aires)

Große Agglomerationsräume ziehen oft durch unkontrolliertes Wachstum, ausufernde Slumlandschaften und Inseln des Wohlstandes die Aufmerksamkeit auf sich. Gleichzeitig sind sie nationale Wirtschaftszentren, viele Megacities sogar Knotenpunkte im globalen Produktionsnetzwerk. Millionenstädte wirken wie Magnete, sie ziehen Menschen an und brauchen deshalb Platz zum Wachsen. Dieser Platz steht aber nur begrenzt zur Verfügung, sodass ein Wettbewerb um die besten Lebensbedingungen beginnt. Dies löst soziale Verdrängungsprozesse und Konflikte aus (soziale Abgrenzung, **Fragmentierung**). Eine „Inselwelt" sind die Slums, eine weitere „Inselwelt" bilden die **Gated Communities**. Diese umzäunten Wohnsiedlungen entstanden erstmals in den 1970er-Jahren in nordamerikanischen Großstädten. Ehemals als „Amerikas neue Forts" bezeichnet, sind sie heute in allen Metropolen der Welt anzutreffen. Auch in Europas schnell wachsenden Zentren wie London, Paris, Berlin oder München sind diese abgeschirmten Luxussegmente des Wohnungsbaus zu finden, die durch Tore, Zäune oder Mauern von der Umgebung abgeschlossen sind und deren Zugänge bewacht werden. Für die Kritiker stehen die Gated Communities gleich für mehrere als problematisch einzuschätzende Trends: Sie sind ein Beispiel einer Angstarchitektur und der Privatisierung öffentlichen Raums. In den Toren und Zäunen materialisiert sich die Fragmentierung städtischer Gesellschaften. Für die Befürworter sind sie eine ökonomisch effiziente Form der Organisation städtischen Lebens und daher Ausdruck einer „institutionellen Evolution".

Fragmentierung
Zergliederung, Segregation auf räumlicher und sozialer Ebene

Trotz nationaler und regionaler Unterschiede können gemeinsame Charakteristika bewachter Wohnkomplexe beschrieben werden, die damit auch als Definitionskriterien dienen:
• die Kombination von Gemeinschaftseigentum wie Grünanlagen, Sporteinrichtungen und Ver- und Entsorgungsinfrastruktur sowie gemeinschaftlich genutzten Dienstleistungen wie Wach- und Hausmeisterdienste mit individuellem Eigentum bzw. Nutzungsrecht einer Wohneinheit,
• die Selbstverwaltung,
• die Zugangsbeschränkung, die zumeist von einem 24-stündigen tätigen Sicherheitsdienst gewährleistet wird.

Gated Communities dienen zum einen dazu, die wirkliche oder auch nur die gefühlte Gewalt durch Mauern und Sicherheitsdienste auszuschließen. Neben dem Sicherheitsaspekt gibt es aber einen weiteren Grund, warum bewachte Wohnkomplexe für die Ober- und Mittelschicht attraktiv sind: Die Bewohner bleiben unter ihres Gleichen (Exklusion) und leben in einer sauberen grünen Umgebung fernab innerstädtischer Umweltbelastungen (zumindest in den suburbanen Anlagen).

<< LERNTIPP

Die Concept Map zur Fragmentierung der Stadtstruktur im Schulbuch auf Seite 224 können Sie als Lernhilfe nutzen.

📖
↗ Schulbuch S. 225

MODELL > Modell der fragmentierten Stadt
- formelle und informelle Stadtbereiche
- Abschottung der Privilegierten (Gated Communities)
- innerstädtische Konflikte
- Stadt-Umland-Konflikte
- zunehmende Desintegration
- steigende Verwundbarkeit
- Destabilisierung

Große Bevölkerungskonzentrationen sind immer der Gefahr der Verwundbarkeit (**Vulnerabilität**) durch zum Beispiel Naturkatastrophen, Umweltveränderungen, Ausbreitung von Krankheiten, politischen und terroristischen Katastrophen ausgesetzt. Sie weisen ein hohes Risikopotenzial auf, dem viele Stadtverwaltungen und Regierungen gerade in Entwicklungsländern kaum noch gewachsen sind. Teilweise ist die Verwaltung mit der Lösung der sozialen, ökologischen und ökonomischen Probleme hoffnungslos überfordert. Andererseits bietet die hohe Konzentration von Menschen auf einem bestimmten Raum auch Chancen für die ökologische, ökonomische, soziale und politische Entwicklung. Gesellschaftliche Transformation und Innovation sowie nachhaltige Stadtentwicklung kann nur dort stattfinden, wo viele Menschen kommunizieren und ihre Gedanken und Visionen austauschen. Gerade in Agglomerationsräumen findet dieser Austausch nicht nur auf regionaler Ebene statt, sondern wird national und global vorangetrieben, was die sozioökonomischen Transformationsprozesse noch beschleunigen kann. Die hohe Bevölkerungsdichte erzeugt eine hohe Nachfragedichte und bildet dadurch die Grundvoraussetzung für eine effiziente Infrastruktur. Ein ökologisch und ökonomisch sinnvolles Transportwesen,

Vulnerabilität
Verletzlichkeit,
Verwundbarkeit

📖
↗ Schulbuch
S. 226 f. (Tokio)

ein kostengünstiger Bau von Ver- und Entsorgungsleitungen, eine soziale und sanitäre Infrastruktur (Bildungs-, Gesundheitseinrichtungen) sowie der Aufbau eines modernen Kommunikationsnetzes (Mobiltelefon, Internet) gelingt nur da, wo das Kosten-Nutzen-Verhältnis ausgewogen ist. Außerdem bietet die hohe Bevölkerungsdichte ein großes Arbeitskräftepotenzial, was bei entsprechender Aus- und Weiterbildung einen entscheidenden Standortfaktor für Dienstleistungs- und Produktionsunternehmen darstellt.

Auch wenn die Wachstumsspirale der Verstädterung nicht aufzuhalten ist, so muss versucht werden, die Stadt als lebenswerten Raum zu gestalten. Eine nachhaltige Stadtentwicklung ist nur zu erreichen, wenn alle am Wachstum beteiligten Gruppen (Bevölkerung, Wirtschaft, Verwaltung) an der Planung und ihrer Umsetzung beteiligt werden, um zu einer lokal bis global ökonomisch und ökologisch verträglichen Entwicklung zu kommen.

📖
↗ Schulbuch S. 278
und S. 230 f.

Die lateinamerikanische Stadt

Die heutigen Städte Südamerikas sind als geplante Gründungen der spanischen oder portugiesischen Kolonialherren entstanden. Sie wurden oft auf zerstörten Zentren aus der Zeit vor Kolumbus errichtet, um (auch symbolisch) gegenüber der indigenen Bevölkerung den neuen Machtanspruch zu demonstrieren. Oder sie wurden als neue Städte gegründet. Als Handelsniederlassungen (Häfen), Bergbauorte oder Ackerbürgerstädte dienten sie der Ausweitung der politischen Macht und der wirtschaftlichen Interessen der Kolonialmächte. Die Hafenstädte stellten die Handelsverbindungen zum Mutterland her. Die Ackerbürgerstädte errichtete man in landwirtschaftlichen Gunsträumen mit einer hohen indianischen Bevölkerungsdichte. Hier konnte man auch die Machtstrukturen der ehemaligen Häuptlingszentren und deren Verkehrswege weiter nutzen. Bergbaustädte entstanden an Rohstoffquellen, mussten aber teilweise durch ihre Lage in unwirtlichen Gegenden (Trockenräume, große Höhen) von den Ackerbürgerstädten versorgt werden.

Die spanischen Kolonialstädte sind durch einen Schachbrettgrundriss geprägt. Um einen zentralen Platz (Plaza Mayor) liegen die wichtigsten öffentlichen Gebäude in Repräsentationsbauten sowie die Adelspaläste und die Bürgerhäuser der Oberschicht. Nach außen schlossen sich meistens in einzelnen Quadraten (Quadras) die Wohnviertel der Angestellten, Handwerker und Händler an. Typische Hausform war in der Regel das meist einstöckige Patiohaus, ein um einen Innenhof gebaute Hausanlage. Diese Häuser nahmen mit zunehmender Entfernung vom Zentrum an Größe und Ausstattung ab. Die indigene Bevölkerung wohnte in Lehmhütten am Stadtrand, sodass insgesamt ein bauliches und soziales Kern-Rand-Gefälle erkennbar wird.

Zu Beginn des 19. Jahrhunderts wuchsen die Städte sehr langsam. Nach der Unabhängigkeit und einem starken Bevölkerungswachstum setzte eine starke Überformung ein. Neben der flächenhaften Ausdehnung der Wohnviertel wuchsen mit der Ansiedlung der Industrie und den angrenzenden Arbeitervierteln die Städte sektorenartig stadtauswärts. Ebenso verhielt es sich mit dem Wachstum der Oberschichtviertel entlang der Ausfallstraßen zur Cityerweiterung. Später wurde dieses Wachstum von Siedlungszellen der Marginalviertel an der Peripherie überlagert, bevor die einzelnen Zellen mit der Stadt wieder zusammenwuchsen. Gleichzeitig entstanden aber immer wieder neue Marginalviertel am Stadtrand. Mit der Abwanderung der Ober- und Mittelschicht aus den Altstadtvierteln in geschlossene, zugangsbeschränkte Wohnanlagen (span.: Barrio cerrado, portug.: Condominio fechado, engl.: Gated communities) schoben sich die hochwertigen Wohnstandorte in landschaftlich schöne und lokalklimatisch angenehme Umlandlagen oder in infrastrukturell gut erschlossene städtische Viertel, in denen Hochhäuser mit Luxusappartements entstanden.

Gated Community
vgl. S. 174

Die Wohnungen in den aufgegebenen innerstädtischen Gebäuden unterteilte man in Kleinwohnungen und vermietete sie an die Unterschicht, die oft selbst eine Untervermietung einzelner Zimmer betrieb. So erfuhren die ehemals hochwertigen Viertel eine bauliche, soziale und wirtschaftliche Degradierung. Teilweise wurden die Gebäude auch abgerissen und durch Geschäfts- und Bürogebäude ersetzt. Im Rahmen dieses Stadtumbaus durchbrach man ebenfalls das enge, gitterförmige Straßennetz durch breite Diagonalstraßen oder ergänzte es durch moderne Hochstraßen.

↗ Schulbuch S. 225

> **MODELL > Modell der lateinamerikanischen Stadt**
> • ringförmiges und sektorales Wachstum
> • soziale Differenzierung (Marginalviertel und zugangsbeschränkte Wohnkomplexe)
> • funktionale Differenzierung (City, Einkaufszentren, Freizeitzentren, Wohnviertel, traditionelle und neue Industriegebiete)

X.4 Erweitertes Wissen

Marginalisierung durch Globalisierungsprozesse

Die Verstädterung und das Wachstum von Megastädten werden zum einen durch ein hohes natürliches Bevölkerungswachstum und eine wachsende Zuwanderung aus dem ländlichen Raum verursacht beziehungsweise verstärkt, zum anderen durch eine **wirtschaftliche Transformation.** Dies ist vor allem in Asien der Fall, und zwar in Ländern, die von einer vormaligen Zentralverwaltungswirtschaft zu einer Marktwirtschaft übergehen. Dadurch wird mittelfristig eine große Zahl an Arbeitskräften benötigt und dies beschleunigt die nationale und internationale Zuwanderung. Weiterhin wirken sich Standortentscheidungen transnationaler Akteure einer globalisierten Wirtschaft aus. Megastädte sind von diesen Entscheidungen abhängig. Durch die globale Verlagerung von Produktionsstandorten, aber auch von Dienstleistungs- und Finanzstandorten ergibt sich für Megastädte eine Konkurrenzsituation. Durch die Globalisierungsprozesse werden Teile der Bevölkerung in Megastädten marginalisiert. Benachteiligte Bevölkerungsgruppen werden räumlich wie sozial an den Rand gedrängt. Zu diesen Bevölkerungsgruppen gehören zum Beispiel die unteren Einkommensschichten, soziale und religiöse Minderheiten, Migranten, Frauen und Kinder, die ältere Bevölkerung sowie Behinderte. Für sie ist die Folge, dass sie weniger oder überhaupt nicht mehr am wirtschaftlichen und gesellschaftlichen Leben teilnehmen. Dies zeigt sich zum Beispiel in einer Benachteiligung bei der Versorgung mit Gütern und Dienstleistungen, beim Zugang zu Gesundheits- und Bildungseinrichtungen und bei der politischen Teilhabe. Systeme der sozialen Sicherheit fehlen größtenteils in den Megastädten der Entwicklungsländer.

Für die Megastädte besteht das Problem darin, die schon vorhandene Bevölkerung und die weiterhin zuströmenden Migranten mit Wohnraum, Infrastruktur, Arbeitsmöglichkeiten, Gesundheits- und Bildungseinrichtungen zu versorgen. Mit dieser Aufgabe sind sie oft überfordert. Die Menschen sind somit gezwungen, sich selbst zu organisieren und Lösungen zu finden. Dabei laufen viele Prozesse informell oder auch illegal ab.

Die soziale Differenzierung innerhalb der Megastädte verstärkt sich mit der Zeit. Es entstehen erhebliche räumliche und soziale Disparitäten und die Anonymität der Wohnquartiere steigt. Zwischen den Bewohnern unterschiedlicher Herkunft, unterschiedlicher Einkommens- und Bildungsschichten entsteht eine Schere, die sich erweitert.

↗ Schulbuch
S. 222 f. (Mumbai)

X.5 Übungsmöglichkeiten mit dem Diercke Weltatlas

Auch zu diesem Kapitel finden Sie Karten im Diercke Weltatlas, mit denen Sie üben können. Sie finden Zusatzinformationen zu den Karten unter www.diercke.de. Geben Sie den Kartennamen ein und Sie erhalten die Atlaskarte sowie den erläuternden Text. Überprüfen Sie, ob Sie Ihre erworbenen Sach-, Methoden- und Urteilskompetenzen anwenden können. Sie sollten auf jeden Fall in der Lage sein, Stadtstrukturen zu beschreiben, zu erklären und zu bewerten.

www.diercke.de

Karte	Atlasseite und Kartennummer
Rio de Janeiro – Segregation	236 ③
Curitiba – Nachhaltiges Verkehrskonzept	236 ②
Bogotá – Sozialstruktur und Wohnqualität	229 ⑥
Mexiko-Stadt – Hochlandmetropole	223 ⑤
Tokio – Megalopolis	192 ①
Fourways (Johannesburg) – Fragmentierung	152 ③

XI

Die Stadt als lebenswerter Raum für alle?

Probleme und Strategien einer zukunftsorientierten Stadtentwicklung

XI.1 Zu erwerbende Kompetenzen

Nach Bearbeitung des Kapitels können Sie ...
... Stadtumbaumaßnahmen als notwendige Anpassung auf sich verändernde soziale, ökonomische und ökologische Rahmenbedingungen darstellen.
... Maßnahmen zur Revitalisierung städtischer Räume erläutern.
... die Auswirkungen von Revitalisierungsmaßnahmen unter Aspekten nachhaltiger Stadtentwicklung bewerten.
... städtische Veränderungsprozesse als Chance zukünftiger Stadtplanung bewerten.
... Maßnahmen für eine nachhaltige Stadtentwicklung beschreiben und bewerten.
... den Wandel städtebaulicher Leitbilder erörtern.
... Entwicklungsachsen und Entwicklungspole als Steuerungselemente der Raumentwicklung darstellen.
... die Verflechtung von Orten verschiedener Zentralitätsstufen mit deren unterschiedlicher funktionalen Ausstattung erklären.
... Darstellungs- und Arbeitsmittel in Materialzusammenstellungen fragebezogen auswerten.

XI.2 Übersicht über die Themen des Kapitels

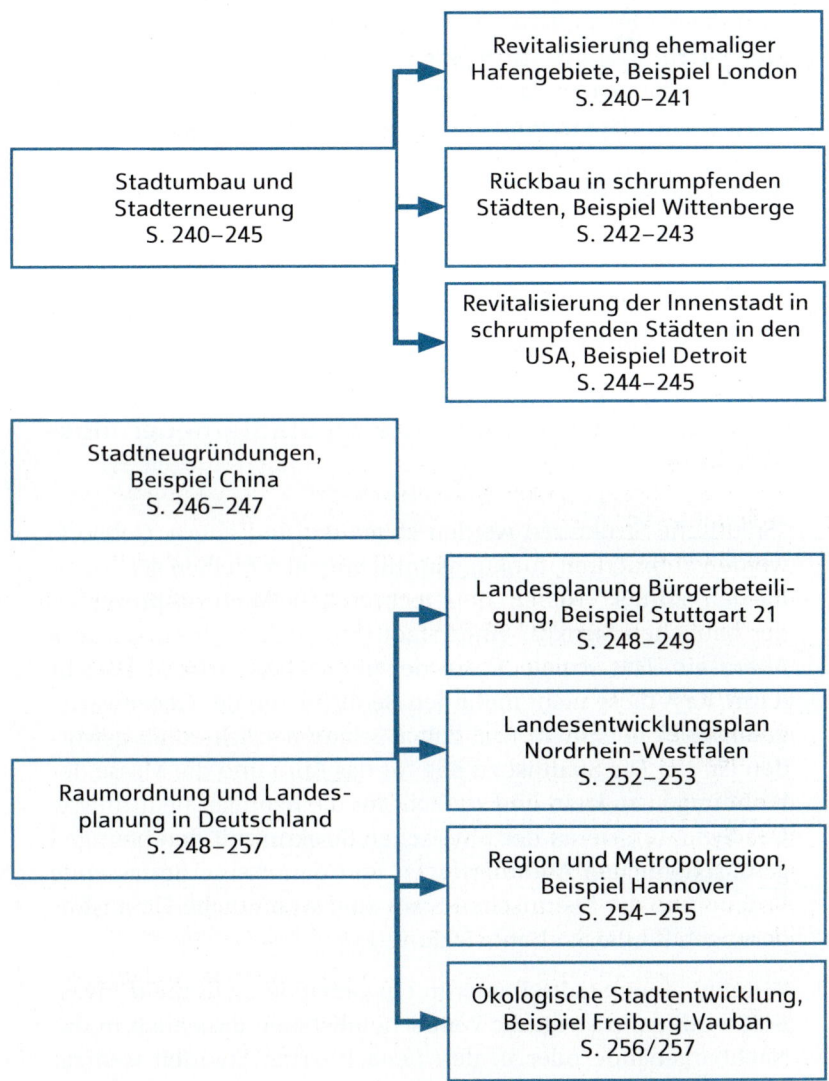

In diesem Kapitel liegt zunächst der Schwerpunkt auf Maßnahmen der Stadterneuerung. Im Weiteren wird der Blick auf die Landesplanung und Raumordnung ausgeweitet. In diesem Zusammenhang lernen Sie das Konzept der zentralen Orte kennen.

Folgende Beispiele waren Themenformulierungen aus den Abituraufgaben der letzten Jahre, die sich auf die Inhalte des Kapitels beziehen:

<< LERNTIPP

181

- Aktuelle Stadtentwicklungsprozesse in Deutschland
- Umbau von Großwohnsiedlungen
- Stadtteile mit besonderem Entwicklungsbedarf
- Revitalisierungskonzepte in altindustriell geprägten Räumen
- Entwicklung eines geplanten Stadtteils

Dazu wurden entsprechende Raumbeispiele vorgegeben.

In diesem Kapitel können Sie insbesondere das Auswerten von Karikaturen üben.

XI.3 Basiswissen

Revitalisierung der Innenstädte als Stadterneuerungsmaßnahme

↗ Schulbuch
S. 240 f. (London)
S. 242 f. (Wittenberge)
S. 244 f. (Detroit)

„Städtische Strukturen werden abgenutzt und altern, Gebäude werden abbruchreif, funktionsuntüchtig oder bleiben als Brachflächen zurück. Neben den technischen Alterungsprozessen der baulichen Struktur einer Stadt stellt sich auch ein soziales Altern ein. Das soziale Altern der physischen Struktur besteht darin, dass diese nicht mehr den Bedürfnissen der Gegenwartsgesellschaft entspricht und daher, relativ betrachtet, alt geworden ist. [...] Die Stadt ist zu eng für das Auto und die Masse der Wohnungen zu klein und zu dicht für die heutigen Bedürfnisse. Das Synchronisieren der physischen Struktur mit den heutigen gesellschaftlichen Anforderungen und damit eine umfassende Erneuerung der historischen Stadt sind wesentliche Herausforderungen für die Stadtentwicklung. [...]

Wenn in einen Stadtteil oder in ein Gebäude nicht mehr investiert wird, dann steigt die Wahrscheinlichkeit, dass auch in das Nachbargebäude oder in den benachbarten Stadtteil weniger investiert wird. Insbesondere dann, wenn eine marktgesteuerte Stadtentwicklung dominiert, breitet sich Stadtverfall leichter aus. Die englische Bezeichnung für Stadtverfall, nämlich ‚**Blight**‘, was soviel wie ‚Pilzbefall‘ bedeutet, drückt diesen Effekt der ‚Ansteckung‘ implizit aus. [...]

Urban Blight
sich ausdehnender Stadtverfall

Die Umstände, die zum Stadtverfall führen können, sind im Detail vielfältig. Eine geringe Nachfrage nach Wohnraum – beispielsweise als Folge einer sinkenden Bevölkerungszahl – sorgt für fallende Preise und für steigenden Leerstand. Die Erträge für Hausbesitzer sinken und es steht zu wenig Kapital für eine Erneuerung zur Verfügung. Oder der rechtliche Rahmen sorgt für eine Limitierung der Mieteinnahmen und der sonstigen Immobilienerträge. Damit verlieren die Eigentümer die finanziellen Möglichkeiten, um eine periodische Erneuerung durchzuführen. [...]

Stadterneuerung stellt einen Teilprozess der Stadtentwicklung dar, der den Stadtverfall wieder zu beseitigen versucht. [...] Neben dem Objektbezug (Gebäude, Baublöcke oder Stadtteile) kann man Stadterneuerung auch hinsichtlich des Modus in eine harte und eine **sanfte Stadterneuerung** unterscheiden. Eine ‚sanfte‘ Stadterneuerung versucht, die Maßnahmen der Erhaltung, Sanierung, Umgestaltung und Modernisierung im vorhandenen Bestand mit der dort wohnhaften Bevölkerung durchzuführen, ohne die sozialen Strukturen zu verändern. Im Unterschied dazu akzeptiert die **harte Stadterneuerung** den Austausch und die Verdrängung der angestammten Bevölkerung. Sie akzeptiert diesen Austausch, weil Stadterneuerungsmaßnahmen durch Abriss, Neubau oder Sanierung leer stehender Objekte radikaler erfolgen kann, schneller vonstatten geht und auch mehr Profit abwirft.

Als begriffliche Unterkategorie zur Stadterneuerung kann der **Stadtumbau** aufgefasst werden. Stadtumbau bezeichnet jene städtebaulichen Maßnahmen, die darauf abzielen, Stadtteile bei der Bewältigung des Strukturwandels (alte Industrieviertel) und der Folgen des Rückgangs der Bevölkerung (Abwanderung) zu unterstützen. [...]

↗ Schulbuch S. 242 f. (Wittenberge).

Reurbanisierung stellt einen weiteren Teilprozess der Stadtentwicklung dar, der als Gegensatz zur Suburbanisierung verstanden werden kann. Reurbanisierung äußert sich statistisch in der Bevölkerungs- und Beschäftigungszunahme in der Kernstadt und kennzeichnet insgesamt eine Aufwertung der Kernstadt. [...] Die städtischen Kerngebiete mit ihrer hohen Dichte und ihrer vielfältigen Geschäfts- und Lokalstruktur [werden] von neuen Dienstleistern als attraktiv empfunden. [...] Sie bevorzugen Standorte, an denen sich deren leitende Angestellte wohl fühlen, also in den Kernstädten und nicht in den suburbanen Gebieten. Mit der Rückkehr der einkommensstarken Bevölkerungsgruppen (Gentrifier) wird der **Filtering-down-Prozess** der Innenstadt nicht nur gestoppt, sondern es setzt ein neuer Aufwertungsprozess ein. Wohnungen und Gebäude werden saniert, neue Geschäfte entstehen und Urbanität kehrt zurück. [...]

Filtereffekt vgl. S. 161

[Auch das Recycling von **Brachflächen** gehört zur Stadterneuerung.] Unter Brachflächen und Brachobjekten werden unterschiedlich genutzte urbane Flächen und Baulichkeiten verschiedener Größe und Lage verstanden, die vorübergehend oder dauerhaft nicht mehr oder nur noch sehr extensiv genutzt werden und mehr oder weniger dem Verfall oder einer natürlichen Nutzung unterliegen. Städtische Brachflächen und Brachobjekte können vieles umfassen. Es hat sich dabei als sinnvoll erwiesen, zumindest vier Brachflächentypen zu unterscheiden:
• Industrie- und Bergbaubrache,
• Wohnbrache,
• Verkehrs- und Infrastrukturbrache sowie die
• Konversionsbrache.

Industrie- und Bergbaubrachen bezeichnen jene Flächen, auf denen sich früher Produktionsstätten befanden oder unterschiedliche Materialien abgebaut wurden. Wohnbrachen stellen dagegen ehemalige, nun aber funktionslos gewordene Wohngebäude dar. Infrastrukturbrachen umfassen aufgegebene Werft- und Hafenanlagen, Bahnflächen, aber auch ehemalige Postämter, Schulen und Krankenhäuser. Schließlich sind jene aufgelassenen militärischen Standorte und Produktionsanlagen anzuführen, die als Konversionsbrachen zu kennzeichnen sind.

Diese Brachflächen und ungenutzten Baulichkeiten stellen jedoch für eine innenorientierte Stadtentwicklung wichtige Reserveflächen dar: Sie sind in der Regel gut erschlossen, innenstadtnah und bieten daher im Vergleich zur kosten- und flächenintensiven Aufschließung von Arealen an den Stadträndern ein hohes Nutzungspotenzial. Brachflächen und Brachobjekte gewinnen bei Neuinwertsetzungen durch den Kontrast von alter Baulichkeit und moderner Nutzung einen besonderen Charme und ein hohes Identifikations- und Vermarktungspotenzial. Trotz der genannten Vorteile erweist sich das ‚Recycling‘ von innerstädtischen Brachen in der Praxis als ein schwieriger und oft langwieriger Prozess. Die Flächen erscheinen aus Sicht potenzieller Investoren als wenig attraktiv (‚mentale Altlast‘), sie stehen unter Denkmalschutz oder sie sind kontaminiert und verursachen damit hohe Sanierungskosten. Dennoch stellen diese Brachflächen ein wesentliches Flächenpotenzial für die eng verbauten europäischen Städte dar.

Quelle: Fassmann, Heinz: Stadtgeographie I. Das Geographische Seminar. Braunschweig 2009, S. 172–176

↗ Schulbuch
S. 244 f. (Detroit)

Revitalisierung ehemaliger Hafengebiete

Durch technologische Innovationen im Warentransport der Seeschiff-fahrt hat sich in Hafenstädten ein Strukturwandel vollzogen. Alte Hafenbecken wurden für die immer größer werdenden Schiffe zu klein, Umschlageinrichtungen entsprachen nicht mehr modernen Anforde-rungen. Es setzte ein tiefgreifender Umbau in Hafenstädten ein. Der Hafen konnte nicht mehr integrierter Bestandteil der Stadt bleiben, er musste verlagert werden, meist in Richtung der Mündung der Flüsse. Die nicht mehr benötigten Flächen im alten Hafen fielen brach. Die **Revitalisierung**, also die Umnutzung dieser Flächen durch sinnvolle Nachnutzungen, ist für viele Hafenstädte zum Schwerpunktthema der Stadtentwicklung geworden. Die Nutzungskonzepte ähneln sich dabei. Es entstehen moderne Wohn- und Bürokomplexe sowie Freizeiteinrich-tungen im ehemaligen Hafengebiet (Mischnutzung). Durch die attrak-tive Wasserlage handelt es sich um begehrte Wohnstandorte. Es ziehen einkommenstarke Bevölkerungsgruppen in zuvor vernachlässigte oder sozial schwächere Teilräume. Hafenviertel verlieren somit ihr Negativ-image. Diese Entwicklung ist meistens bewusst geplant und wird durch eine gute Infrastruktur und das Freizeitangebot noch unterstützt.

Die Entwicklung des Wohnens am Wasser in ehemaligen Hafengebie-ten setzte in Europa schon Mitte der 1970er-Jahre ein. In Amsterdam wurden bereits 1975 brachliegende Hafenflächen für Wohnen, Gewer-be und Arbeiten umgewidmet. Der Masterplan zur Revitalisierung der Londoner Docklands, der „London Docklands Strategic Plan", stammt aus dem Jahr 1976. Im amerikanischen Baltimore entstand die Idee zur Umnutzung solcher Anlagen sogar schon Ende der 1960er-Jahre. Das größte innerstädtische Stadtentwicklungsvorhaben Europas wird der-zeit in Hamburg realisiert: die HafenCity. Die Stadtumbaumaßnahmen sollen 2030 abgeschlossen werden, ein großer Teilabschnitt ist bereits fertiggestellt.

In Klausuren geht es darum, bei dem vorgelegten Raumbeispiel den Strukturwandel zu erläutern und die Stadtumbaumaßnahme zu be-werten. Sie sollten dabei auf die veränderten Funktionen eingehen sowie auf die Veränderung der Sozialstruktur. Wahrscheinlich wird auch nach der Bedeutung der Stadtumbaumaßnahme für die Stadt insgesamt gefragt.

↗ Schulbuch S. 240 f. (Londoner East End)

Revitalisierung
Umnutzung,
Wieder- und Neu-
belebung

<< LERNTIPP

Rückbau als Stadterneuerungsmaßnahme in schrumpfenden Städten

↗ Schulbuch
S. 242 f. (Wittenberge).

Rückbau
Abriss oder Teilabriss von Gebäuden

Überalterung
Prozess, bei dem die Bevölkerung eines Raums durch einen immer höheren Anteil älterer Personen geprägt ist

Viele Städte in den neuen Bundesländern sehen sich mit dem Problem konfrontiert, dass die Städte „schrumpfen", dass also die Bevölkerungszahl kontinuierlich abnimmt. Der Verlust der Arbeitsplätze nach der Wende führte zur Abwanderung eines Großteils der Bevölkerung, vor allem der jungen Bevölkerung. Als Folge stehen viele Wohnungen leer, insbesondere in den Großwohnsiedlungen. Eine Strategie der Stadtplanung gegen den Leerstand ist der Rückbau. In Wittenberge zum Beispiel sollen bis 2030 Gebäude mit insgesamt 4100 Wohnungen abgerissen werden, um den Wohnungsmarkt zu stabilisieren. Der **Rückbau** umfasst den vollständigen Abriss von Plattenbauten, aber auch bei einigen Gebäuden die Reduzierung von Stockwerken, also Erhalt der unteren Geschosse. Grünanlagen auf den frei werdenden Flächen sollen den Wohnwert der Stadt erhöhen.

Ein zusätzliches Problem in diesen Städten ist die **Überalterung**, die nach dem Wegzug der jungen Bevölkerung einsetzt. Auf die veränderte Altersstruktur wollen Stadtplaner mit einem entsprechenden Angebot an Infrastruktur reagieren. Zum einen geht es um Angebote für die ältere Bevölkerung, zum anderen aber auch um eine Steigerung der Attraktivität für Familien, um dem Prozess der Überalterung entgegenzuwirken.

XI.4 Erweitertes Wissen

Raumplanung in Deutschland

Der Beginn der **Raumplanung** auf übergemeindlicher Ebene in Deutschland fällt zusammen mit dem Prozess der Industrialisierung im 19. Jahrhundert, als das starke Bevölkerungswachstum zu einem planlosen Ausufern der Städte führte. Die Steuerung dieser Prozesse wurde zunächst als eine Koordinierungsaufgabe zwischen Kommunen verstanden. Einer der ersten Planungsverbände war der 1920 gegründete Siedlungsverband Ruhrkohlenbezirk. In ihm schlossen sich die Kommunen des Ruhrgebiets zusammen, um die Planungsaufgaben im Zusammenhang mit der aufstrebenden Industrie und dem Städtewachstum gemeinsam zu bewältigen. Erst die Einrichtung der „Reichsstelle für Raumordnung" 1935 markiert den Beginn der staatlichen **Raumordnung** in Deutschland. Allerdings wurde sie überwiegend in den Dienst der politischen Zielsetzungen des Nationalsozialismus gestellt, unter anderem der Besiedlung der Gebiete östlich der Elbe. In den 1950er-Jahren konnte die Notwendigkeit einer gemeindeübergreifenden Planung nicht länger übersehen werden. Gestiegener Wohlstand und zunehmender Individualverkehr hatten zu einer beständigen Ausweitung der Siedlungs- und Verkehrsfläche geführt – auf Kosten von Natur- und Freiflächen. Dieser Trend hält bis heute an. Gleichzeitig beobachtete man, dass die Lebensqualität in den aufstrebenden Verdichtungsräumen beständig stieg, während sie in eher ländlichen und peripher gelegenen Räumen sank. Diese Teilräume verloren zunehmend an Bevölkerung, Arbeitsplätze verschwanden und die Bebauung verfiel zusehends. Zum bestimmenden Leitbild der Raumordnung wurde der Ausgleich von **regionalen Disparitäten**. Damit sollte die vom Grundgesetz vorgegebene Schaffung gleichwertiger Lebensbedingungen in allen Teilräumen Deutschlands gewährleistet werden. Dies wurde im Raumordnungsgesetz (ROG) von 1965 erstmals festgeschrieben und gewann nach der Wiedervereinigung 1990 erneute Brisanz, als zwei so ungleiche Teilräume wie Ost- und Westdeutschland zusammenwachsen sollten. „Im Gesamtraum der Bundesrepublik Deutschland und in seinen Teilräumen sind ausgeglichene soziale, infrastrukturelle, wirtschaftliche, ökologische und kulturelle Verhältnisse anzustreben. Dabei ist die nachhaltige Daseinsvorsorge zu sichern, nachhaltiges Wirtschaftswachstum und Innovation sind zu unterstützen, Entwicklungspotenziale sind zu sichern und Ressourcen nachhaltig zu schützen. […] Auf einen Ausgleich räumlicher und struktureller Ungleichgewichte zwischen den Regionen ist hinzuwirken." (Quelle: Raumordnungsgesetz 2009, §2)

↗ Schulbuch S. 250 f.

Ebenen und Akteure der Raumplanung

Grundsätzlich ist die Raumplanung Aufgabe des Staates, der damit seiner Pflicht zur Förderung und Entwicklung einer nachhaltigen Raumstruktur nachkommt. Entsprechend den Prinzipien unseres föderalistischen Staates erfolgen räumliche Planungen und Maßnahmen aber nicht zentralistisch. Vielmehr garantiert das Grundgesetz den Städten und Gemeinden das Recht, sich selbst zu verwalten. Ein Kernbereich dieser Selbstverwaltung ist die sogenannte Planungshoheit. Sie beinhaltet für die Gemeinden das Recht, in eigener Verantwortung durch die Bauleitplanung die bauliche Entwicklung zu gestalten. Allerdings müssen alle Planungen mit den Zielen und Grundsätzen der übergeordneten Planungsebene vereinbar sein. So arbeiten Bund, Länder und Kommunen in der Raumplanung im Sinne eines „kooperativen Föderalismus" eng zusammen.

↗ Schulbuch S. 254 f. (Metropolregion Hannover)

📖
↗ Schulbuch S. 252 f.

Dem Bund ist nach dem Grundgesetz im Bereich der Raumordnung eine Rahmenkompetenz zugewiesen. Dies bedeutet, dass er Ziele und Grundsätze in Gesetzen festlegen kann. Die nachfolgenden Planungsebenen füllen diese Grundsätze entsprechend den Gegebenheiten vor Ort mit konkreten Inhalten aus. Sie führen zudem die Planungsmaßnahmen durch. Diese wiederum müssen von der nächsthöheren Ebene überprüft und genehmigt werden. Die wechselseitige Abhängigkeit ist eines der Grundprinzipien der räumlichen Planung in Deutschland. Es wird als **Gegenstromprinzip** bezeichnet. Der Einfluss der überregionalen auf die kommunalen Planungsträger wird als „Top down" (Planung von oben nach unten) bezeichnet, der Gegenstrom dazu als „Bottom up" (Planung von unten nach oben). Das Gegenstromprinzip gewährleistet, dass sich Einzelräume in die Ordnung des Gesamtraumes einfügen, dass umgekehrt aber auch die Interessen der Einzelräume berücksichtigt werden.

Gegenstromprinzip
wechselseitige Beeinflussung der übergeordneten und der untergeordneten Plaungsträger

Alle Großvorhaben, vom Bau eines Flughafens, eines Kraftwerkes, einer ICE-Strecke oder einer Bundesautobahn, werden durch ein **Raumordnungsverfahren** auf ihre Übereinstimmung mit den Zielen der Raumordnung und Landesplanung sowie der Umweltverträglichkeit geprüft. Ein Raumordnungsverfahren schließt eine Strategische Umweltprüfung sowie eine **Umweltverträglichkeitsprüfung** ein. In diesen Prüfverfahren wird beschrieben, wie sich ein Projekt auf Menschen (einschließlich der menschlichen Gesundheit), Tiere, Pflanzen, biologische Vielfalt, Boden, Wasser, Luft, Klima, Landschaft sowie Kulturgüter auswirken kann. Zu dem Bericht können die Öffentlichkeit und fachlich betroffene Behörden in Deutschland und in betroffenen Nachbarstaaten Stellung nehmen.

📖
↗ Schulbuch S. 253 (Nordrhein-Westfalen)

Modell der zentralen Orte nach Christaller
vgl. S. 193

Auf Ebene der Bundesländer werden in Abstimmung mit der Bundesraumplanung in regelmäßigen Abständen **Landesentwicklungsprogramme** und -pläne erstellt. In ihnen wird zum Beispiel dargestellt, welche Versorgungsfunktion die einzelne Kommune in der Hierarchie der **zentralen Orte** übernimmt oder wo wichtige Verkehrsleitlinien verlaufen sollen. Auch Gebiete für Naherholung oder Landwirtschaft und geeignete Standorte für Sondernutzungen wie Windenergieanlagen sind ausgewiesen.

Konkreter als die Landesplanung nimmt die Regionalplanung Einfluss auf die räumliche Entwicklung. Die dortigen Akteure erstellen Planungsvorschläge für die Entwicklung einzelner Regionen.

📖
↗ Schulbuch S. 250

<< LERNTIPP

Die Hierarchie der zentralen Orte in Nordrhein-Westfalen können Sie in der Karte im Schulbuch auf S. 253 sehen. Die Oberzentren sind in Nordrhein-Westfalen nicht so idealtypisch verteilt wie im Modell von Christaller, weil durch den Rhein-Ruhr-Wirtschaftsraum die Homogenität des Raumes „gestört" ist. Gleichmäßiger verteilt sind die Zentren in der Region Hannover (vgl. Schulbuch S. 254 und 255).

↗ Schulbuch S. 254 f.

Aktuelle Ziele und Leitbilder der Raumplanung

↗ Schulbuch S. 250

Die Schaffung gleichwertiger regionaler Lebensverhältnisse ist heute das dominierende Ziel der Raumplanung in Deutschland. Was aber meint Gleichwertigkeit? Hiermit ist nicht Gleichheit gemeint. Die regionale Vielfalt, die Deutschland seit jeher prägt, gilt es zu erhalten. Diejenigen räumlichen Unterschiede jedoch, die zu Benachteiligungen aufgrund struktureller Schwächen geführt haben, sollen abgeschwächt werden: Die Bewohner strukturschwacher, oft ländlicher oder altindustrieller Regionen sollen nicht gezwungen sein, auf der Suche nach Arbeit ihre Heimatregionen zu verlassen. Hier stehen nach Vorstellung der Raumplaner Stabilisierung der Raumstruktur und Stimulierung wirtschaftlicher Entwicklungen im Mittelpunkt. Bewohner der durch Emissionen und Verkehr stark belasteten Verdichtungsräume sollen nicht um ihre Gesundheit bangen und den Wohnstandort wechseln müssen. Hier muss für ein ökologisch ausgeglichenes, geordnetes Miteinander gesorgt werden. Schulen, Universitäten und Krankenhäuser, aber auch Geschäftszentren und Gewerbegebiete sollen von überall her in zumutbarer Entfernung erreichbar sein. Dies stellt besonders die infrastrukturschwachen peripheren Gebiete im Nordosten Deutschlands vor große Herausforderungen. Eines der vier zentralen **Leitbilder**, die gegenwärtig die Raumplanung in Deutschland kennzeichnen, ist es daher, die Daseinsvorsorge zu sichern und Disparitäten abzubauen.

Ein weiteres Leitbild ist „Wettbewerbsfähigkeit stärken". Es zielt darauf ab, die Wettbewerbsfähigkeit vor allem der Metropolregionen in Deutschland weiter zu stärken.

Das dritte Leitbild ist die nachhaltige Entwicklung von Räumen. Hiermit ist der nachhaltige Umgang mit den begrenzten Ressourcen wie Freiflächen und Rohstoffen angesprochen. 2016 ist ein viertes Leitbild hinzugekommen: „Klimawandel und Energiewende gestalten". Es trägt den aktuellen Herausforderungen in diesem Aufgabenfeld zwischen Bund und Ländern Rechnung. In den Leitbildern spiegeln sich drei wichtige Prinzipien einer geordneten Raumplanung wider: Ausgleich (von Disparitäten), Wachstum (der Wirtschaftskraft) und Stabilität (des Naturhaushaltes und der Energieversorgung).

Handlungsfelder der Raumplanung

Die Leitbilder bilden ein Dach für alle raumbezogenen politischen Ziele. Auf ihrer Grundlage entwickelt die Raumplanung konkrete Handlungsstrategien, die in der Praxis umgesetzt werden können. Aktuell hat die Ministerkonferenz für Raumordnung unter anderen die folgenden **zentralen Handlungsfelder** definiert:

(1) Umgang mit den Folgen des demographischen Wandels. Besonders in schrumpfenden Regionen muss bei der Entwicklung der Siedlungs- und Infrastrukturen noch stärker auf Modernisierung, Umbau und Rückbau gesetzt werden. Das bedeutet, dass die Planer den Bestand (zum Beispiel an Gebäuden und Infrastruktur) erst genau definieren und dann entscheiden müssen, was erhalten, erneuert oder sogar abgerissen werden muss. Das bezeichnet man auch als vorausschauendes Bestandsmanagement. Zugleich sind die räumlichen Rahmenbedingungen für solche Regionen zu verbessern, die von Wanderungsbewegungen profitieren, die also weiterhin wachsen. In diesen müssen die Herausforderungen im Zusammenhang mit der hohen Bevölkerungs- und Arbeitsplatzdichte bewältigt werden, wie zum Beispiel die Wohnungsnot, hohe Verkehrsdichte und Integrationsaufgaben.

(2) Umgang mit den Folgen des Klimawandels und Gestaltung der Energiewende. Bei diesem Handlungsfeld sind die Akteure der Raumentwicklung zum einen gefordert, eine Vorsorge hinsichtlich zunehmender Naturgefahren, wie zum Beispiel Hochwasser, Hitzeperioden oder Sturmereignisse, zu treffen. Dies könnte durch Hochwasserschutzkonzepte realisiert werden oder durch die Festlegung von Frischluftschneisen in dicht besiedelten Verdichtungsräumen. Zum anderen muss eine klimaverträgliche Energieversorgung sichergestellt werden. Die in Deutschland beschlossene Energiewende erfordert einen Ausbau der erneuerbaren Energien. Dazu ist eine ausreichende Festlegung von geeigneten Flächen zur Energieerzeugung (zum Beispiel Windparks) notwendig. Auch der Ausbau des Stromübertragungsnetzes muss sichergestellt werden. Die Anlage von Stromtrassen oder der Bau von Windparks sowie großen Biogasanlagen wird allerdings häufig von Bürgerprotesten begleitet. Hier sieht sich die Raumplanung verpflichtet, zu einem Ausgleich der Interessen zu kommen. Dabei muss gewährleistet sein, dass Entscheidungen getroffen werden, die auch den folgenden Generationen dienlich sind.

(3) Schutz und Pflege natürlicher Lebensgrundlagen. Dieses Handlungsfeld zielt vor allem darauf, die weitere Zersiedelung der Landschaft und die Überlastungen von Räumen zu vermeiden. Immer

noch wird in Deutschland täglich eine Fläche von etwa 75 Hektar (ca. 100 Fußballfelder) versiegelt. Dieser Flächenverbrauch bewirkt unter anderem den Verlust naturnaher Flächen und bedroht damit die biologische Vielfalt. Erklärtes Ziel der Raumplanung ist es, den Flächenverbrauch bis 2020 drastisch zu senken – auf maximal 30 Hektar pro Tag. Allerdings ist das Ziel kaum noch zu erreichen. Wie sich gegenwärtig zeigt, werden selbst in schrumpfenden Regionen weiterhin neue Siedlungs- und Verkehrsflächen ausgewiesen. Die Reduzierung der Flächenneuinanspruchnahme für Siedlungs- und Verkehrszwecke bleibt daher eine der zentralen Aufgaben nachhaltiger Raumentwicklung.

(4) Bewahrung und Schaffung leistungsfähiger Verkehrsinfrastruktur. Dieses bedeutende Handlungsfeld der Raumplanung steht in Zusammenhang mit der fortschreitenden Globalisierung und dem damit zusammenhängenden Ansteigen der Verkehrsströme. Sie erfordern effizientere und leistungsfähigere Systeme der Mobilität und Logistik. Konkrete Maßnahmen in diesem Feld sind der Ausbau von integrierten Logistikstandorten (Verbund von Straße, Schiene und Wasser) sowie eine Anbindung des Straßen- und Schienennetzes an überregionale Verkehrsachsen. Diese Maßnahmen stehen teilweise in Konflikt zum Handlungsfeld Reduzierung der Flächenneuinanspruchnahme.

(5) Förderung der Einbindung Deutschlands in das vereinte Europa der Regionen. Dieses Handlungsfeld muss vor dem Hintergrund eines stärker und größer werdenden Europas gesehen werden. Räumliche Entwicklung macht schließlich nicht an Ländergrenzen halt, vielmehr bestehen vielfältige Abhängigkeiten. Längst schon pendeln Arbeitnehmer täglich über Ländergrenzen und es bestehen vielfältige Versorgungsbeziehungen. Auch Umweltbelastungen enden nicht an Grenzen. Daher arbeitet Deutschland gemeinsam mit den Ländern der Europäischen Union beständig an einem Europäischen Raumentwicklungskonzept. Zudem bestehen mit einzelnen Nachbarstaaten grenzüberschreitende Planungsverbünde. Im Reformvertrag von Lissabon wurde 2009 außerdem der territoriale Zusammenhalt neben dem wirtschaftlichen und sozialen Zusammenhalt als Ziel der Europäischen Union verankert. Damit hat sich die EU die gemeinsame Aufgabe gestellt, auf ihrem gesamten Territorium eine harmonische, ausgewogene und nachhaltige Entwicklung des Wirtschaftslebens zu fördern. Für Deutschland bedeutet dies, vermehrt die Chancen der infrastrukturellen Vorteile durch die zentrale Lage in Europa zu nutzen. Dies erfordert zum Beispiel eine verstärkte Zusammenarbeit in grenzüberschreitenden Räumen wie den verschiedenen Euregios. Wichtige Bereiche der grenzüberschreitenden

Zusammenarbeit dort sind zum Beispiel Wirtschaftskooperationen, Förderung des grenzüberschreitenden Tourismus, des Umweltschutzes oder kultureller Veranstaltungen.

(6) Ein alle anderen betreffendes Handlungsfeld ist die Etablierung effektiver Bürgerbeteiligung bei allen raumbezogenen Planungen. In diesem Handlungsfeld zeigt sich die Wirkung der zunehmenden Bürgerproteste gegen Großvorhaben der letzten Jahre – wie beispielsweise gegen Stuttgart 21 oder den Ausbau der Landebahn Nordwest am Frankfurter Flughafen. Bürgerinnen und Bürger möchten zunehmend an Planungsentscheidungen direkt beteiligt werden. Eine gelungene Bürgerbeteiligung setzt zuallererst Transparenz voraus. Damit ist gemeint, dass im Vorfeld jeder planerischen Maßnahme eine umfassende, rechtzeitige und verständliche Information über das Vorhaben, seine Folgen und die einzelnen Verfahrensschritte erfolgen muss. Die schon bestehenden Instrumente der Bürgerbeteiligung müssen hierzu weiterentwickelt werden. Dazu werden vermehrt auch digitale Medien genutzt. Bei sogenannten Bürgerforen werden zum Beispiel Onlineplattformen für den Meinungsaustausch geschaffen.

📖
↗ Schulbuch
S. 248 f. (Stuttgart)

Das Konzept der zentralen Orte

Allen Maßnahmen der Raumplanung liegen theoretische Konzepte zugrunde. Mit ihnen versuchen Raumplaner, räumliche Entwicklungen zu erklären beziehungsweise vorherzusagen und zu steuern. Dazu haben sie sich in den vergangenen Jahrzehnten verschiedener dieser Modelle und Konzepte bedient, sie teilweise auch selbst entwickelt. Angewandt werden sie in Entwicklungsprogrammen und -plänen.

Eines der wichtigsten Konzepte der Raumplanung ist das System der **zentralen Orte**, das ursprünglich vom Geographen Walter Christaller in den 1930er-Jahren entwickelt wurde. Es findet sich in nahezu allen Landesentwicklungsplänen der Bundesländer wieder. Ein zentraler Ort ist im Sinne der Raumordnung eine Siedlung, die Versorgungsfunktionen für ein näheres oder weiteres Umland übernimmt. Die Anwendung des Modells erfolgt in mehreren Schritten. Zunächst ermitteln die Raumplaner durch eine Bestandsaufnahme bestehende Versorgungsengpässe mit wichtigen zentralen Einrichtungen wie Krankenhäuser, Fachgeschäfte, weiterführende Schulen, größere Sportanlagen oder Kulturstätten. Aus den festgestellten Ausstattungen der Städte und Gemeinden ergibt sich jeweils das zu erhaltende beziehungsweise zu schaffende Angebot. Der Staat beziehungsweise die Länder sind

zentraler Ort
Siedlung, die Versorgungsfunktionen für ein näheres oder weiteres Umland übernimmt

bemüht, im Rahmen ihrer Möglichkeiten diese zentralörtliche Ausstattung auf den verschiedenen Ebenen herzustellen. Dies geschieht in der Regel durch die Zuweisung finanzieller Mittel, um die benötigte Infrastruktur zu schaffen beziehungsweise zu erhalten. Mit der Anwendung des Modells versuchen also Planer, Disparitäten in den Teilräumen abzubauen und dem Grundsatz von gleichwertigen Lebensbedingungen gerecht zu werden. Dies entspricht dem Leitbild „Daseinsvorsorge sichern".

Das punktuelle Konzept der zentralen Orte wurde inzwischen durch sogenannte **Entwicklungsachsen** erweitert. Die Funktion dieser Achsen ist es, die einzelnen Orte durch Verkehrs- und Kommunikationsbänder miteinander zu verbinden. Entlang der Achsen können auch periphere Räume angebunden werden. Die Hoffnung der Raumplaner ist, dass entlang der Achsen Standortvorteile geschaffen werden, die letztlich Entwicklungsimpulse für die angrenzenden Räume geben. Denn eine gute verkehrliche Anbindung ist eine bedeutende Voraussetzung für die positive Standortentscheidung eines Investors. Gegenwärtig werden das Prinzip der zentralen Orte und auch der Grundsatz der Gleichwertigkeit kontrovers diskutiert. Angesichts des demographischen Wandels zum Beispiel erscheint eine flächenhafte, auf Ausgleich bedachte Förderung nach dem Gießkannenprinzip kaum noch finanzierbar. Stattdessen bevorzugt man verstärkt Konzepte, die eine Schwerpunktförderung möglich machen.

↗ Schulbuch S. 255 (Metropolregion Hannover–Braunschweig–Göttingen–Wolfsburg)

↗ Schulbuch S. 250

MODELL > Das Modell der zentralen Orte nach Christaller
- hierarchisches Siedlungssystem mit einer regelhaften Verteilung der Siedlungen in einem Wabenmuster
- zentrale Orte mit Güter- und Dienstleistungsangebot, das nicht nur der Versorgung der eigenen Bevölkerung dient, sondern auch das Umland mitversorgt
- Voraussetzung: gleichförmiger Raum, eine „vollkommene Marktwirtschaft" und als „Homo oeconomicus" agierende Anbieter und Nachfrager
- hexagonales Muster als optimale Anordnung der Versorgungszentren
- zentrale Orte der höheren Stufe verfügen immer auch über sämtliche Einrichtungen der niedrigeren Stufen

Ökologische Stadtentwicklung

Die Umwelt ist durch den Bau von Städten, ihre bis heute andauernde flächenmäßige Ausdehnung und durch die in ihnen lebenden und wirtschaftenden Menschen stark verändert worden. Langsam setzt sich bei den Bewohnern ein ökologisches Bewusstsein durch. Die Menschen versuchen, ökologische Fehler, die seit der Industrialisierung in der Stadtplanung und in der Wirtschaft gemacht wurden, zu beheben und die Ressourcenverschwendung und deren Folgen einzudämmen.

Es ist eine besondere Aufgabe der Stadtplanung, die vorhandenen Probleme wie Luft-, Wasserverschmutzung, Lärmaufkommen, Ressourcenverschwendung und Bodenversiegelung in den Griff zu bekommen, um den Lebensraum Stadt lebenswert zu gestalten. Zu einer **nachhaltigen Stadtentwicklung** gehören aber auch stadtplanerische Konzeptionen wie zum Beispiel flächensparendes Bauen, umweltfreundlicher Verkehr, qualitätsvolle Freiflächengestaltung und eine enge Verzahnung der Daseinsgrundfunktionen Wohnen, Arbeiten, Versorgung und Erholung. Einige Städte haben einen Schwerpunkt auf die Nutzung erneuerbarer Energien und energiesparende Bauweisen gelegt. Freiburg-Vauban gilt hier als Musterbeispiel. Die Häuser sind hier überwiegend Niedrigenergiehäuser und Passivhäuser (energieeffiziente Bauweise). Die Energieversorgung basiert auf der Nutzung von erneuerbaren Energien, zum Beispiel der Nutzung der Dachflächen für Solaranlagen. Zum Konzept in Vauban gehört außerdem, dass der Individualverkehr eingeschränkt ist. Autofreie Siedlungen haben allerdings auch schon andere Städte eingerichtet.

↗ Schulbuch S. 256 f.

Natürliche Ökosysteme sind langfristig in einem Gleichgewicht und können sich, wie zum Beispiel nach Extremwetterlagen, rasch wieder regenerieren. Städte sind hingegen künstlich geschaffene Ökosysteme, wurden in natürliche Ökosysteme implantiert und sind weitaus weniger regenerationsfähig. In ihnen haben sich ein eigenes Stadtklima, neue Abfluss-, Verdunstungs- und Windverhältnisse eingestellt und hier werden durch den Verbrauch von Rohstoffen jeglicher Art Abfälle und Schadstoffe produziert, die die Stadt auf ihrer eigenen Fläche nicht entsorgen kann. Das urbane Ökosystem ist deshalb dringend auf das ländliche Ökosystem angewiesen, um lebensfähig zu bleiben.

XI.5 Übungsmöglichkeiten mit dem Diercke Weltatlas

Auch zu diesem Kapitel finden Sie Karten im Diercke Weltatlas, mit denen Sie üben können. Sie finden Zusatzinformationen zu den Karten unter www.diercke.de. Geben Sie den Kartennamen ein und Sie erhalten die Atlaskarte sowie den erläuternden Text. Überprüfen Sie, ob Sie Ihre erworbenen Sach-, Methoden- und Urteilskompetenzen anwenden können. Sie sollten auf jeden Fall in der Lage sein, Stadtstrukturen zu beschreiben, Stadterneuerungsmaßnahmen zu erläutern und zu bewerten.

Karte	Atlasseite und Kartennummer
Hamburg – Altstadt und HafenCity	35 ③
London – Innenstadt	127 ③
Halle-Silberhöhe – Stadtrückbau	43 ④
München-Neuperlach – Großwohnsiedlung	79 ⑤
Hohensaaten (Brandenburg) – Überalterung	81 ⑧
Detroit – Nutzung und Veränderung einer Downtown	217 ③
Essen-Margarethenhöhe – Gartenstadt	79 ③
Emscher Landschaftspark – Landschaft des Strukturwandels	73 ④
Stuttgart – Stadt- und Verkehrsentwicklung	49 ③
Region Hannover – Flächennutzung und Raumplanung	36 ③
Quartier Vauban (Freiburg) – Nachhaltige Stadtentwicklung	69 ⑧
Saerbeck (Münsterland) – Nachhaltige Versorgung	69 ⑥

195

XII

Moderne Städte

Ausschließlich Zentren des Dienstleistungssektors?

XII.1 Zu erwerbende Kompetenzen

Nach Bearbeitung des Kapitels können Sie ...
... die Merkmale von Global Cities nennen.
... die Herausbildung von Global Cities zu höchstrangigen Dienstleistungszentren als Ergebnis der globalen Wirtschaftsentwicklung erklären.
... Folgen des überproportionalen Bedeutungszuwachses von Global Cities erörtern.
... die Entwicklung und Planung von Städten im Hinblick auf eine nachhaltige Stadtentwicklung beschreiben und bewerten.
... Maßnahmen für eine nachhaltige Stadtentwicklung im Spannungsfeld von Mobilität und Lebensqualität bewerten.
... die Bedürfnisse von Frauen, Männern und Kindern bei der Bewertung von Maßnahmen für eine nachhaltige Stadtentwicklung berücksichtigen.
... erörtern, ob moderne Städte mehr als Zentren des Dienstleistungssektors sind.
... Darstellungs- und Arbeitsmittel in Materialzusammenstellungen fragebezogen auswerten.

XII.2 Übersicht über die Themen des Kapitels

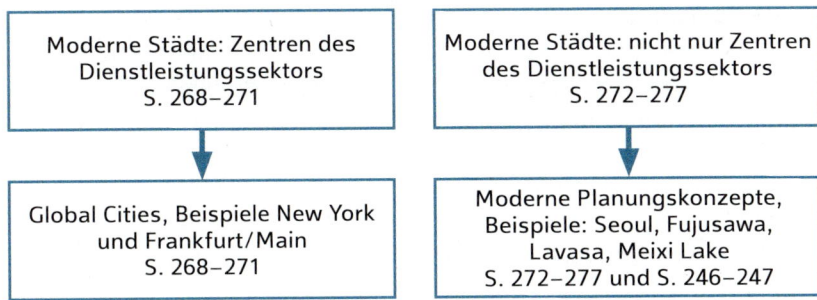

Das letzte Kapitel zum Themenbereich Stadtgeographie behandelt schwerpunktmäßig den Bedeutungsüberschuss des Dienstleistungssektors in Großstädten und Möglichkeiten des Gegensteuerns. Der Wandel der Städte zu Dienstleistungszentren geht nämlich einher mit der Verdrängung der Wohnfunktion und dem Verlust von Urbanität. Die vorgestellten Raumbeispiele sollten Sie unter der Fragestellung bewerten: Können moderne Städte mehr als Zentren des Dienstleistungssektors sein?
Hier ein Beispiel einer Themenformulierung aus den Abituraufgaben der letzten Jahre, das sich auf die Inhalte des Kapitels bezieht:
• Aktuelle Stadtentwicklungsprozesse in Metropolregionen

Insbesondere in mündlichen Abiturprüfungen wird häufig nach den Merkmalen von Global Cities gefragt. Sie sollten sich also darauf einstellen. Eine Übersicht finden Sie im Schulbuch auf Seite 269.

<< LERNTIPP

XII.3 Basiswissen

„Obwohl Märkte nicht mehr an lokale Standorte gebunden sind und es die Kommunikationstechnologien nicht mehr erforderlich machen, dass Besprechungen und Verhandlungen in Gegenwart der Beteiligten geführt werden müssen, haben Städte nicht an Bedeutung verloren. [...] Vielmehr konzentrieren sich Steuerungs- und Kontrollfunktionen in wenigen Großstädten, den Global Cities. [...] [Hier ermöglicht] die Nähe zu anderen Firmen den informellen Austausch zwischen Entscheidungsträgern, der neben formellen Treffen ebenfalls wichtig ist."

Quelle: Backhaus, Norman: Globalisierung. Das Geographische Seminar. Braunschweig 2009, S. 277

Global Cities – Zentren des Dienstleistungssektors

📖
↗ Schulbuch
S. 268 f. (New York)
S. 270 f. (Frankfurt am Main)

FIRE-Sektoren
Finance, Insurance, Real Estate (Finanz-, Versicherungs- und Immobilienunternehmen)

Face-to-face-Kontakt
vgl. S. 64

Mit zunehmender Globalisierung wuchs bei multi- und transnationalen Unternehmen, sogenannten Global Playern, der Bedarf nach Dienstleistungen, die sie in die Lage versetzten, weltweit wirtschaften zu können: Sie benötigen Wissen, um sich in den Märkten und Rechtssystemen anderer Regionen zurechtzufinden, und greifen daher auf entsprechende juristische Dienste, Finanzdienstleistungen oder Marketing- und Steuerberatung zurück. Vor allem die vermehrten Gründungen globaler Finanz- und Dienstleistungsunternehmen in den sogenannten „**FIRE-Sektoren**" (Finance, Insurance, Real Estate) haben den Bedarf an Steuerungsfunktionen verstärkt.

Das Angebot an solchen Dienstleistungen findet sich vor allem in **Global Cities**. Hier laufen der globale Warenhandel und die Finanzströme, die globale Arbeitsteilung und die weltweite Logistik – gewissermaßen die Fäden der Weltwirtschaft – zusammen. Dafür spielt eine wichtige Rolle, dass gerade Anbieter hoch spezialisierter Dienstleistungen von einer Konzentration profitieren. Der Kern dabei ist die Verfügbarkeit von Informationen: Routineinformationen wie beispielsweise Aktienkurse sind mithilfe der digitalen Kommunikationsmittel überall und immer verfügbar. Die in großer Konkurrenz zueinander stehenden, innovativen globalen Akteure benötigen aber Informationen, bevor sie öffentlich sind. Sie brauchen vertrauliche Ratschläge und Einschätzungen von Experten. Die Bedeutung von **Face-to-face-Kontakten** und der Möglichkeit zum informellen Austausch ist also entscheidend. Das Angebot wichtiger Infrastruktur, die an anderen Orten nur mit erheblichen Kosten bereitgestellt werden könnte, und die Nähe zu ergänzenden oder auch konkurrierenden Unternehmen sind ebenfalls Gründe, die die Konzentration begünstigen.

In den Global Cities treffen diese Dienstleistungsunternehmen auf die Hauptquartiere und Unternehmenssitze der **Global Player**. Wie konsumorientierte Dienstleistungsunternehmen haben auch diese unternehmensorientierten Dienstleistungsunternehmen Einzugsbereiche, bei denen es aber nicht um Versorgung der Bevölkerung geht. Da sie ihre Dienstleistung den Global Playern anbieten, ist ihre Reichweite global. Ihre Standorte, die Global Cities, stellen daher die oberste Hierarchieebene im System der zentralen Orte dar.

Global Player
vgl. S. 70

In der Wissenschaft finden sich verschiedene Ansätze, die Bedeutung einzelner Global Cities zu definieren. Dabei werden unterschiedliche Merkmale und Indikatoren genutzt und verschieden gewichtet. Deshalb unterscheiden sich auch Rankings von Global Cities voneinander. Oft werden neben den genannten wirtschaftlichen Merkmalen, die Global Cities zu Knotenpunkten der globalen Wirtschaft machen, weitere hinzugezogen, wie etwa die Zahl und Bedeutung internationaler Organisationen und Institutionen, die Größe und Bedeutung internationaler Flug- und Seehäfen und der Grad der Vernetzung mit anderen Zentren. So haben die Global Cities auch gemeinsam, dass sie Knotenpunkte des internationalen Transports und Verkehrs sowie der digitalen Hightech-Kommunikationsnetze sind.

↗ Schulbuch S. 269

In keiner der Global Cities werden wirklich alle Dienstleistungen angeboten. Bis auf wenige Ausnahmen sind die Global Cities Millionenstädte. Sie bieten meistens eine besondere Lebensqualität mit urbanem Leben und Kultur, die das gut bezahlte, gehobene Management anziehen. Im Stadtbild wird die Entwicklung zu einer Global City meistens durch die Ausweitung und Verdichtung der Finanz- und Geschäftsviertel sichtbar. Andere Auswirkungen betreffen etwa den Wohnungsmarkt: Es entstehen teure Wohnviertel der Banker, Juristen und Manager mit hohen Einkommen, der Druck auf den Wohnungsmarkt ist hoch. So ist es derzeit in London oder Manhattan sehr schwer, bezahlbaren Wohnraum für ansässige „Normalverdiener" zu finden.

„Zu den gut etablierten Global Cities gehören London und New York, die in allen Bereichen die größten Kontroll- und Steuerungsfunktionen einnehmen. Mit kleinen Abstrichen und einer Betonung der Kultur gehören auch Paris, Los Angeles und San Francisco in diese Gruppe. Amsterdam, Boston, Chicago, Madrid, Mailand, Moskau und Toronto sind aufstrebende Global Cities.

↗ Schulbuch
S. 268 f. (New York)

Zu den auf einen bestimmten Aspekt spezialisierten Global Cities gehören im ökonomischen Bereich Hongkong, Singapur und Tokio, im politischen Bereich: Brüssel, Genf und Washington. Als Weltstädte, die hinsichtlich eines bestimmten Aspektes globale Bedeutung haben, gelten mit kultureller Bedeutung: Berlin, Kopenhagen, Melbourne, München, Oslo, Rom und Stockholm; mit politischer Bedeutung: Bangkok, Beijing und Wien; mit sozialer Bedeutung: Manila, Nairobi und Ottawa; mit ökonomischer Bedeutung: Frankfurt, Miami, München, Osaka, Singapur, Sydney und Zürich. Weitere Weltstädte mit nicht genauer spezifizierter Bedeutung sind: Abidjan, Addis Abeba, Atlanta, Basel, Barcelona, Kairo, Denver, Harare, Lyon, Manila, Mexico City, Mumbai, Neu-Delhi und Shanghai.

📖
↗ Schulbuch
S. 270 f. (Frankfurt am Main)

[...] Global Cities verteilen sich nicht gleichmäßig über den Globus. Sie sind vor allem in den dicht besiedelten Gebieten der Triade zu finden. Zwar sind die wichtigsten Global Cities auch Millionenstädte, doch sieht man am Beispiel Zürich, das mit seinen knapp 400 000 Einwohnern eine Weltstadt ist, dass Größe allein kein Kriterium für die globale Bedeutung einer Stadt ist. Das Konzept der Global Cities ist kritisierbar, da ein starker Fokus auf den Dienstleistungssektor gelegt wird. Dieser ist zwar der dynamischste Wirtschaftssektor, doch kommt der Industrie immer noch eine große Bedeutung zu. Die damit verbundene einseitige Wahl von Kategorien, die zur Berechnung der Bedeutung herangezogen wird, führt denn auch dazu, dass südamerikanische Städte fehlen und dass die Bedeutung gewisser afrikanischer Städte (wie zum Beispiel Harare) wohl überschätzt wird."

Quelle: Backhaus, Norman: Globalisierung. Das Geographische Seminar. Braunschweig 2009, S. 279

Moderne Städte – mehr als Zentren des Dienstleistungssektors?

Eine zu- oder abnehmende Bevölkerungszahl ist von grundlegender Bedeutung, wie eine Stadt wächst oder schrumpft. Deshalb stellt die Dimension „Bevölkerung und Gesellschaft" eine wichtige Perspektive für Stadtplaner dar. Moderne Städte müssen mehr als Dienstleistungszentren sein. Die Funktion Wohnen wird wieder verstärkt in den Fokus gerückt, Plätze und Gelegenheiten für urbanes Leben gewinnen an Bedeutung. Einige Konzepte stellen deshalb die Schaffung von kleinen, überschaubaren Nachbarschaften in den Vordergrund der Planung. Für vorhandene Strukturen werden Möglichkeiten überlegt, wie der Anonymität begegnet, wie das Gemeinschaftsgefühl gestärkt und ein Miteinander erreicht werden kann. Moderne Städte sollen eine hohe Lebensqualität bieten.

Da heute alle Kommunikationstechnologien weltweit verfügbar sind und die Digitalisierung voranschreitet, wird in modernen Städten auch diese Dimension eine wichtige Rolle spielen. In **Smart Cities** werden Entwicklungskonzepte umgesetzt, die darauf abzielen, Städte effizienter, technologisch fortschrittlicher, grüner und sozial inklusiver zu gestalten. Dabei setzen die Planer auf eine Funktionsmischung (angenehmes Leben nah am Arbeitsplatz), auf Umweltschutz und Nachhaltigkeit, auf eine effiziente Nutzung von Ressourcen und vor allem auf Hightech. Smart Cities sind umspannend digital vernetzt.

↗ Schulbuch
S. 274 f. (Fujisawa)

Andere Städte setzen auf **Sharing**-Konzepte. Dadurch sollen zum einen Ressourcen effizienter genutzt werden, zum anderen Gemeinschaften in der Stadt gefördert werden. „Geteilt" werden also nicht nur Autos und andere Industriegüter, sondern auch Kultur und Begegnungen. Mithilfe der Kommunikationstechnologien können leicht Sharing-Partner gefunden werden, zum Beispiel für gemeinsame Essen und Unternehmungen.

↗ Schulbuch
S. 272 f. (Seoul)

Moderne Städte könnten aber auch durch **Urban gardening** mehr als Dienstleistungszentren werden. Die Idee stammt ursprünglich aus den USA und fand in den 1970er-Jahren ihren Weg nach Europa. Sie zielt darauf ab, städtische Flächen durch gärtnerische Gestaltung für die Produktion von Lebensmitteln zu nutzen und die Ernte allgemein zugänglich zu machen. Dies kann zum Beispiel wie in Andernach durch Hochbeete mit Gemüse in der Fußgängerzone, Kräutern und Salat in den Blumenkästen am Rathaus, Obstgärten an der Stadtmauer und Bienenstöcken auf dem Hausdach geschehen. In Berlin pflanzen und ernten die Menschen auf dem Tempelhofer Feld und im Prinzessinnengarten in Kreuzberg gemeinschaftlich.

Besonders in Randlagen und Nahräumen von Großstädten bieten Bauern Mietgärten an. Sie werden von ihnen bepflanzt und anschließend vom Mieter gepflegt und geerntet. Auch solidarische Produktionsgemeinschaften aus Bauer und Privathaushalten mit monatlichen Festlieferungen werden immer beliebter. Auch in anderen Städten, zum Beispiel Köln, gibt es Projekte zum „Gärtnern in der Stadt", die im Internet beschrieben werden.

Vertical farming ermöglicht die Produktion von Lebensmitteln in der dritten Dimension, zum Beispiel an Hauswänden. Die Pflanzen dienen dabei nicht nur dem Verzehr, sie verbessern auch die Luftqualität. Räumlich kleine Umsetzungen des Vertical farmings sind bereits an den

Wänden in Ladenzeilen, Restaurants oder an ganzen Häuserfronten zu finden. Die großräumige Umsetzung zum Beispiel innerhalb ganzer Häuserblocks hielt bereits Einzug in die moderne Stadtplanung – gestaltet sich aber in der Umsetzung noch problematisch. Der Bedarf an Energie für die Wasser- und Lichtversorgung ist sehr hoch. Das Nutzwasser soll kreislaufförmig verwendet werden und bedarf einer Aufbereitung. Im Inneren eines Gebäudes ersetzen zahlreiche stromaufwendige LEDs die Sonne. Großflächige, sonnendurchlässige Glasfronten könnten diese künstlichen Lichtquellen ersetzen.

LERNTIPP >> Die Raumbeispiele im Buch aus Südkorea und Japan sollten Sie als Beispiele erläutern und kritisch reflektieren können. In einer mündlichen Abiturprüfung werden Sie nämlich in der Regel auch nach Beispielen gefragt.

↗ Schulbuch S. 277

„Eine Alternative zur Stadterneuerung und Gentrification offeriert besonders in den USA der **New Urbanism**. Die nordamerikanische Stadt der Moderne mit ihren Großformen, ihrer Unübersichtlichkeit, ihren Verfallserscheinungen und ihrer „sozialen Kälte" wird von den Vertretern des „New Urbanism", des neotraditionellen Städtebaus, als Irrweg bezeichnet. Sie fordern eiine städtebauliche Rückbesinnung auf die vormoderne Stadt, die sich in ihrer Perspektive bewährt hat, und eine Renaissance derselben in der Postmoderne. Es geht dabei nicht nur um den Erhalt und die Sanierung der historischen Stadtkerne, sondern viel mehr noch um den Neubau nach alten, traditionellen Prinzipien. Die historische Orientierung ist dabei keineswegs eindeutig und entspricht weder zeitlich noch räumlich einem bestimmten Vorbild. Es liegt vielmehr ein Konglomerat von Prinzipien vor, die im neotradionalistischen Städtebau zusammengetragen werden.

Zu diesen Prinzipien zählt die Bedeutung des öffentlichen Raums, der gefassten Plätze und der Straßen, die dem Fußgänger dienen sollen und einen allen zur Verfügung stehenden Stadtraum schaffen. Die Stadt soll wieder dem Fußgänger gehören und nicht dem Auto. Sie soll zum Flanieren einladen und den öffentlichen Raum als Ort der Begegnung und Kommunikation wieder aufwerten.

Hierarchie im städtischen Raum ist ein weiteres Prinzip. Ein zentraler Platz sorgt für eine klare Orientierung innerhalb des Stadtraumes. Hauptstraßen unterscheiden sich hinsichtlich ihrer

Breite und der Ausgestaltung von Nebenstraßen. Die Bauhöhe ist gestaffelt und folgt einem zentral-peripheren Gradienten. Der Bewohner oder Besucher der Stadt soll sich nicht im **Urban Sprawl** verlieren, sondern er soll sich zurechtfinden können und damit ein unmittelbares Gefühl von Vertrautheit vermittelt bekommen.

Urban Sprawl
vgl. S. 162

Die Herstellung einer urbanen Dichte stellt das dritte Prinzip des neotraditionalistischen Städtebaus dar. Hohe Dichte soll Urbanität schaffen und damit abermals einen Kontrapunkt zur extensiven Raumnutzung des Urban Sprawl setzen. Die Stadt soll sich klar von der Ruralität der ländlichen Räume absetzen. Ein siedlungsstrukturelles Kontinuum – wie es das Stadtland darstellt – soll vermieden werden.

Schließlich wird im Rahmen des New Urbanism nicht nur die Stadt architektonisch neu gestaltet, sondern auch sozial umgeformt. Community Building, die Bildung von Gemeinschaften und Nachbarschaften, ersetzt die Anonymität der Großstadt. Soziale Kontrolle wird nicht als belastend empfunden, sondern ist ein Teil der im neotraditionalistischen Stil errichteten Städte. [...] Der New Urbanism strebt eine saubere, sichere, strukturierte und auch sozial homogene Stadt an, die über soziale Kontrolle [...] auch diesen ursprünglichen Charakter bewahren soll. [...]

[Weiterhin wird der einseitigen Ausrichtung von Städten auf den Dienstleistungssektor entgegengewirkt. Die Funktionstrennung wird aufgehoben zugunsten einer Funktionsmischung, auch um lange Wege zu vermeiden. Außerdem soll ein breit gefächertes Angebot an Wohnungen zur Verfügung stehen, sodass die Ansprüche unterschiedlicher Bevölkerungsgruppen berücksichtigt werden können.]

↗ Schulbuch S. 277

In Europa kommt den Ideen des New Urbanism weniger Bedeutung zu, weil vieles von dem, was der New Urbanism fordert, in den traditionellen Stadtkernen ohnehin realisiert ist. Der New Urbanism beeinflusst aber [...] die Stadtentwicklung in Nordamerika [...]."

Quelle: Fassmann, Heinz: Stadtgeographie I. Das Geographische Seminar. Braunschweig 2009, S. 145–146

XII.4 Erweitertes Wissen

Klassifizierung der Global Cities nach Bronger

↗ Schulbuch S. 269

Es gibt in der Wissenschaft zahlreiche Arbeiten zu Global Cities und darin auch unterschiedliche Definitionen. Dirk Bronger bewertet Global Cities anhand von acht Indikatoren aus den Bereichen Wirtschaft, Finanzen, Handel und Verkehr sowie Internationalität. Der Spitzenreiter jedes Indikators erhält 100 Punkte, maximal sind also 800 Punkte möglich. In Gewichtung zum Spitzenreiter werden die nachfolgenden Punkte vergeben. Die Summe aller Indikatoren entscheidet über den Rang.
- über 300 Punkte: Global Cities
- 100 – 300 Punkte: Städte mit teilweise globalen Kommandofunktionen
- unter 100 Punkten: Städte mit spezialisierter Kommandofunktion.

LERNTIPP >> Die Karte der Global Cities nach Bronger erscheint auf den ersten Blick verwirrend. Gehen Sie bei der Auswertung schrittweise vor. Zunächst einmal sehen Sie, dass die Flächengrößen der Kontinente nicht den Landflächen entsprechen. Sie richten sich bei dieser Karte nach dem Bruttonationaleinkommen. Entscheiden Sie sich dann, ob Sie einzelne Global Cities miteinander vergleichen oder ob Sie einen Vergleich nach Kriterien durchführen wollen.

XII.5 Übungsmöglichkeiten mit dem Diercke Weltatlas

www.diercke.de

Auch zu diesem Kapitel finden Sie Karten im Diercke Weltatlas, mit denen Sie üben können. Sie finden Zusatzinformationen zu den Karten unter www.diercke.de. Geben Sie den Kartennamen ein und Sie erhalten die Atlaskarte sowie den erläuternden Text. Überprüfen Sie, ob Sie Ihre erworbenen Sach- und Methodenkompetenzen anwenden können. Sie sollten die Struktur von Global Cities und aktuelle Stadtentwicklungskonzepte beschreiben können. Für die Bewertung der Bedeutung der Stadt sind allerdings zusätzliche Materialien notwendig.

Karte	Atlasseite und Kartennummer
Manhattan (New York) – Global City	218 ①
Stadtstaat Singapur – Global City	193 ③
London – Übersicht	126 ①
London – Innenstadt	127 ③
Paris – Übersicht	126 ②
Paris – Innenstadt	127 ④
Dubai – Ausbau zur Global City	181 ⑦

Waren und Dienstleistungen

Immer verfügbar?

XIII.1 Zu erwerbende Kompetenzen

Nach Bearbeitung des Kapitels können Sie ...
... die Vielfalt des tertiären Sektors am Beispiel der Branchen Handel, Verkehr sowie personen- und unternehmensorientierte Dienstleistungen darstellen.
... die Wechselwirkungen des tertiären Sektors mit dem sekundären Sektor darstellen.
... den fortschreitenden Prozess der Tertiärisierung mit sich verändernden sozioökonomischen und technischen Gegebenheiten erklären.
... die Bedeutung einer leistungsfähigen Infrastruktur für Unternehmen des tertiären Sektors bewerten.
... die Veränderungen in Logistik und Warentransport durch Global Sourcing erläutern.
... die Vernetzung globaler Dienste beschreiben.
... das Modell des ökologischen Rucksacks erläutern.

XIII.2 Übersicht über die Themen des Kapitels

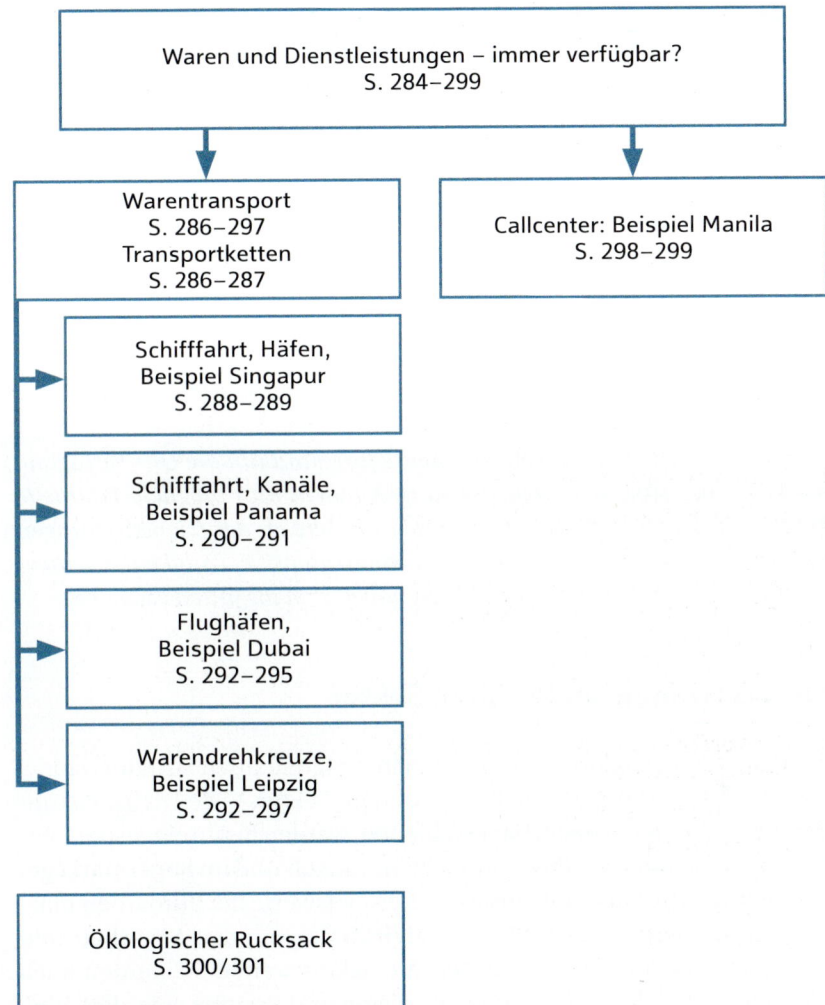

Waren und Dienstleistungen – immer verfügbar?
S. 284–299

Warentransport
S. 286–297
Transportketten
S. 286–287

Callcenter: Beispiel Manila
S. 298–299

Schifffahrt, Häfen,
Beispiel Singapur
S. 288–289

Schifffahrt, Kanäle,
Beispiel Panama
S. 290–291

Flughäfen,
Beispiel Dubai
S. 292–295

Warendrehkreuze,
Beispiel Leipzig
S. 292–297

Ökologischer Rucksack
S. 300/301

In diesem Kapitel geht es in erster Linie um den tertiären Sektor, **<< LERNTIPP** und zwar um die Branchen Handel, Verkehr sowie um personen- und unternehmensorientierte Dienstleistungen. Viele Fachbegriffe, die in diesem Zusammenhang wichtig sind, kennen Sie bereits aus den vorangegangenen Kapiteln. Auch auf Kenntnisse zum sekundären Sektor sollten Sie zurückgreifen können.

Folgende Themenformulierungen waren Teil von Abituraufgaben der letzten Jahre, die sich auf die Inhalte dieses Kapitels beziehen:
• Zukunftsfähiger Strukturwandel in Seehäfen
• Jüngere Entwicklungstendenzen in Seehäfen
Es geht bei den Raumbeispielen darum, dass Sie die Entwicklung von Hafen und Stadt beschreiben, ein vorgelegtes Entwicklungsprojekt analysieren und bezüglich Chancen und Problemen bewerten.

↗ Abi-Tipp
S. 243–245

Am Ende des Kapitels im Schulbuch finden Sie eine Probeklausur zum Binnenhafen Duisburg. Bei der Bearbeitung dieser Klausur sollten Sie auch das Zeitmanagement üben.

XIII.3 Basiswissen

Sektorenmodell
von Fourastié
vgl. S. 49

Waren und Dienstleistungen sind heute fast rund um die Uhr verfügbar, die Digitalisierung der Dienstleistungen macht dies möglich. Fourastié ging noch davon aus, dass der Mensch im Bereich der Dienstleistungen nur schwer ersetzbar sei und dass wissensintensive Tätigkeiten schwer technisierbar seien. Diese Annahmen haben sich als falsch erwiesen.

Strukturwandel im tertiären Sektor

Auch der tertiäre Sektor unterliegt einem tiefgreifenden Strukturwandel und Rationalisierungen wie der sekundäre Sektor. Viele Dienstleistungen, die früher nicht ersetzbar erschienen, werden heute eingespart. Wir haben uns an die Selbstbedienung beim Tanken und im Supermarkt gewöhnt und durch Technikeinsatz ist beispielsweise die Büroarbeit massiv rationalisiert worden. Mit der **Digitalisierung** der Wirtschaft und Arbeitswelt verändert sich der tertiäre Sektor weiter. So werden auch hier Berufe, bei denen besonders Präzision und Routine gefordert sind, zunehmend von Computern und Maschinen übernommen. Berufe, bei denen Kreativität, soziale Intelligenz oder unternehmerisches Denken gefordert sind, gelten hingegen als zukunftsträchtig. Aber auch die Tätigkeiten etwa von Ärzten oder Redakteuren haben sich gewandelt. Sie müssen auch Fachleute in der Anwendung von komplexer Informations- und Computertechnik sein. Wie Berufe verschwinden auch Unternehmen, zugleich entstehen mit der Digitalisierung aber auch neue Tätigkeitsfelder, Firmen und Branchen. So ist die „digitale Wirtschaft" in Deutschland selbst heute ein wichtiger Wirtschaftsfaktor mit über 90 000 Unternehmen und knapp einer Million Beschäftigten.

Der Einzelhandel wird durch den E-Commerce, den Warenhandel im Internet, stark verändert, und auch andere Bereiche des tertiären Sektors wandeln sich. Beispielsweise erfolgen die Planung von Privat- und Geschäftsreisen oder Bankgeschäfte zunehmend über digitale Plattformen, die es Kunden ermöglicht, Tätigkeiten selbst auszuführen, die früher Mitarbeiter von Reisebüros oder Banken übernommen haben. Im privaten Bereich ist die Nutzung neuerer Informations- und Kommunikationstechnik längst alltäglich, sie wird aber auch zunehmend die Organisation der Arbeit verändern, etwa über virtuelle Marktplätze: Analog der Organisation des größten Taxidienstanbieters der Welt, der über keine eigenen Wagen verfügt, aber digital Fahrer und Fahrgäste zusammenbringt, können Arbeitgeber auch einzelne Aufgaben etwa in befristeten Projekten ausschreiben, um die sich dann „Arbeitnehmer" bewerben können. Mit diesem **Crowdsourcing** ermöglicht die Digitalisierung Unternehmen das Outsourcing einzelner Aufgaben und Tätigkeiten. Mitarbeiter müssen nicht fest beschäftigt werden, vielmehr geraten sie in die Rolle von „Arbeitnehmerselbstständigen", die die Technik immer und überall verfügbar macht, die flexibel Arbeitszeiten planen und auch von zu Hause aus arbeiten. Durch die Digitalisierung sind viele Dienstleistungen nicht mehr standortgebunden. Diese Dienstleistungen und Produkte können nunmehr dezentral, in globalen Netzwerken produziert, angeboten und verteilt werden. Sie sind damit international handelbar geworden und können leicht in einzelne Komponenten zerlegt und standortungebunden internationaler Arbeitsteilung unterworfen werden: Der ein Callcenter bemühende deutsche Anrufer wird möglicherweise mit einer Person in Bangalore verbunden. Ein Ingenieur arbeitet an einem Projekt vernetzt mit Kolleginnen und Kollegen in aller Welt. Diese gehören vielleicht der gleichen Firma wie er an, die Beteiligten könnten aber auch als selbstständige, externe Spezialisten eingebunden sein. Aus Sicht von Arbeitskräften ist die Einschätzung der digitalisierten Arbeitswelt meist zwiespältig. Beispielsweise steht den gewonnenen zeitlichen Freiräumen und der möglichen Selbstbestimmung im **Home-Office** gegenüber, permanent überall erreichbar zu sein und arbeiten zu können.

Zum Wachstum des tertiären Sektors trugen auch die Ausweitung eher einfacher Dienstleistungen wie beispielsweise Pflegearbeiten, die Beschäftigung im Einzelhandel, in Transport- und Logistikdienstleistungen bei. Sie zeichnen sich durch ein niedriges Lohnniveau und geringe Anforderungen an die Qualifikation aus. Der Anteil von Frauen an den Niedriglohnempfängern ist besonders hoch. Sie arbeiten viel häufiger als Teilzeit- oder geringfügig Beschäftigte.

Crowdsourcing
Auslagerung von Aufgaben oder Projekten an eine Gruppe von Internetnutzern

↗ Schulbuch
S. 298 f. (Manila)

Globaler Verkehr – Seeschifffahrt und Logistik

Durch die Erfindung des Containers wurde der Warentransport revolutioniert. Malcom McLean gilt als Erfinder des Containers. Er war Fuhrunternehmer und hatte die Idee, Stückgut in Containern mit dem Schiff zu transportieren. 1956 wurden seine ersten Container von Newark in New Jersey nach Houston in Texas transportiert. Allerdings fuhr erst 1966 das erste Containerschiff nach Europa.

Der Transport von Waren in Containern bringt viele Vorteile: Container haben eine Einheitsgröße, sind gut stapelbar, sie können im Freien gelagert werden (geringere Lagerkosten), Stückgut kann praktisch in einem Container transportiert werden, das Umladen und Transportieren ist leichter, schneller und ohne viele Arbeitskräfte möglich, Container können leicht von einem Transportmittel auf ein anderes umgeladen werden.

📖

↗ Schulbuch
S. 288 f. (Singapur)
S. 290 f. (Panama
und Nicaragua)

Die Umstellung des Warentransports auf Container hatte jedoch Nachteile für die Beschäftigten in den Häfen. Da nur wenige Arbeitskräfte in den Container-Terminals nötig waren, kam es zu Arbeitsplatzverlusten. Die Schifffahrt passte sich an den immer wachsenden Containerverkehr an, die Reedereien bauten immer größere Containerschiffe. Dies führte zu Problemen in zahlreichen Häfen, Kanälen und Schleusen. Sie waren zu klein und/oder hatten einen zu geringen Tiefgang für diese Schiffe. Als Folge wurden Häfen erweitert oder gar neu gebaut, wobei die alten Häfen in vielen Fällen einen Strukturwandel durchlebten, Kanäle und Schleusen wurden ausgebaut (z.B. beim Panamakanal), Flüsse und Hafenbecken vertieft wurden.

Transportkette
Verknüpfung von
Ausgangs- und Zielort durch ein oder
mehrere Transportmittel

Hub = Nabe
Spoke = Speiche

Feedership
ein speziell für Container- oder Autotransporte gebautes
Frachtschiff, das als
Zulieferer für Seeschiffe tätig ist

Der Containerverkehr veränderte auch die **Transportkette**. Die traditionelle Transportkette für Stückgut sah so aus, dass die Waren im Exporthafen „gesammelt" wurden. Jeder Versender regelte den Transport zum Exporthafen. Im Importhafen wurden die Waren nach Empfängern verteilt. Jeder Empfänger regelte den Weitertransport.

Bei der neuen intermodalen Transportkette für Container ist der Haupthafen mit Containerterminal der **Hub**, die „Nabe" (also der Knoten). Inlandterminals und kleinere Containerterminals dienen als „Sammler" für die Container. Über **Spokes** (= „Speiche") werden die Container zum Haupthafen gebracht. Von dort aus erfolgt der Transport zum Haupthafen im Zielland (Hub). Dort findet dann die Verteilung auf die kleineren Containerhäfen und Inlandterminals (Spokes) statt. Die Megaships für den Seetransport und die **Feederships** für den Flusstransport wurden also kombiniert.

Auch der Bahnverkehr veränderte sich. Güterumschlagbahnhöfe für den Containerumschlag entstanden und der Warentransport von Schiene und Straße wurde zusammengeführt.

Speditionsunternehmen passten sich an diese Entwicklung an, die auch gleichzeitig eine Veränderung der **Logistik** mit sich brachte. Während Speditionsunternehmen zunächst nur für den Transport und die Lagerung zuständig waren, übernehmen sie jetzt als Logistikdienstleister auch Beschaffungs- und Distributionsaufgaben, die von Unternehmen ausgelagert werden (3rd Party Logistics). Dies kann so weit führen, dass firmenexterne Dienstleister alle logistischen Abläufe eines Unternehmens übernehmen, ohne selbst Fahrzeuge und Lagerhallen zu besitzen. Ihre Aufgabe besteht darin, die Angebote verschiedener untergeordneter Logistikdienstleister zu koordinieren (**Supply-Chain-Management**). Der Verbraucher profitiert dadurch von geringeren Kosten, denn das Unternehmen kann Transport, Lagerung und Logistik an Logistikdienstleister günstig outsourcen. Das Unternehmen profitiert vom Know-how der Logistikdienstleister, die durch eine Effizienzsteigerung der Logistik den Gewinn maximieren. Unter den Logistikdienstleistern herrscht jedoch mitunter ein starker Verdrängungswettbewerb.

Logistik
Transport, Lagerung sowie Planungs- und Steuerungsvorgänge

↗ Schulbuch S. 287

Supply-Chain-Management
Lieferkettenmanagement

MODELL > Das Modell der traditionellen und intermodalen Transportkette
• bildet den Prozess der Verbesserung der Logistik des Gütertransports ab
• traditionelle Transportkette für Stückgut mit Stückgutzentren, Lagerhäusern und Kaispeichern in den Häfen
• intermodale Logistikkette mit Inlandterminals und Distributionszentren im Hinterland, Verladezentren und Hubs und Spokes

↗ Schulbuch S. 286

Containerschiffe werden immer größer, doch haben die größten Schiffe nicht automatisch die geringsten Betriebskosten. Die Abb. M4 auf Seite 288 im Schulbuch zeigt, dass die Hafenkosten für große Schiffe steigen. Die optimale Schiffsgröße liegt im mittleren Bereich. Um die Hafenkosten zu verringern, muss die Liegezeit im Hafen verkürzt werden. Und das geht nur, wenn die Zeit für das Umschlagen der Waren verkürzt wird.

<< LERNTIPP

Globaler Verkehr – die schnellen Dienste

Im Zuge der Globalisierung kommt dem Transport von Gütern, Personen und Informationen als wesentlichem Bestandteil des Produktionsprozesses weltweit operierender Unternehmen eine immer größere Bedeutung zu. Die **Deregulierung** der Güter- und Dienstleistungsmärkte, neue Management-Konzepte der Unternehmen (u.a. **Lean production**, **Global sourcing**, **just in time**) und Modernisierung der Transportmittel (u.a. größere Frachtflugzeuge, schnellere Containerschiffe) führten in den letzten Jahren zu deutlichen Veränderungen der internationalen Warenströme. Seit den 1970er-Jahren ist ein enormer Anstieg des Welthandels zu verzeichnen. Während bis Mitte des 20. Jahrhunderts vor allem die Seeschifffahrt den internationalen Warenaustausch realisierte, weist seit den 1980er-Jahren der internationale Luftfrachtlinienverkehr hohe Steigerungsraten auf. Qualitative Veränderungen des Welthandels zeigen sich in der Entwicklung der Güterstruktur. Während der Handel mit Bergbauprodukten und Agrarprodukten zurückgegangen ist, stieg der Handel mit Maschinen, Chemieprodukten sowie Textilien und Bekleidung an.

Heute dominieren wenige Global Player den Weltmarkt für den „schnellen Transport" von hochwertigen Produkten, darunter United Parcel Service of America (UPS), Federal Express (FedEx) und DHL Express. Im Unterschied zu Logistikunternehmen, die andere Güter transportieren (Weltpost, Kurierdienste und internationale Speditionen) vereinen die auch als Integratoren bezeichneten „schnellen Dienste" die gesamte Transportkette vom Sender zum Empfänger in einem einzigen Unternehmen und unterstellen sie damit einer einheitlichen Organisation. Die Integratoren können so die Güter in kürzester Zeit, mit höchster Zuverlässigkeit, einer gegen null gehenden Beschädigungsquote und sehr kostengünstig transportieren. Dabei hat das **B2C-Geschäft** (business to consumer), also die Lieferung an den Kunden, das **B2B-Geschäft** (business to business), also die Lieferung von Gewerbe zu Gewerbe, eingeholt und wird in Zukunft wohl bedeutender werden als das B2B-Geschäft. Die Integratoren sind dabei allerdings auf eine hohe Auslastungsquote der vorhandenen Kapazitäten angewiesen, da die Fixkosten für die firmeneigenen Umschlagsanlagen und Verkehrsträger hoch sind.

Die Transportkette der schnellen Dienste gliedert sich in drei Stufen: die Vorlauf-Sammlung der Sendungen, die Hauptlauf-Realisierung des Ferntransports und die Nachlauf-Verteilung an die Empfänger.

Im Vor- und Nachlauf dominiert der Landverkehr. Der Transport der Güter wird dabei nahezu vollständig von Lastkraftwagen realisiert. Der

---

Deregulierung Abbau von staatlichen Regelungen mit dem Ziel, mehr Entscheidungs- und Wahlfreiheit zu eröffnen

Lean production vgl. S. 60

Global sourcing vgl. S. 70, 74

just in time vgl. S. 59

📖

↗ Schulbuch S. 296 f. (Leipzig)

B2C (business to consumer) die Ware wird direkt an den Kunden geliefert

B2B (business to business) die Ware wird an ein Geschäft geliefert, wo der Kunde sie kaufen kann

Vorteil gegenüber der Bahn liegt dabei in der Schnelligkeit und der Netzbildungsfähigkeit. Im Hauptlauf ist der Verkehr zwischen den Zentren der **Triade** nur auf dem Luft- oder Seeweg möglich. Bei anderen interkontinentalen Verbindungen, wie zum Beispiel zwischen Europa und Afrika, ist der Landtransport meistens nur mit erheblichen Umwegen und Schwierigkeiten zu meistern. Wegen der besseren Verkehrswertigkeit (Massenleistungsfähigkeit, Schnelligkeit, Fähigkeit der Netzbildung, Berechenbarkeit, Frequenz, Sicherheit und Bequemlichkeit) ziehen viele Integratoren für den Hauptlauf das Flugzeug dem Containerschiff vor. Die Struktur der Transportketten ist dabei überwiegend nach dem **Hub-and-Spoke-Modell** aufgebaut.

Für den Transport eines Paketes bedeutet das, dass es nicht auf direktem Weg vom Sender zum Empfänger geliefert wird, sondern über Umschlag- und Sortierstandorte (Hubs) geleitet wird. Trotz dieser unter Umständen erheblichen Umwege bietet das Hub-and-Spoke-Netz im Vergleich zum **Minimalnetz** und **vollständigem Netz** große ökonomische Vorteile:

- Investitionen und Vorhaltung von Sortieranlagen sind nur im Hub erforderlich.
- Durch die zentrale Struktur ergibt sich ein hoher durchschnittlicher Auslastungsgrad der eingesetzten Kapazitäten (Fahrzeuge, Flugzeuge, Umschlaganlagen und Personal).
- Die großen Paketmengen im Hub lohnen den Einsatz vollautomatisierter Sortieranlagen, die im hohen Maße schaden- und fehlerarm arbeiten.
- Die Konzentration von Verwaltungs- und Kommunikationseinrichtungen im Hub ermöglicht eine bessere Kundenbetreuung.
- Das Netz kann leicht und kostengünstig ausgeweitet werden.
- Die Standortwahl der Hubs ist relativ frei möglich.

Die Standortwahl der Hubs innerhalb des Interkontinentalnetzwerkes ist in erster Linie von den Bedingungen für den Flugverkehr abhängig. Neben ausreichenden Kapazitäten von Start- und Landebahnen ist die Nachtflugerlaubnis Grundvoraussetzung für den Standort eines Hubs. Weitere Standortanforderungen eines Hubs umfassen geringe Start- und Landegebühren der Frachtmaschinen, geringe Aufwendungen für Personal, Grundstücke und Gebäude sowie gute Straßenanbindungen. Nicht unerheblich für die Standortwahl sind auch klimatische Bedingungen. Die durchschnittliche Anzahl von Nebeltagen pro Jahr ist somit ein wichtiges Kriterium für einen potenziellen Hub-Standort, da der Ausfall der Zentrale fatale Auswirkungen für das Gesamtsystem hätte. Anders als bei der Schifffahrt, deren Handelszentren überwiegend an den Rändern der Kontinente liegen, befinden sich die zentralen Hubs

Triade
Bezeichnung für die drei größten Wirtschaftsräume der Welt: Nordamerika, Europa und das industrialisierte Ostasien

↗ Schulbuch S. 292

Minimalnetz
Sender werden der Reihe nach in den Transport integriert

vollständiges Netz
alle Sender sind mit dem Empfänger und untereinander vernetzt

↗ Schulbuch
S. 296 f. (Leipzig)
S. 292 f. (Dubai)
S. 294 f. (Mexiko-Stadt)

der schnellen Dienste eher im Landesinneren. Hier ergeben sich wirtschaftliche Wachstumsimpulse für Städte im Binnenland. Logistikzentren wie Leipzig werben damit, dass das **End-of-Runway-Konzept** angeboten werden kann. Dies bedeutet, dass der Logistikdienstleister auch die Lagerung, die Annahme von Warensendungen sowie integrierte Retouren- und Reparaturdienstleistungen erledigt, also alle Dienstleistungen, die am Ende der „Ablaufbahn" erfolgen. Der Logistikdienstleister reagiert auf Nachfrageschwankungen, bietet auch späte Auftragsannahmezeiten für zeitsensible Warensendungen an und sorgt für schnellstmögliche Lieferung. Für diese Dienstleistungen stehen in direkter Nähe zum Flughafen Lagerhallen und Werkstätten zur Verfügung.

End-of-Runway-Konzept
der Logistikdienstleister übernimmt alle Dienstleistungen am Ende der „Ablaufbahn", also auch Retouren und Reparaturen

Der ökologische Rucksack

Waren und Dienstleistungen sind immer verfügbar, aber zu welchem Preis? Gemeint ist mit dieser Frage nicht der Geldwert, sondern der Preis, den die Umwelt für unseren Konsum zahlen muss. Friedrich Schmidt-Bleek entwickelte 1994 ein Modell, mit dem er die Umweltbelastung verschiedener Produkte und Dienstleistungen berechnete.

↗ Schulbuch S. 300 f.

Der **ökologische Rucksack** stellt bildlich die Menge an Ressourcen dar, die bei der Herstellung, dem Gebrauch und der Entsorgung eines Produktes oder einer Dienstleistung verbraucht wird. Wir leben in einer Wohlstandsgesellschaft. Jedes Produkt, das wir kaufen, sei es Smartphone, Notebook, Kühlschrank, Jeans oder Auto, enthält Rohstoffe und Energie (= Ressourcen), die beim Herstellungsprozess verbraucht werden. Auch während der Nutzungsdauer werden Rohstoffe und Energie verbraucht, zum Beispiel beim Telefonieren, beim Surfen im Internet, beim Betrieb des Kühlschranks, beim Waschen der Jeans oder beim Fahren des Autos. Und selbst die Entsorgung eines Produktes kostet Energie.

Um diesen sogenannten ökologischen Rucksack eines Produktes zu verdeutlichen, werden zumeist Faktoren angegeben, die das Gewichtsverhältnis des Endproduktes zu den verbrauchten Ressourcen ausdrücken: Wenn zum Beispiel für ein Kilogramm eines bestimmten Kunststoffes fünf Kilogramm Ressourcen verbraucht werden, so gilt für diesen Kunststoff der Faktor 5. Für Papier gilt ein Faktor von 15, für Aluminium 85, für Kupfer 420 und für Gold sogar 350 000.

Bei der Berechnung des ökologischen Rucksacks wird oftmals nicht berücksichtigt, dass für bestimmte Produktionsprozesse auch Wasser, Luft und Böden verbraucht beziehungsweise genutzt werden, die allesamt danach verschmutzt und unbrauchbar für eine weitere Nutzung sein können (Luft- und Wasserverschmutzung, Bodenkontamination). Auch die politischen und sozialen Folgeprobleme in den Staaten der Rohstoffgewinnung beziehungsweise der Produktion von Industriegütern finden beim Konzept des ökologischen Rucksacks keine Berücksichtigung, müssten aber bei einer Kaufentscheidung unbedingt bekannt sein.

Um das Gewicht des ökologischen Rucksacks eines Produkts zu verringern, gibt es mehre Möglichkeiten. Leihen, teilen und tauschen statt neu zu kaufen, ist eine Option, ein sparsamer Verbrauch, pflegen und reparieren eine weitere. Michael Braungart entwickelte in den 1990er-Jahren das „Wiege-zu-Wiege"-Konzept (**Cradle to Cradle**). Dabei handelt es sich um eine Wirtschaftsweise, bei der Produkte so produziert werden, dass sie am Ende ihres Lebens kein Müll sind, sondern Rohstoffe für die nächsten Waren.

↗ Schulbuch S. 301

XIII.4 Erweitertes Wissen

Dynamik der Luftverkehrs- und Flughafenentwicklung

„Die Rolle von Flughäfen innerhalb von Städten und Regionen hat sich seit den 1980er-Jahren deutlich verändert. Hierfür sind verschiedene Gründe verantwortlich: Zunächst hat der Flugverkehr, insbesondere der Personentransport, bis in die letzten Jahre stark zugenommen. Bei der Personenbeförderung ist das Flugzeug heute der mit Abstand wichtigste Verkehrsträger über mittlere und große Distanzen. Globalisierung und internationale Arbeitsteilung, eine sich immer weiter ausdifferenzierende Wissensökonomie sowie die Zunahme des Ferntourismus sind wesentliche Treiber dieser Entwicklung. [...]

Die zunächst in den USA einsetzende Liberalisierung des Luftverkehrs sowie die Privatisierung von Luftfahrtgesellschaften und Flughäfen haben den Wettbewerb weltweit deutlich verschärft und die Flugpreise gedrückt. Zudem ist den traditionellen Airlines mit [...] **low cost carriers** eine neue Konkurrenz erwachsen. Bei gleichzeitig steigenden Energiekosten zwang dies die etablierten Anbieter dazu, ihr operatives Geschäft effizienter zu gestalten. So optimierten sie als sogenannte Netzwerk-Carriers den Umsteigeverkehr in Hub-and-Spoke-Systemen. [...]

low cost carrier
Billigfluggesellschaft

215

📖
↗ Schulbuch S. 293
(Aerotropolis Dubai)

[In Bezug auf die flughafenbezogene Stadtentwicklung gibt es grob fünf räumliche beziehungsweise nutzungsbezogene Modellvorstellungen:] die Airport City, die Aerotropolis, der Airport Corridor, die Airport Region und die Airea. Während sich die kompakte Airport City und die großmaßstäblichere Aerotropolis ausschließlich zum Flughafen hin orientieren, weiten die Konzepte des Airport Corridor, der Airport Region und der Airea den flughafenbezogenen Einflussbereich in die weitere Stadtregion aus und beziehen bestehende Zentren und Strukturen mit ein.

[...] Als Airport Cities werden gemeinhin Businessparks am Flughafen verstanden, die durch die Flughafenbetreiber selbst entwickelt und vermarktet werden. [...]

Das vor allem von dem US-amerikanischen Wirtschaftswissenschaftler John Kasarda propagierte Modell der Aerotropolis bezieht sich auf ein flächenmäßig deutlich größeres Gebiet als die Airport City. Die Aerotropolis erstreckt sich laut Kasarda in einem Radius von bis zu 20 Meilen um den Flughafen herum und ist u.a. durch radial verlaufende Schnellstraßen (Aerolanes) und Hochgeschwindigkeitsschienentrassen (Aerotrains) gekennzeichnet. Entlang dieser Verkehrskorridore siedeln sich unterschiedliche

Cluster
vgl. S. 34, 64

Edge City
vgl. S. 163

thematische **Cluster** von flughafenbezogenen Business Parks und **Edge Cities** sowie Wohngebiete an, die durch Grünflächen voneinander getrennt sind. Analog zum Aufbau einer Großstadt mit einem zentralen Stadtkern und den ringförmig angeschlossenen Außenbereichen unterteilt Kasarda die Aerotropolis in die ‚Core Airport City‘, die ‚Airport Express Ways‘ sowie die umliegenden ‚Business Cluster‘ und ‚Residential Cluster‘. [...] Statt eine integrierte Entwicklung und sparsame Flächen- und Ressourcennutzung in den Mittelpunkt zu stellen, bahnt das Aerotropolis-Modell vielmehr einem ausufernden Wachstum im Flughafenumfeld mit hohem Flächenverbrauch und zunehmender Zersiedlung den Weg.

Das Modell des Airport Corridor geht anders als die Aerotropolis von einer achsenförmigen Entwicklung aus, die sich zwischen Flughafen und Stadtzentrum der entsprechenden Stadtregion erstreckt. [...]

[Die Airport Region stellt] eine funktional, infrastrukturell sowie politisch und verwaltungstechnisch über kommunale Grenzen verwobene Region dar, die sich um einen zentral gelegenen Flughafen erstreckt. [...]

Die Airea basiert auf der Vorstellung von zum Teil voneinander räumlich getrennten Entwicklungsinseln innerhalb eines ‚Möglichkeitsraums' um den Flughafen. Die Airea umfasst dabei denjenigen Teil einer Stadtregion, der maßgeblich vom Flughafen beeinflusst wird."

Quelle: Braun, Boris & Schlaack, Johanna: Großflughäfen als Impulsgeber der Stadt- und Wirtschaftsentwicklung. In: Geographische Rundschau 1/2014, S. 4–10

Informations- und Kommunikationsnetze: der digitale Graben

Obwohl sich das Internet in den letzten 20 Jahren schneller als jedes andere Medium auf der Welt ausbreitete, ist der Großteil der Weltbevölkerung, vor allem die Menschen in den Entwicklungsländern, von der Nutzung der Informations- und Kommunikationstechniken ausgeschlossen. Die Ursachen für den „digitalen Graben" (**Digital divide**) zwischen den Entwicklungs- und Industrieländern sind vielfältig:

- instabile bzw. gänzlich fehlende Stromversorgung, vor allem in den ländlichen Regionen,
- 80 % der Weltbevölkerung sind ohne Telefonanschluss,
- hohe Kosten für Hardware, Internetanschluss und Telefongebühren, die für die meisten Menschen nicht finanzierbar sind,
- fehlende Schreib- und Lesekenntnisse bei einem hohen Prozentsatz der Bevölkerung; erschwerend kommt hinzu, dass etwa 90 % der Internetseiten in Englisch und nur 5 % in Französisch bzw. 3 % in Spanisch verfasst sind.

Neben diesen räumlichen Unterschieden gibt es in den Entwicklungsländern, aber auch in den Industrieländern eine sozioökonomisch bedingte „digitale Spaltung". Der Zugang und die Nutzung des Internets variiert erheblich nach Bildungsgrad, Berufstätigkeit, sozialem Status, Alter und Geschlecht.

Digital divide (digitaler Graben) Unterschiede in der Nutzung digitaler Medien zwischen verschiedenen Bevölkerungsgruppen

XIII.5 Übungsmöglichkeiten mit dem Diercke Weltatlas

www.diercke.de

Auch zu diesem Kapitel finden Sie Karten im Diercke Weltatlas, mit denen Sie üben können. Sie finden Zusatzinformationen zu den Karten unter www.diercke.de. Geben Sie den Kartennamen ein und Sie erhalten die Atlaskarte sowie den erläuternden Text. Überprüfen Sie, ob Sie Ihre erworbenen Sach-, Methodenkompetenzen anwenden können. Sie sollten auf jeden Fall in der Lage sein, Strukturen von Wirtschafts- und Verkehrsräumen zu beschreiben, zu erklären und zu bewerten.

Karte	Atlasseite und Kartennummer
Hamburg – Hafen	34 ②
Rotterdam – Hafen	123 ③
Rostock – Seehafen	65 ⑥
Duisburg – Binnenhafen	65 ⑤
Frankfurt am Main – Flughafen	45 ③
Stadtstaat Singapur – Global City	193 ③

A Anhang: Tipps für das Abitur

1 Verbindliche Vorgaben für die Aufgabenkonstruktion

Die Konstruktion der schriftlichen Abituraufgaben orientiert sich an einem Muster, das in Form von Beispielaufgaben im Internet einzusehen ist. Jede Aufgabe ist eine **thematische Einheit**. Thema, Teilaufgaben und Material sind in sich stimmig.

Die Bearbeitungsrichtung wird durch die Formulierung des Themas deutlich. Jedes Klausurthema besteht aus **Teilaufgaben**. Jede Teilaufgabe wird durch einen sogenannten **Operator** (Ausführungserwartung) operationalisiert. Diese Operatoren sind so definiert, dass jede Schülerin und jeder Schüler genau weiß, welche Bearbeitungsrichtung die jeweilige Arbeitsanweisung verfolgt und welcher Anforderungsbereich vorliegt.

Bei einer Klausur gibt es in der Regel drei Teilaufgaben, es können jedoch auch Aufgaben mit zwei Teilaufgaben vorkommen. Bei Leistungskursaufgaben kommt eine Schwerpunktsetzung auf Modelle und Theorien hinzu, das heißt in Bezug auf Teilaufgabe 3 wird ein höherer theoriegesteuerter Anteil erwartet.

Die Aufgaben sind **materialgebunden**, das heißt, zu jeder Aufgabe gehören Materialien als Grundlage für die Bearbeitung der Arbeitsaufträge. Allerdings sind für die sinnvolle Verknüpfung der Erkenntnisse aus der Bearbeitung der Materialien Vorwissen und Fertigkeiten aus dem Unterricht erforderlich.

Die erwartete Schülerleistung ist schließlich in einem Lösungsschlüssel konkret festgelegt, auch die Bewertung durch Punkte wird hier bei den einzelnen Lösungsschritten genau angegeben. Aus der Formulierung des Themas und der Teilaufgaben können wichtige Hinweise für die Bearbeitung der Aufgaben entnommen werden. Dies wird im Folgenden an Beispielen gezeigt.

Themenformulierung

Die Bearbeitung einer Klausur- oder Abituraufgabe beginnt mit dem sorgfältigen Lesen des Themas, denn die Formulierung des Themas gibt schon wichtige Hinweise für die Bearbeitung der Aufgabe.

Die Themen in den zentralen Prüfungsaufgaben sind in der Regel nach folgendem Muster angelegt:

Allgemeingeographisch formuliertes Thema – Raumbeispiel

An einem Beispiel zur Thematik des ersten Kapitels im Schülerbuch soll das nun verdeutlicht werden:

Thema: Marktorientierter Anbau, eine Chance für Kleinbauern? – Das Beispiel der Mangoproduktion im Tal des Rio São Francisco, Nordostbrasilien

Das allgemein geographisch formulierte Thema ist in diesem Fall „Marktorientierter Anbau, eine Chance für Kleinbauern?" Marktorientierter Anbau wurde im Schülerbuch anhand der Cash Crops Baumwolle, Bananen und Sojabohnen im Vergleich mit Subsistenzwirtschaft thematisiert. Das erworbene Basiswissen muss also bei dieser Themenstellung eingebracht werden.
Weiterhin geht es um Kleinbauern. Es wird die Frage gestellt, ob sich eine Chance für sie aus marktorientiertem Anbau ergibt. Kleinbäuerliche Wirtschaftsformen in den Tropen, Nutzungskonflikte und Möglichkeiten der Verbesserung der Chancen von Kleinbauern wurden ebenfalls im ersten Kapitel des Schülerbuches analysiert. Auch dieses Basiswissen ist nun wichtig.
Das Raumbeispiel des Beispielthemas ist das Tal des Rio São Francisco in Nordostbrasilien und es geht um die Mangoproduktion. Das im Unterricht erworbene Wissen muss nun also auf die Anbaufrucht Mango und das Tal des Rio São Francisco angewendet werden.

Beispiele zur Thematik des ersten Kapitels

- Landwirtschaft im Spannungsfeld von Ernährungssicherung und Exportorientierung – Agrarstrukturelle Prozesse in Kambodscha
- Entwicklung durch Produktion für den Weltmarkt? – Das Beispiel Ophir-Ölpalmenplantage auf Sumatra
- Landwirtschaft unter dem Einfluss des Weltmarktes – Das Beispiel des Zuckerrohranbaus in Brasilien
- Aktuelle Entwicklungsprozesse im Agrarsektor von Entwicklungsländern – Das Beispiel der Provinz Gambella in Äthiopien

Formulierung der Teilaufgaben

Bei zentralen Prüfungsaufgaben muss sichergestellt sein, dass alle Schülerinnen und Schüler die Aufgabenstellung verstehen. Es ist wichtig zu wissen, ob ein Sachverhalt beschrieben, erklärt oder bewertet werden soll, denn nur dann können die Bewertungspunkte erreicht werden.

Bei der Formulierung der Arbeitsanweisungen werden sogenannte Operatoren verwendet. Diese Operatoren geben genau an, was zu tun ist, denn sie sind genau definiert. Mithilfe der Operatoren „beschreiben", „erklären" und „erläutern" soll dies hier veranschaulicht werden: Soll zum Beispiel eine Entwicklung beschrieben werden, dann ist die Punkteverteilung im Bewertungsschlüssel darauf abgestimmt. Die volle Punktzahl kann für ein „Wiedergeben der Materialaussagen" (vgl. Liste der Definitionen, S. 224) erreicht werden, für eine Erklärung sind keine Punkte vorgesehen.

Wird jedoch der Operator „erklären" in der Aufgabenstellung verwendet, dann reicht eine Beschreibung nicht aus. Die Definition des Operators „erklären" weist darauf hin, dass „Begründungszusammenhänge, Voraussetzungen und Folgen bestimmter Strukturen und Prozesse dargelegt" werden sollen.

Beim Operator „erläutern" kommt hinzu, dass „Sachzusammenhänge mithilfe ergänzender Informationen verdeutlicht" werden müssen. Dies bedeutet, dass Sachkompetenzen aus dem Unterricht gezielt eingebracht werden müssen. Allerdings ist darauf zu achten, sich nicht zu verzetteln und über ein völlig anderes Thema zu schreiben.

Außerdem lässt sich an den Operatoren der Schwierigkeitsgrad der Aufgabe erkennen.

Der Operator „nennen" zum Beispiel gehört zum Anforderungsbereich I, also zur niedrigsten Schwierigkeitsstufe. Geht es um das Bewerten oder Beurteilen einer Sachlage, dann weist die Aufgabe einen höheren Schwierigkeitsgrad auf. Eine gute Note für eine Klausur kann nur erreicht werden, wenn auch die Aufgaben mit höherem Schwierigkeitsgrad bearbeitet werden. Auch ist zu berücksichtigen, dass für Ausführungen, die nicht durch den Operator intendiert werden, keine Punkte im Lösungsschlüssel vorgesehen sind. Wer also eine Bewertung abgibt, obwohl eine Beschreibung verlangt wird, kann die im Lösungsschlüssel festgelegten Punkte nicht bekommen.

In der Regel wird in einer Teilaufgabe nur ein Operator verwendet, allerdings gibt es eine Ausnahme. Der Operator „lokalisieren" und Operatoren, die indirekt auf eine Lagebeschreibung zielen (z.B. „kennzeichnen Sie die Lage"), können als zweiter Operator in der ersten Teilaufgabe hinzukommen. Beispiel:

Thema: Marktorientierter Anbau, eine Chance für Kleinbauern? – Das Beispiel der Baumwollproduktion in Burkina Faso

Teilaufgaben:
1. Lokalisieren Sie Burkina Faso und kennzeichnen Sie die Agrarstruktur des Landes. (29 Punkte)
2. Erläutern Sie die Entwicklung und Bedeutung des Baumwollanbaus für Burkina Faso. (28 Punkte)
3. Nehmen Sie Stellung zur Themafrage. (23 Punkte)

In der folgenden Tabelle sind die Operatoren nach Anforderungsbereichen aufgelistet und definiert. Der Anforderungsbereich I weist die niedrigste, der Anforderungsbereich II die mittlere und der Anforderungsbereich III die höchste Schwierigkeitsstufe aus. Manche Operatoren lassen sich nicht eindeutig einem Anforderungsbereich zuordnen. Dies ist entsprechend vermerkt. Die für das Fach Geographie festgelegten Definitionen können allerdings von den Definitionen in anderen Fächern abweichen. Deshalb ist es wichtig, dass die Operatoren mit ihren Definitionen bekannt und eingeübt sind.

Operatoren, die vorrangig Leistungen im Anforderungsbereich I (Reproduktion) verlangen:

nennen	Informationen/Sachverhalte ohne Kommentierung wiedergeben
beschreiben*	Materialaussagen/Sachverhalte mit eigenen Worten geordnet und fachsprachlich angemessen wiedergeben
darstellen*	aus dem Unterricht bekannte oder aus dem Material entnehmbare Informationen und Sachzusammenhänge geordnet verdeutlichen
lokalisieren*	Einordnen von Fall-/Raumbeispielen in bekannte topographische Orientierungsraster

Operatoren, die vorrangig Leistungen im Anforderungsbereich II (Reorganisation und Transfer) verlangen:

einordnen/ zuordnen	einem Raum/Sachverhalt auf der Basis festgestellter Merkmale eine bestimmte Position in einem Ordnungs-raster zuweisen
kenn-zeichnen	einen Raum/Sachverhalt auf der Basis bestimmter Kriterien begründet charakterisieren
analysieren	komplexe Materialien/Sachverhalte in ihren Einzel-aspekten erfassen mit dem Ziel, Entwicklungen/Zusammenhänge zwischen ihnen aufzuzeigen
erläutern	Sachzusammenhänge mithilfe ergänzender Informa-tionen verdeutlichen
erklären	Begründungszusammenhänge, Voraussetzungen und Folgen bestimmter Strukturen und Prozesse darlegen
vergleichen*	Gemeinsamkeiten und Unterschiede zwischen (vergleichbaren) Strukturen/Prozessen erfassen und kriterienbezogen verdeutlichen
anwenden	Theorien/Modelle/Regeln mit konkretem Fall-/Raum-beispiel/Sachverhalt in Beziehung setzen

Operatoren, die vorrangig Leistungen im Anforderungsbereich III (Reflexion und Problemlösung) verlangen:

erörtern	einen Sachverhalt unter Abwägen verschiedener Pro- und Kontra-Argumente klären und abschließend eine schlüssige Meinung entwickeln
(kritisch) Stellung nehmen	unter Abwägung unterschiedlicher Argumente zu einer begründeten Einschätzung eines Sachverhalts/einer Behauptung gelangen
überprüfen	(Hypo-)Thesen/Argumentationen/Darstellungsweisen auf ihre Angemessenheit/Stichhaltigkeit/Effizienz hin untersuchen
beurteilen/ bewerten	auf der Basis von Fachkenntnissen/Materialinforma-tionen/eigenen Schlussfolgerungen unter Offenle-gung/Reflexion der angewendeten Wertmaßstäbe zu einer sachlich fundierten, qualifizierenden Einschät-zung gelangen/eine begründete, differenzierte eigene Meinung entwickeln

2 Die Bewertung

Die inhaltliche Bewertung

Die Bewertung einer Abiturklausur muss nach dem sogenannten punktgestützten Bewertungsschlüssel erfolgen, in dem die erwarteten Leistungen gegliedert nach Lösungsschritten (Items) angegeben sind. Bei jedem Lösungsschritt ist die Höchstpunktzahl vermerkt, die erreicht werden kann. Diese Höchstpunktzahl kann nur erreicht werden, wenn die Materialien gut ausgewertet sind und die Auswertung so formuliert ist, dass die Zusammenhänge deutlich werden. Eine Auflistung von Einzelinformationen kann nicht mit der Höchstpunktzahl bewertet werden, auch wenn sie vollständig ist. Das folgende Beispiel zeigt dies:

Aufgabenstellung: Erläutern Sie die Bedeutung des Tourismus für die Wirtschaft des Landes.

Der Prüfling	Punkte
charakterisiert durch Verknüpfung der Kernaussagen aus den relevanten Materialien die Bedeutung des Tourismus, wie: – wichtiger Beitrag zum Staatshaushalt, – Funktion als direkter und indirekter Arbeitgeber, belegt durch den Anteil der Erwerbstätigen im tertiären Sektor, – Impulsgeber für die Agrar- und Fischereiwirtschaft zur Versorgung der Touristen, – Motor für Modernisierung im Bereich Infrastruktur, wie Bau des internationalen Flughafens, innerinsulare Verkehrslinien, Umwelttechnologien: Müllbeseitigung, Trinkwassergewinnung	9

Es geht in dieser Teilantwort darum, die positiven Auswirkungen des Tourismus auf die Wirtschaft des Landes herauszustellen. Der Operator „erläutern" zeigt an, dass die Auswertung der Materialien und Sachkenntnisse aus dem Unterricht eingebracht werden müssen. Die Spiegelpunkte im punktgestützten Bewertungsschlüssel sind auf ein mittleres Niveau ausgerichtet und stellen einen Richtwert dar. Es geht nun nicht darum, möglichst viele der aufgeführten Aspekte zu „benennen", denn das wäre keine große „Denkleistung". Es geht vielmehr darum, Zusammenhänge aufzuzeigen und Schlussfolgerungen zu ziehen. Die Höchstpunktzahl kann also nicht erreicht werden, wenn alle im Lösungsschlüssel aufgeführten Aspekte nur genannt werden. Hingegen ist die volle Punktzahl möglich, wenn nur einige der genannten Aspekte fundiert und im Zusammenhang dargestellt werden und deutlich wird, dass eine gründliche Materialauswertung erfolgt ist.

Die Darstellungsleistung zählt auch

Für eine Klausur im Zentralabitur im Fach Geographie können nach dem derzeitigen Stand höchstens 100 Punkte vergeben werden. 80 Punkte sind nach der seit 2008 geltenden Regelung durch die inhaltliche Bearbeitung der Teilaufgaben und durch die methodische Leistung (Auswertung der Materialien) erreichbar. 20 Punkte werden für die Darstellungsleistung vergeben.

Tipp 1: Einschübe vermeiden. Vor der Reinschrift strukturieren.

Eine gedanklich klare Argumentation ist auch daran zu erkennen, dass keine nachträglichen Einschübe notwendig sind. Daher ist die äußere Form der Arbeit von Bedeutung. Deshalb sollte die Struktur der schriftlichen Ausführungen vor der Reinschrift kurz skizziert werden. Ist ein Einschub wirklich nicht zu vermeiden, dann sollte er ordentlich am Ende der Arbeit notiert und mit einem Sternchen im Text zugeordnet werden.

Tipp 2: Auf sprachliche Korrektheit achten.

Wichtig ist, dass Verstöße gegen Rechtschreibung, Zeichensetzung und Grammatik vermieden werden.

Tipp 3: Fachbegriffe sowie einen angemessenen sachlichen Ausdruck verwenden.

Die Anwendung der Fachterminologie ist eine Selbstverständlichkeit. Nur wer die entsprechenden Fachbegriffe bei seinen Ausführungen verwendet, kann die Höchstpunktzahl erreichen.

Wichtig ist aber auch der sachliche Ausdruck. Es gilt, umgangssprachliche Formulierungen und emotional gefärbte Aussagen zu vermeiden. Außerdem ist es von Bedeutung, in den Ausführungen die Inhaltsebene von der Formebene zu trennen. Hierfür ein Beispiel:

falsch	richtig
„In M1 sieht man, dass die Bevölkerungszahl seit 1999 angestiegen ist." oder: „M1 zeigt, dass die Bevölkerungszahl seit 1999 gestiegen ist."	„Die Bevölkerungszahl ist seit 1999 gestiegen (M1)". *Der Materialverweis ist in Klammern angegeben. Es wird nur die wesentliche Aussage formuliert.*
Bei den angeführten Beispielen sind Inhalts- und Formebene vermischt. Man sieht nicht in M1 und M1 kann nicht zeigen.	oder: „Wie aus M1 zu entnehmen ist, stieg die Bevölkerungszahl seit 1999."

Eine Zusammenstellung nützlicher Satzanfänge und Ausdrücke soll eine Hilfestellung bei der Formulierung geben.

- Die Entwicklung des/der ... ist gekennzeichnet durch ...
- Während bis ... die Entwicklung stagniert, ist seit ... festzustellen, dass...
- Für die Entwicklung ... gibt es mehrere Gründe.
- Es ist ein/eine ... zu verzeichnen.
- Der/die/das ... ist geprägt durch ...
- Der/die/das ... wird verstärkt/gemildert/verringert durch ...

- Die Merkmale der ... können wie folgt zusammengefasst/dargestellt werden: ...
- Aus den Informationen in den Materialien geht hervor, dass ...
- Wie aus ... zu entnehmen ist ...
- Während ... ist/sind ...
- ... ist gekennzeichnet durch ...
- ... konzentrieren sich ...

- Ursachen der/des ... sind ...
- Als Ursache für ... kann angeführt werden, dass ...
- Folgende Ursachen für ... können angeführt werden: ...
- Als Gründe für ... sind zu nennen: ...

- Aus der Tatsache, dass ..., kann folgende Problematik abgeleitet werden: ...
- Aus ... kann geschlussfolgert werden, dass ...
- Als Schlussfolgerung kann formuliert werden: ...
- Die Konsequenz aus ... ist ...
- Es ist zu vermuten, dass ...
- Da ..., ergibt sich ...
- ... führt zu ...
- Als Folge der/des ... ergibt sich ...
- ... wirken/wirkt sich wie folgt aus:

- Um ... zu bewerten, müssen die Vor- und Nachteile abgewogen werden.
- Eine Bewertung ... ist schwierig, da ...
- Um ... im Sinne der Themafrage bewerten zu können, müssen folgende Faktoren berücksichtigt werden: ...
- Aufgrund der Materiallage ist eine Bewertung schwierig/problematisch, denn ...
- Eine Bewertung kann je nach Gewichtung der Pro- und Kontra-Argumente unterschiedlich ausfallen.
- Bewertet man ... aus der Perspektive von ...
- Die unterschiedlichen Perspektiven müssen bei der Bewertung berücksichtigt werden.
- Da zu bewerten ist, ob ... nachhaltig ist, müssen die Dimensionen der Nachhaltigkeit bei der Bewertung berücksichtigt und abgewogen werden.

- ... weisen/weist darauf hin, dass ...
- ... zeigen/zeigt deutlich ...
- Es ergibt sich, dass ...
- Aus ... wird deutlich, dass ...
- Betrachtet man ...
- Es fällt auf, dass ...
- Dadurch, dass ...
- Dennoch ...
- Einerseits ..., andererseits ...
- Zum einen..., zum anderen...
- ... sind widersprüchlich.

- Zusammenfassend kann gesagt werden, dass ...
- Zusammenfassend lässt sich festhalten, dass ...
- Zusammenfassend ist festzustellen, dass ...
- Zusammenfassend ergibt sich also folgende/s ...

Tipp 4: Materialbezüge nicht vergessen. Diese werden in der Regel in Klammern nach einem Satz oder Abschnitt angegeben.

Für korrekte Materialbelege ist im punktgestützten Bewertungsschlüssel ebenfalls eine Punktzahl ausgewiesen. Es soll deutlich werden, dass die Kernaussagen aus den Materialien bei der Bearbeitung der Teilaufgaben der Klausur Grundlage der Ausführungen waren.

Tipp 5: Konsequent die Aufgabenstellung beachten.

Schon beim Skizzieren der Struktur der Ausführungen sollte darauf geachtet werden, ob die Aufgabenstellung genau erfasst wurde. Nach dem Formulieren einer Teilaufgabe sollte nochmals kontrolliert werden, ob die Zielrichtung der Teilaufgabe erfasst wurde.

Wie die inhaltliche und sprachliche Leistung bewertet werden kann, soll durch folgende Beispiele deutlich werden:

Thema: Nachhaltige Entwicklung durch Tourismus? –
Das Beispiel der Touristen-Resorts auf den Malediven.

Teilaufgabe 1: Kennzeichnen Sie die naturräumlichen Voraussetzungen für den Tourismus auf den Malediven und seine Entwicklung.

Der Bewertungsschlüssel:

	Der Prüfling	Punkte
1	ordnet die Malediven als äquatornah in die tropische Klimazone ein (M1, M2).	3
2	beschreibt die Malediven als eine Inselgruppe mit vielen weit auseinander liegenden Inseln auf Atollen, von denen nicht alle bewohnt und von denen nur ein kleiner Teil Ferieninseln sind (M4).	3
3	nennt mit Bezug auf Temperatur, Sonnenscheindauer und die Wassertemperatur die für die touristische Nutzung wichtigen Geofaktoren (M7).	3
4	nennt die naturgeographisch bedingte Attraktivität der Atollinseln für Badeurlauber, Wassersportler und Taucher (M4, M5, M6, M9): • flache Lagunen innerhalb der Korallenriffe, • tropische Unterwasserflora und -fauna, • weite Sandstrände.	6

Hinweis
Es dürfen keine halbierten Punkte vergeben werden. So sind zum Beispiel 1,5 Punkte nicht zulässig. In Klammern wird jeweils das Material im Materialteil der Abituraufgabe angeben, auf das der Prüfling Bezug nehmen sollte.

5	charakterisiert die Tourismusentwicklung (M8, M10, M11): • sukzessiver Anstieg der Touristenankünfte insbesondere aus Europa, • Erweiterung der Zahl der Resortinseln und Hotelbetten, • räumliche Konzentration des Tourismus auf den zentralen Bereich des Inselstaates mit deutlicher Tendenz zur Ausdehnung, • Steigerung des Niveaus im Tourismusangebot.	9
6	stellt als Besonderheit die restriktive Trennung von Einheimischen und Touristen dar (M8).	3
7	stellt eine Beziehung her zwischen • der Herkunft des größten Teils der Touristen (M11, M13), • ihrem Reiseverhalten, der Hauptreisezeit von Oktober bis März (M7), • der Entfernung zwischen Quellgebiet und Zielgebiet (M11, M13), • den klimatischen Gegebenheiten in der Quellregion und auf den Malediven (M7).	6
8	erfüllt ein weiteres aufgabenbezogenes Kriterium.	3

Beispiel zu Item 3: *Die Monatsdurchschnittstemperaturen schwanken zwischen 27,8 °C und 29 °C, die Jahresdurchschnittstemperatur liegt bei 28,2 °C. Diese hohen Temperaturen und die hohen Wassertemperaturen locken die Touristen in diese Region.*

Kommentar: Es werden die gleich bleibend hohen Temperaturen und die hohen Wassertemperaturen genannt, die Sonnenscheindauer wird nicht erwähnt. Eine Erklärung für die hohen Temperaturen wird nicht gegeben. Durch die Angabe „locken die Touristen in diese Region" soll auf die Klimagunst des Gebiets bezüglich einer touristischen Nutzung hingewiesen werden. Allerdings liegt hier ein fachsprachlicher Mangel vor, weil der Begriff „klimatischer Gunstfaktor" nicht verwendet wird. Es kann also für diesen Lösungsschritt nicht die Höchstpunktzahl von drei Punkten vergeben werden. Bezüglich der Bewertung der Darstellungsleistung ist anzumerken, dass kein Materialbezug gegeben wird.

Beispiel zu Item 4: *Ein Atoll ist eine mehr oder weniger geschlossene Inselkette, die nur wenige Meter über den Meeresspiegel hinausragt. Zwischen den Inseln befinden sich sogenannte Lagunen. Ein Touristenresort besteht aus Touristenunterkünften, meist kleinen Bungalows, Kräuter- und Gemüsegarten, Swimmingpool sowie verschiedenen Freizeiteinrichtungen. Entlang des Strands findet man die Personalunterkünfte, aber auch Werkstätten und die Meerwasserentsalzungsanlage sowie Mülldeponie und Müllverbrennungsanlage.*

Kommentar: Die Aufgabenstellung gibt vor, dass die naturräumlichen Voraussetzungen für den Tourismus gekennzeichnet werden sollen. Ein großer Teil der Ausführungen bezieht sich also nicht auf die Fragestellung. Der in Item 4 genannte Begriff „Lagune" kommt zwar in der Antwort vor, doch ohne den geforderten Bezug zum Tourismus. Der Strand wird zwar erwähnt, doch erscheint er eher abweisend für eine touristische Nutzung. Es wird also keine Lösungsqualität erreicht, die die Vergabe von auch nur einem Punkt rechtfertigen würde.

Beispiel zu Item 5 und 7: *Vor allem Europäer verbringen ihre Ferien auf den Malediven. So waren es circa 362 000 im Jahr 2000 und 517 800 im Jahr 2012. Asiaten verzeichnen dagegen 389 500 Ankünfte im Jahr 2012 und Amerikaner lediglich 26 900 (M 11). Die meisten Touristen kommen aus China, gefolgt von Deutschland (M13).*
Kommentar: Der Anstieg der Touristenankünfte wird (nur) am Beispiel der Touristen aus Europa belegt. Es werden die absoluten Zahlen aus dem Material angegeben. Hier wäre eine bessere Leistung zu erreichen gewesen, wenn die Entwicklung durch entsprechende Berechnungen mithilfe der Zahlen aus dem Material verdeutlicht worden wäre. So hätte herausgestellt werden können, dass die Zahl der Touristen aus Europa zwar seit 2000 um rund 43 Prozent gestiegen sind, dass aber die Anzahl der asiatischen Touristen allein zwischen 2008 und 2012 ein 152-prozentiges Wachstum erreicht hat und sich seit 2000 fast verfünffacht hat. Kamen im Jahr 2000 noch drei Viertel der Touristen aus Europa (77,5 %) und nur 18,5 Prozent aus Asien, beträgt der Anteil asiatischer Touristen auf den Malediven 2012 bereits 40,7 Prozent (Europa 54,0 %). Fachsprachlich liegen Mängel vor, denn es wird von „Europäern", „Amerikanern" und „Asiaten" gesprochen, die Tabelle gibt aber die „Touristenankünfte" an, also sollte man auch diesen Begriff verwenden. Das geforderte Herstellen von Beziehungen erfolgt nicht.

Beispiel zu Item 7: *Haupturlaubszeit auf den Malediven ist von Oktober bis März, also gerade dann, wenn es bei uns kalt ist. In den Sommermonaten liegen die Zahlen der Touristenankünfte unter denen der Wintermonate (M7).*
Kommentar: Es wird eine Beziehung zwischen der Herkunft des größten Teils der Touristen und der Hauptreisezeit hergestellt. Auf die klimatischen Gegebenheiten in der Quellregion wird hingewiesen, allerdings sind hier fachsprachliche Mängel festzustellen („wenn es bei uns kalt ist") sowie eine unzulässige Verallgemeinerung der Quellregion. Belegzahlen fehlen allerdings. Für diese Antwort kann deshalb nur die Hälfte der Punktzahl vergeben werden.

An einem weiteren Beispiel soll verdeutlicht werden, wie wichtig es ist, die Teilaufgabenstellung genau zu beachten. Die Teilaufgabe lautet: Stellen Sie die Voraussetzungen der Landwirtschaft in Israel dar.

Beispiel: *Israel liegt am Mittelmeer und hat damit Verbindung zu Südeuropa und Nordafrika. Im Südwesten grenzt Israel an Ägypten, im Südosten an Jordanien, im Nordosten an Syrien und im Norden an den Libanon.*
Kommentar: Für die Aufgabenstellung „Stellen Sie die Voraussetzungen der Landwirtschaft in Israel dar" ist diese Antwort irrelevant. Da in keiner Weise ein Bezug zur Aufgabenstellung hergestellt wird, ist auch kein „weiteres aufgabenbezogenes Kriterium" erfüllt. Dies wäre evtl. der Fall, wenn auf die Konfliktsituation im Grenzgebiet bezüglich der Ressource Wasser hingewiesen werden würde.

Sprachliche Mängel mindern die Schülerleistung. Sprachliche Korrektheit und die Verwendung der korrekten Fachsprache sind Voraussetzung für das Erreichen einer höheren Punktzahl. Bei den folgenden Beispielen geht es darum, sprachliche Mängel zu erkennen.

Beispiel: *Die touristischen Einrichtungen nahmen zu. Genauso nahmen aber auch die Reisenden zu.*
Kommentar: Es müsste heißen: Die Zahl der touristischen Einrichtungen nahm zu. Oder: Es ist ein Anstieg der Zahl der touristischen Einrichtungen festzustellen. Die Aussage im zweiten Satz kann missverstanden werden (Gewichtszunahme?). Es muss korrekterweise von der „Zahl der Touristenankünfte" gesprochen werden. Weiterhin ist die Verwendung der Satzanbindung „genauso" irreführend, denn „genauso" sagt aus, dass der Wert für die Zunahme der Zahl der touristischen Einrichtungen mit dem Wert für die Zunahme der Zahl der Touristenankünfte übereinstimmt.

Beispiel: *In einigen Regionen werden schon jetzt 35 Mio. mehr benötigt als zur Verfügung stehen.*
Kommentar: Es ist unklar, wovon hier gesprochen wird, weil die Angabe unvollständig ist.

Beispiel: *Erfreulich ist im Gegensatz dazu der Anteil der über 65-Jährigen in diesem Stadtteil.*
Kommentar: „Erfreulich" suggeriert eine Wertung und ist als unsachliche Formulierung zu vermerken. Gemeint ist in diesem Fall, dass der Anteil der über 65-Jährigen deutlich über dem Anteil einer anderen Altersgruppe liegt, die vorher benannt wurde. Ob dies positiv zu bewerten ist, ist fraglich.

Beispiel: *Es findet keine landwirtschaftliche Betätigung statt, was mit der Klimazone Wüste zu begründen ist.*

Kommentar: Fachbegrifflich liegen große Mängel vor. Es müsste formuliert werden, dass eine landwirtschaftliche Nutzung eingeschränkt ist oder dass das Gebiet landwirtschaftlich nicht genutzt wird. Falsch ist außerdem die Angabe „Klimazone Wüste". Die Begriffe „Klimazone" und „Vegetationszone" müssen korrekt unterschieden werden. Außerdem müssen die Klima- und Vegetationszone konkret benannt werden. Bei der Angabe der Klimazone kann es sinnvoll sein, die verwendete Klimaklassifikation mit anzugeben.

Beispiel: *Das Klimadiagramm in M3 unterstreicht mit heißen trockenen Sommermonaten von Mai bis Oktober das aride subtropische Klima.*

Kommentar: Die Inhalts- und Formebene sind vermischt (ein Klimadiagramm kann nicht unterstreichen, Sommermonate sind kein „Werkzeug" zum Unterstreichen). Die Monate Mai bis Oktober als Sommermonate zu bezeichnen, ist sachlich falsch. Es handelt sich um das Sommerhalbjahr.

Beispiel: *Aufgrund der Erdöl- und Erdgasvorkommnisse konzentriert sich das wirtschaftliche Wachstum an der Küste. Trotz der Erdölförderung stellt der tertiäre Sektor den größten Anteil am BIP dar.*

Kommentar: Die Fachsprache ist nicht korrekt. Es handelt sich um Erdöl- und Erdgasvorkommen. Die Schlussfolgerung in Bezug auf das wirtschaftliche Wachstum an der Küste ist nicht treffend begründet. Beide Sätze sind widersprüchlich.

Beispiel: *Ich persönlich sehe die beiden Projekte sehr kritisch. Positiv anzumerken ist, dass die Stadt Berlin sich die Mühe macht, den Stadtteil attraktiver zu gestalten und mit dem Neubau der ehemaligen Plattenbauten ein breites Spektrum der Bevölkerung ansprechen möchte. Doch in meinen Augen überwiegen die negativen Aspekte. Ich glaube nämlich nicht, dass die Bewohner sich die neuen Mietpreise leisten können.*

Kommentar: Eine Beurteilung von Sachverhalten sollte sachlich begründet erfolgen und mit Materialverweisen belegt sein. Persönliche Formulierungen sollten vermieden werden. Aussagen wie „sich die Mühe macht" sind zum einen unsachlich, zum anderen „schwingen Emotionen mit". Der Begriff „Neubau" ist falsch, gemeint ist wohl Sanierung oder Rückbau. Ob ein breites Spektrum der Bevölkerung angesprochen werden soll, geht nicht aus dem Material hervor, dies ist eine Behauptung. Weiterhin ist anzumerken, dass ein Satzbaufehler vorliegt (zweimal). Es muss heißen: „... dass sich die Bewohner die neuen Mietpreise leisten können."

3 Materialien auswerten und verknüpfen

Abituraufgaben sind immer materialgebunden, das heißt, die Kompetenz, Materialien auszuwerten, wird vorausgesetzt. Dabei geht es allerdings immer um eine Auswertung, die einen Bezug zur Aufgabenstellung haben muss.

Die Auswertung von Karten

Zu den Materialien einer Abiturklausur gehört immer mindestens eine Karte. Außerdem sollen geeignete Karten aus dem Atlas mit berücksichtigt werden. Die Auswahl muss allerdings selbstständig erfolgen. Bei der Auswertung der Karten geht es nicht darum, eine Karte mit allen Details auszuwerten und die Ergebnisse niederzuschreiben, sondern um eine Auswertung mit Blick auf das Thema und die Aufgabenstellung der Abituraufgabe.

Schritte für die Auswertung von Karten in einer Klausur:
1. Schritt: Vorbereitung
• Aufgabenstellung
 – Ich überlege, was durch den Operator in dieser Aufgabe gefordert wird.
 – Ich markiere Thema und Raum.
• Raumabgrenzung
 – Ich stelle die Grenzen des zu bearbeitenden Raumes in der Karte fest (bei Kopiervorlagen mit dickem Stift in die Karte einzeichnen)
• Legende
 – Ich stelle in der Legende fest, welche Signaturen für die Aufgabenstellung relevant sind.
 – Ich strukturiere die Legende in Bezug auf die Bearbeitungsrichtung der Klausur (zum Beispiel: Welche Signaturen weisen auf die naturgeographischen Bedingungen im Untersuchungsraum hin? Welche Signaturen weisen auf die Bodennutzung hin?)

2. Schritt: Kartenauswertung I
 – Ich stelle fest, wo in der Karte die von mir markierten Signaturen vorkommen.
 – Ich überlege, welche Zusammenhänge/Strukturen erkennbar sind.
 – Ich überlege, welche Gründe es für die Ausprägung dieser Strukturen gibt.

<u>3. Schritt: Sicherheitsschritt</u>
– Ich überprüfe, ob ich die Bearbeitungsrichtung der Teilaufgabe berücksichtigt habe.

<u>4. Schritt: Kartenauswertung II</u>
Ich überdenke meine bisherigen Arbeitsergebnisse:
– Ich überlege, welche anderen Karten im Atlas gegebenenfalls weitere Hinweise geben können.
– Ich überprüfe, ob sich die gewonnenen Erkenntnisse auch in den anderen Materialien widerspiegeln. Diese Materialien ziehe ich dann für die weitere Bearbeitung hinzu.

<u>5. Schritt: Sicherheitsschritt</u>
Bevor ich meine Ergebnisse niederschreibe, überprüfe ich nochmals, ob die gewonnenen Erkenntnisse zur Bearbeitungsrichtung der Teilaufgabe passen.

Anwendung an einem Beispiel

Thema: Zukunftsfähige Landwirtschaft trotz begrenzter Wasserverfügbarkeit? – Das Beispiel Israel
Teilaufgabe: Stellen Sie die Voraussetzungen der Landwirtschaft in Israel dar.

Karte: Naher Osten (Israel) – Wirtschaft
Diercke Weltatlas (2015), S. 179 ⑥

<u>1. Schritt: Vorbereitung</u>
Der Operator „darstellen" verlangt, dass aus dem Unterricht bekannte oder aus dem Material entnehmbare Informationen und Sachzusammenhänge geordnet verdeutlicht werden.
Die Bearbeitungsrichtung ist durch „zukunftsfähige Landwirtschaft?" und „begrenzte Wasserverfügbarkeit" gegeben. Das Raumbeispiel ist Israel.
Auf der Karte werden die Grenzen des Staates Israel markiert, in der Karte die Signaturen, die zum Thema „Landwirtschaft" und „Wasserverfügbarkeit" gehören. Für dieses Thema nicht relevante Signaturen sind zum Beispiel die Signaturen zu Verkehr, Transport und Bergbau.
Eine mögliche Struktur ergibt sich nach folgenden Aspekten: naturgeographische Voraussetzungen für eine landwirtschaftliche Nutzung, Anbaufrüchte, Wassergewinnung aus Grundwasser, Wassergewinnung aus Oberflächenwasser und Wasserleitungsnetz.

2. Schritt: Kartenauswertung I

Aus der Verteilung der relevanten Signaturen in der Karte kann geschlossen werden:

• Relativ feuchtes, mediterranes Winterregengebiet im Norden, im Süden Gebiet mit trockenem, heißem Halbwüstenklima,
• Halbwüste/Wüste auch im südlichen Jordantal und im Küstenstreifen,
• Wasserfernleitungssysteme vom Norden in den Süden, Wasserentnahme aus dem See Genezareth,
• Bedeutungslosigkeit des Toten Meeres als Wasserreservoir (Vorwissen: hoher Salzgehalt).

3. Schritt: Sicherheitsschritt

Was soll bearbeitet werden? Es geht in der Themaformulierung darum, ob die Landwirtschaft zukunftsfähig ist, und es wird der Hinweis gegeben, dass die Wasserverfügbarkeit begrenzt ist. In der Teilaufgabe sollen die Voraussetzungen der Landwirtschaft in Israel dargestellt werden. Die bisherigen Arbeitsergebnisse werden daraufhin überprüft.

Folgende Zusammenhänge können erkannt werden: Eine landwirtschaftliche Nutzung ist aufgrund der klimatischen Gegebenheiten in weiten Teilen Israels nur mit künstlicher Bewässerung möglich. Die südlichen und westlichen Landesteile sind vom Wasserangebot der Flüsse im Norden sowie des Sees Genezareth abhängig. Die Versorgungsbasis für die Bewässerungslandwirtschaft in den westlichen Landesteilen ist die aus dem Norden in den Westen führende Leitung. Das Fernleitungssystem ist auf Pumpwerke angewiesen. Es ist von Verdunstungsverlusten im Fernleitungssystem auszugehen.

4. Schritt: Kartenauswertung II

Für weitere Erklärungen ist eine physische Karte heranzuziehen. Es wird deutlich, dass die Reliefverhältnisse für die Verteilung der Niederschläge mit verantwortlich sind. So sind zum Beispiel die Lee-Lage des südlichen Jordantals und der Steigungsregen an den Hängen des Westjordanlands hervorzuheben. Außerdem schränken die Reliefverhältnisse eine mögliche landwirtschaftliche Nutzung in einigen Landesteilen ein. Die Notwendigkeit von Pumpwerken ergibt sich ebenfalls durch die Reliefverhältnisse. Als weitere Karte kann die Bodenkarte herangezogen werden.

Die Auswertung weiterer Materialien entfällt an dieser Stelle, da es beispielhaft nur um die Auswertung einer Karte geht. In einer Klausur stehen natürlich zusätzliche Materialien zu dieser Teilaufgabe zur Verfügung.

5. Schritt: Sicherheitsschritt

Die Teilergebnisse werden nochmals mit der Aufgabenstellung abgeglichen und strukturiert. Es müsste in der schriftlichen Ausarbeitung darauf eingegangen werden, dass die wichtigsten natürlichen Bedingungen für eine landwirtschaftliche Nutzung in Israel die Reliefverhältnisse, das Klima und die Wasserverfügbarkeit sind. Weiterhin müsste erklärt werden, dass eine intensive Landwirtschaft nicht ohne künstliche Bewässerung auskommt. Schließlich ist das Fernleitungssystem in seiner Problematik darzustellen. Als weiteres Problem könnte die politische Situation (Wasserkonflikt) dargestellt werden.

Die schriftlichen Ausführungen müssten schließlich auch mit einem Fazit in Bezug auf die Fragestellung abschließen.

Die Auswertung von Tabellen

Tabellen sind weitere Materialien, die in Klausuren entsprechend der Fragestellung ausgewertet werden sollen. Dabei ist zu beachten, welche Quelle vorliegt und aus welchem Jahr bzw. aus welchen Jahren die Zahlen stammen.

In der Abiturklausur ist der Taschenrechner ein erlaubtes Hilfsmittel. Er sollte genutzt werden, um zum Beispiel Prozentwerte in absolute Zahlen umzurechnen oder umgekehrt absolute Zahlen in Prozentwerte. Dies bringt möglicherweise weitere Erkenntnisse. Insbesondere wenn Entwicklungen aufgezeigt werden sollen, empfiehlt sich eine Angabe von Prozentwerten, um die Entwicklung vergleichen zu können.

Weiterhin sollte bei der Auswertung von Tabellen beachtet werden, ob die Zeitabschnitte zwischen den angegebenen Werten gleich sind.

Schritte bei der Auswertung von Tabellen

1. Schritt: Vorbereitung
– Ich überlege, was durch den Operator dieser Aufgabe gefordert wird.
– Ich markiere in der Tabelle die für die Aufgabenstellung relevanten Angaben und Zeiträume.

2. Schritt: Tabellenauswertung I
– Ich gehe die relevanten Werte nach Zeilen durch, das heißt, ich vermerke mit selbst zu wählenden Zeichen Anstieg und Abfall.
– Ich gehe die relevanten Werte nach Spalten durch und markiere gegebenenfalls Ranglisten.
– Ich rechne in Prozentwerte bzw. absolute Zahlen um und vergleiche.
– Ich überlege, welche Zusammenhänge erkennbar sind.
– Ich überlege, welche Gründe es dafür geben kann.

3. Schritt: Sicherheitsschritt
– Ich überprüfe, ob ich die Bearbeitungsrichtung der Teilaufgabe berücksichtigt habe.

4. Schritt: Tabellenauswertung II
– Ich überdenke meine bisherigen Arbeitsergebnisse:
– Welche Zusammenhänge gibt es?
– Welche Gründe können angeführt werden?
– Ich berücksichtige gegebenenfalls auch die angegebene Quelle.
– Ich notiere Vergleichswerte (z.B. zu Deutschland, Nordrhein-Westfalen, dem Wohnort), wenn möglich bzw. wenn sinnvoll.
– Ich überprüfe, ob sich die gewonnenen Erkenntnisse auch in anderen Materialien widerspiegeln. Diese Materialien ziehe ich dann für die weitere Bearbeitung hinzu.

5. Schritt: Sicherheitsschritt
– Bevor ich meine Ergebnisse niederschreibe, überprüfe ich nochmals, ob die gewonnenen Erkenntnisse zur Bearbeitungsrichtung der Teilaufgabe passen.

Beispiel für häufige Fehler bei der Angabe von Entwicklungen
Anteil der unter 15-Jährigen an der Gesamtbevölkerung 2002: 26,3 %
Anteil der unter 15-Jährigen an der Gesamtbevölkerung 2017: 11,4 %

Falsch: Der Anteil der unter 15-Jährigen ist von 2002 bis 2017 um 14,9 % zurückgegangen.
Es wurde die Differenz berechnet. Der Anteil ist aber um mehr als die Hälfte zurückgegangen.

Beispiel für die Erkenntnisgewinnung aus einer Umrechnung
Anteil der über 65-Jährigen an der Gesamtbevölkerung 2002: 5,3 %
Gesamtbevölkerung 2002: 2490
Anteil der über 65-Jährigen an der Gesamtbevölkerung 2017: 12,5 %
Gesamtbevölkerung 2017: 880

Der Anteil von 12,5 % erscheint zunächst sehr hoch zu sein, der von 5,3 % niedrig. Stellt man aber eine Relation zur Gesamtbevölkerung her, dann zeigt sich, dass 2017 zahlenmäßig weniger über 65-Jährige in diesem Ort lebten, nämlich 110 Personen, im Gegensatz zu 132 Personen im Jahr 2002. Da aber die Bevölkerungszahl insgesamt so stark gesunken ist, macht der Anteil der über 65-Jährigen einen höheren Wert aus.

Anwendung an einem Beispiel

Thema: Nachhaltige Entwicklung durch Tourismus? – Das Beispiel der Touristen-Resorts auf den Malediven
Teilaufgabe: Erläutern Sie die Bedeutung des Tourismus für die Wirtschaft des Landes.

Ökonomische Kenndaten der Malediven					
	1979	1988	1996	2003	2012
Einwohnerzahl (in 1000)					
• Malediven	150	181,5	270,0	293,0	338,4
• Malé	30	52	60,0	81,0	123,4
BIP (in Mio. US-$)	30 ↗	50 ↗	306 ↗	715 ↗	2113
BIP/Einwohner (in US-$)	201 ↗	290 ↗	1133 ↗	2440 ↗	6243
Anteil der Wirtschafts-sektoren am BIP (in %)	k.A.		k.A.		
• Primärer Sektor[1]		33		20	4
• Sekundärer Sektor		12		18	22
• Tertiärer Sektor		55 ↗		62 ↗	76
Erwerbstätige nach Wirt-schaftssektoren (in %)	k.A.		k.A.		k.A.
• Primärer Sektor		54		14	
• Sekundärer Sektor		22		19	
• Tertiärer Sektor		24 ↗		67[2]	
Import (in Mio. US-$)[3]	28,1 ↗	46 ↗	160 ↗	421 ↗	1554
Export (in Mio. US-$)[4]	6,0 ↗	17,3 ↗	59 ↗	113 ↗	314
Anteil der Einnahmen aus dem Tourismus am Staatshaushalt (in %)	k.A.	23,6 ↗ (1985)	29,7 ↘	28,4 ↗	38,2

[1] Anteil der nutzbaren Ackerfläche unter 5 % der Landesfläche
[2] ca. 25 % allein in der Tourismusbranche (ohne mittelbar vom Tourismus Abhängige); von den auf den Tourismusinseln arbeitenden Männern sind rd. 50 % Malediver (die übrigen kommen mangels ausgebildeten einheimischen Servicepersonals aus Sri Lanka, Bangladesch und Indien)
[3] vor allem Erdölprodukte, Nahrungsmittel, Fertigprodukte
[4] vor allem Fisch, Kopra, Textilien (zwei kleine Produktionsstätten)

Es ist wichtig, vor der Bearbeitung der Teilaufgabe das Thema genau zu lesen. In diesem Fall gibt das Thema den Hinweis, dass die Bearbeitungsrichtung „nachhaltige Entwicklung durch Tourismus" ist. In der Formulierung dieser Teilaufgabe geht es zunächst um die Bedeutung des Tourismus für die Wirtschaft des Landes. Aus dem Thema der Tabelle ist ersichtlich, dass aus der Tabelle die ökonomische Dimension des Nachhaltigkeitsdreiecks herausgearbeitet werden kann.

1. Schritt: Vorbereitung

Der Operator „erläutern" gibt an, dass Sachzusammenhänge mithilfe ergänzender Informationen verdeutlicht werden sollen. In der Tabelle oben sind die relevanten Angaben markiert. Zu beachten ist, dass die Zeiträume unterschiedlich sind.

2. Schritt: Tabellenauswertung I

Zunächst in der linken Spalte alle relevanten Angaben markieren. Mit Pfeilen die Entwicklung verdeutlichen. Im Beispiel sind die entsprechenden Markierungen vorgenommen worden.

Die hohe (und zunehmende) Bedeutung des Tourismus kann an folgenden Daten (und Entwicklungen) abgelesen werden:

• hoher (seit 1988 zunehmender) Anteil der Beschäftigung im tertiären Sektor (siehe auch Fußnote),

• hoher (seit 1988 tendenziell zunehmender) Anteil der Einnahmen aus dem Tourismus am Staatshaushalt.

Umrechnungen:

Der Anteil des tertiären Sektors am BIP kann mithilfe des Gesamt-BIP in absolute Zahlen umgerechnet werden:

1988: 27,5 Mio. US-$

2003: 443,3 Mio. US-$

2012: 1605,9 Mio. US-$

Der Anteil der Erwerbstätigen im tertiären Sektor kann mithilfe der Einwohnerzahl in absolute Zahlen umgerechnet werden:

1988: 43 560 Erwerbstätige

2003: 196 310 Erwerbstätige

3. – 5. Schritt:

Die weiteren Arbeitsschritte werden entsprechend durchgeführt.

Die Auswertung von Diagrammen

Diagramme stellen statistische Daten durch Figuren dar. Sie veranschaulichen schwer überschaubare Zahlenangaben. Die häufigsten Arten von Diagrammen, die in Klausuren vorkommen, sind:

• Balkendiagramm

• Säulendiagramm

• Kurvendiagramm

• Kreisdiagramm

• Altersstrukturdiagramm („Bevölkerungspyramide")

• Dreiecksdiagramm

• Klimadiagramm

Auch bei Diagrammen ist es wichtig festzustellen, von wem die veran-
schaulichten Daten stammen. Diagramme erscheinen auf den ersten
Blick genau und zuverlässig, doch ist darauf zu achten, ob durch die
Wahl der Abmessungen, durch Eingrenzung der Werteskala, durch das
Weglassen missliebiger Zeiträume oder durch Hinzufügen von Schät-
zungen der optische Eindruck manipuliert wird.

Schritte bei der Auswertung von Diagrammen
1. Schritt: Vorbereitung
– Ich überlege, was durch den Operator in dieser Aufgabe gefordert wird.
– Ich markiere im Diagramm die für die Aufgabenstellung relevanten
  Angaben und Zeiträume.

2. Schritt: Diagrammauswertung I
– Ich markiere Veränderungen der Zahlenwerte im Laufe der Zeit.
– Ich markiere Maximumwerte und Minimumwerte.
– Ich überlege, welche Zusammenhänge erkennbar sind.
– Ich überlege, welche Gründe es dafür geben kann.

3. Schritt: Sicherheitsschritt
– Ich überprüfe, ob ich die Bearbeitungsrichtung der Teilaufgabe berücksichtigt habe.

4. Schritt: Diagrammauswertung II
– Ich überdenke meine bisherigen Arbeitsergebnisse.
– Ich berücksichtige ggf. auch die Quelle und die gewählte Darstellung.
– Ich notiere Vergleichswerte (z.B. zu Deutschland, Nordrhein-West-
  falen), wenn möglich bzw. wenn sinnvoll.
– Ich überprüfe, ob sich die gewonnenen Erkenntnisse auch in anderen
  Materialien widerspiegeln.

5. Schritt: Sicherheitsschritt
– Bevor ich meine Ergebnisse niederschreibe, beachte ich nochmals die
  Bearbeitungsrichtung der Teilaufgabe.

Anwendung an einem Beispiel

Thema: Wasser – Entwicklungsmotor und Konfliktstoff? – Das Südost-
anatolien-Projekt (GAP).
Teilaufgabe 1: Kennzeichnen Sie Lage sowie die naturgeographischen
Voraussetzungen des Südostanatolien-Projektes.
Teilaufgabe 2: Erläutern Sie die Zielsetzungen des Projektes und damit
verbundene Probleme.

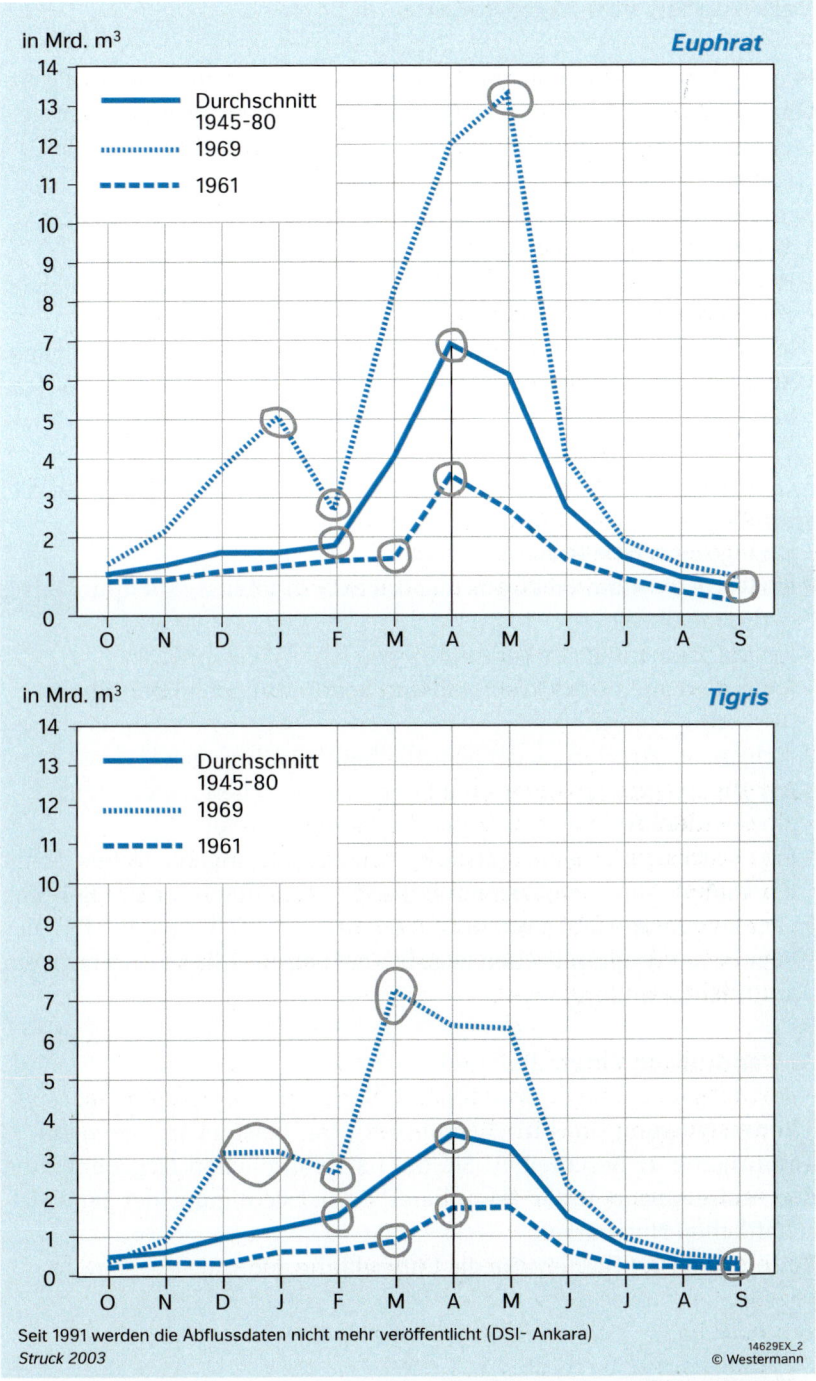

Seit 1991 werden die Abflussdaten nicht mehr veröffentlicht (DSI- Ankara)
Struck 2003

14629EX_2
© Westermann

Abflussdiagramme von Euphrat und Tigris im Jahresverlauf, gemessen jeweils an der Landesgrenze

Es geht um naturgeographische Voraussetzungen für ein Staudammprojekt, also sind die Abflussverhältnisse von Euphrat und Tigris relevant.

Die Diagramme zeigen die durchschnittlichen Abflussverhältnisse sowie die Abflussverhältnisse in einem trockenen und einem feuchten Jahr.

Veränderungen, Maximumwerte und Minimumwerte markieren.

Es lassen sich jeweils Trends im Verlauf der Kurven feststellen. Diese müssen miteinander verglichen werden. Am besten geht man von der Kurve der Durchschnittswerte aus und vergleicht mit den Extremkurven.

Abflussverhältnisse von Euphrat und Tigris bezüglich Gemeinsamkeiten und Unterschiede vergleichen.

Gründe für die Abflussverhältnisse suchen, dafür Klimakarten und Klimadiagramme hinzuziehen.

Bezug zur Fragestellung nicht vergessen!

Verknüpfen von Materialien

In einer Klausur sollen nicht die Ergebnisse der Materialauswertung aneinandergereiht niedergeschrieben werden. Die Erkenntnisse sollen vielmehr verknüpft werden. Dabei kann das Anlegen einer Tabelle helfen.

Schritte bei der Verknüpfung von Materialien
1. Schritt: Zuordnung der Materialien zu den Teilaufgaben
– Ich schaue die Materialien nacheinander an und überlege, für welche Teilaufgaben sie relevant sind.
– Ich notiere die Nummern der Teilaufgaben neben den Materialien. Aber Achtung: Manche Materialien lassen sich mehreren Teilaufgaben zuordnen.

2. Schritt: Strukturierung der Auswertung der Materialien und Verknüpfung
– Ich lege eine Tabelle an (↗ S. 243).
– Ich werte die Materialien aus und trage die Ergebnisse stichpunktartig in die Tabelle ein.
– Ich markiere mögliche Verknüpfungen bzw. Widersprüche.
– Ich notiere meine Rückschlüsse und Begründungen in der Tabelle.

3. Schritt: Strukturierung der schriftlichen Ausführungen
– Ich gliedere die Tabelle und überlege, mit welchen Aspekten ich beginnen möchte.
– Ich formuliere meine schriftlichen Ausführungen. Dabei achte ich darauf, dass ich Zusammenhänge verdeutliche, zum Beispiel: „Die Temperatur steigt von $-6\,°C$ im Januar bis $+27\,°C$ im Juli (M7). Dies liegt an der geographischen Lage in Zentralasien (M1). Es herrscht ein kontinentales Klima."

Anwendung an einem Beispiel

Thema: Nutzung eines Trockenraumes – Das Beispiel Aralseeregion
Teilaufgabe 1: Beschreiben Sie die naturräumlichen Gegebenheiten der Aralseeregion unter besonderer Berücksichtigung der landwirtschaftlichen Nutzbarkeit.
Teilaufgabe 2: Erläutern Sie die Entwicklung der Aralseeregion.

Beispiele für die Teilaufgabe 1:

M	Beschreibung	Verknüpfung mit M... Widerspruch zu M ...	Rückschluss/ Begründung
7	Temperaturkurve geht von – 6°C im Januar bis auf +27°C im Juli	M1 → geographische Lage in Zentralasien	kontinentales Klima
7	142 mm Jahresnieder-schlag	M2 → Wüstensignatur (Halb-, Sand- und Salzwüste)	unterhalb der agronomi-schen Trocken-grenze
		M1 → Klimakarte M5 → karge Landschaft jenseits des Sees, bis auf Deltabereiche	Wüstenklima

Beispiele für die Teilaufgabe 2:

M	Beschreibung	Verknüpfung mit M... Widerspruch zu M ...	Rückschluss/ Begründung
2	Fläche des Aral-sees schwindet von 1960 – 2009 immens	M4 → Wasserzufluss sinkt von 1960 (56 km³/Jahr) bis 2000 (3 km³/Jahr) permanent	Aralsee trock-net in der Wüstenregion aus, da Zuflüsse aus-bleiben
2	Zuflüsse münden nicht mehr in den See	M4 → Steigerung der Bewässerungsfläche von 4,8 Mio. ha (1960) auf 7,1 Mio. ha (2000) M3 → „die Erschließung von 500 000 ha zusätzlichem Bewässerungsland"	unsachge-mäße Nutzung durch Auswei-tung der Be-wässerungs-fläche

Zeitmanagement

Eine Abiturklausur setzt die Kompetenzen der Einführungs- und Quali-fikationsphase voraus. Zu diesen Kompetenzen gehört auch das struk-turierte Vorgehen bei der Bearbeitung der Aufgabenstellung.

Die Abiturklausur ist natürlich eine besondere Klausur, doch auch die Kurs-Klausuren in der Qualifikationsphase werden nach den formalen Vorgaben der Abiturklausur gestellt, sodass bestimmte Abläufe bezie-hungsweise Bearbeitungsschritte schon vorher geübt werden können und sich über die gesamte Qualifikationsphase hinweg eine zuneh-mende Sicherheit im Umgang mit Klausuren einstellt. Die definierten Operatoren werden schon in der Einführungsphase verwendet und sind also schon zu Beginn der Qualifikationsphase bekannt. Auch die

Arbeit mit geographischen Arbeitsmaterialien ist vor der Qualifikationsphase geübt worden.

Was nicht geübt werden kann, ist die Zeiteinteilung bei der Auswahl zwischen drei Themenvorschlägen, denn eine Klausur während der Qualifikationsphase muss eine Auswahl zwischen (nur) zwei Themen bieten. Für das Sichten der drei Themenvorschläge und das Treffen einer Entscheidung sind 30 Minuten Auswahlzeit vorgesehen. Danach beginnt die Arbeitszeit von 180 Minuten bei Grundkurs-Klausuren und 255 Minuten bei Leistungskurs-Klausuren. Die Einteilung der Zeit sollte gut überlegt werden, denn alle Teilaufgaben müssen bearbeitet werden, wenn nicht wertvolle Punkte „verschenkt" werden sollen.

Wichtig ist auch, dass das Thema und die Aufgabenstellung bei jeder Teilaufgabe immer wieder reflektiert werden. Zum Schluss sollte auch genug Zeit bleiben, um die Klausur nochmals durchzulesen und eventuell Fehler zu korrigieren. Es sind also viele Dinge zu bedenken. Deshalb ist ein Leitfaden für die Bearbeitung einer Klausur nützlich.

Wie gehe ich vor?

Auswahlzeit:
1. Zunächst verschaffe ich mir einen Überblick über die gestellten Aufgaben. Ich schaue mir die in den Themen formulierten Schwerpunkte genau an und überlege, an welchem Raumbeispiel die jeweilige Thematik im Unterricht behandelt wurde. Danach entscheide ich mich für ein Thema (Auswahlzeit 30 Minuten).

Erstes Sichten:
2. Ich erstelle einen Zeitplan für die Bearbeitung. Dabei beachte ich die maximale Punktzahl, die für die einzelnen Teilaufgaben zu erreichen ist. Für eine Teilaufgabe mit hoher Punktzahl plane ich mehr Zeit ein als für Teilaufgaben mit geringerer Punktzahl. Für das abschließende Durchlesen und Korrigieren plane ich ungefähr 15 Minuten ein.
3. Für jede Teilaufgabe benutze ich einen Marker mit einer anderen Farbe. Ich „sichte" das Material und markiere mit der entsprechenden Farbe, zu welcher Teilaufgabe das jeweilige Material gehört. Es können auch Materialien vorhanden sein, die zu mehreren Teilaufgaben ausgewertet werden müssen. Dann markiere ich dies entsprechend.

Bearbeitung der ersten Teilaufgabe – Vorbereitung:
4. Ich bearbeite die erste Teilaufgabe. Dazu lese ich mir nochmals das Thema der Aufgabe und die Teilaufgabe durch. Ich notiere den Themenschwerpunkt und überdenke, welche Hinweise der Operator für die Bearbeitung gibt.
5. Ich werte die für die Teilaufgabe markierten Materialien in Bezug auf die Aufgabenstellung aus, notiere stichwortartig die Ergebnisse, notiere die zugehörigen Fachbegriffe und werte möglicherweise weitere Atlaskarten fragengeleitet aus.
6. Ich strukturiere die Ergebnisse.

Bearbeitung der ersten Teilaufgabe – Reinschrift:
7. Ich überlege eine Einleitung und schreibe dann in Reinschrift die Bearbeitung der ersten Teilaufgabe auf. Dabei achte ich darauf, dass die einzelnen Aspekte sinnvoll verknüpft werden.
8. Ich denke daran, dass ich Materialbezüge geben muss.
9. Beim Formulieren meiner Ausführungen achte ich auf eine sachliche Argumentation sowie die Rechtschreibung und Zeichensetzung.
10. Ich fasse meine Ergebnisse am Schluss der Ausführungen zu dieser Teilaufgabe in einem kurzen Fazit zusammen.

Zwischenkorrektur:
11. Ich überprüfe immer wieder, ob ich auch das Thema und die Fragestellung beachte.

Bearbeitung der nächsten Teilaufgabe:
12. Ich wende die Arbeitsschritte bei der nächsten Teilaufgabe an.

Endkorrektur:
13. Ich lese meine Klausur sorgfältig durch und achte dabei insbesondere auch auf die Rechtschreibung und Zeichensetzung.
14. Sollten formale oder inhaltliche Korrekturen notwendig sein, führe ich diese sauber durch. Für inhaltliche Einschübe nutze ich die letzte Seite mit entsprechender Nummerierung im Text.

Strukturdaten

Deutschland

Fläche: 357 376 km^2
Einwohnerzahl: 82,668 Mio. (2016)
Bevölkerungsdichte: 231 Einw./km^2

I. Demographische Daten

- Bevölkerungsentwicklung (1990–2015): 0,1 %
- Bevölkerungsentwicklung (2015–2030): –0,1 %
- Geburtenrate (2015): 9 ‰
- Sterberate (2015): 11 ‰
- Fertilitätsrate: 1,5 K/F (2015)
- Säuglingssterblichkeit (2015): 3 pro 1000 Lebendgeburten
- Kindersterblichkeit bis 5 Jahre (2015): 4 ‰
- Lebenserwartung (2015): 81 Jahre
- Altersstruktur (2016):
  0–14 Jahre: ca. 13 %
  15–64 Jahre: ca. 66 %
  > 64 Jahre: ca. 21 %
- Städtische Bev. (2016): 76 %

II. Ökonomische Daten (2016)

- Bruttoinlandsprodukt: 3132,7 Mrd. Euro
- Bruttonationaleinkommen pro Einw. (PPP): 43 660 US-$
- BIP-Wachstumsrate: 1,9 %
- Inflationsrate: 0,5 %
- Anteile der Wirtschaftssektoren am BIP
  Primärer Sektor: 0,6 %
  Sekundärer Sektor: 30,4 %
  Tertiärer Sektor: 69,0 %
- Arbeitslosenrate: 6,1 %
- Staatsverschuldung: 68,3 % des BIP
- Anteil am Welthandel: 6,5 % (Import), 8,4 % (Export)
- Beschäftigte nach Wirtschaftssektoren
  Primärer Sektor: 1,5 %
  Sekundärer Sektor: 24,2 %
  Tertiärer Sektor: 74,3 %
- Exporte: 1207 Mrd. Euro
- Importe: 955 Mrd Euro.
- Wichtigste Exportgüter: Kfz und -Teile (19 %), Maschinen (14 %), chemische Erzeugnisse (9 %), Datenverarbeitungsgeräte (8 %)
- Wichtigste Importgüter: Kfz und -Teile (11 %), Datenverarbeitungsgeräte (11 %), Maschinen (8 %), chemische Erzeugnisse (8 %), elektrische Ausrüstung (6 %)

III. Klimadaten

Köln:	T = 10,0; N = 797	Berlin:	T = 8,9; N = 589
Hamburg:	T = 8,7; N = 770	Dresden:	T = 8,9; N = 668
München:	T = 7,8; N = 804	Essen:	T = 9,6; N = 931

T = Jahresdurchschnittstemperatur (°C), N = durchschnittlicher Jahresniederschlag (mm), K/F = Kinder pro Frau

Quellen: Fischer Weltalmanach 2018, Statistisches Bundesamt 2018, Angewandte Klimageographie (Braunschweig 2006)

Vereinigte Staaten von Amerika (USA)

Fläche: 9 833 517 km^2
Einwohnerzahl: 323,128 Mio. (2016)
Bevölkerungsdichte: 33 Einw./km^2

I. Demographische Daten

- Bevölkerungsentwicklung
  (1990–2015): 1,0 %
- Bevölkerungsentwicklung
  (2015–2030): 0,7 %
- Geburtenrate (2015): 12 ‰
- Sterberate (2015): 8 ‰
- Fertilitätsrate: 1,8 K/F (2015)
- Säuglingssterblichkeit (2015):
  6 pro 1000 Lebendgeburten

- Kindersterblichkeit bis 5 Jahre
  (2015): 7 ‰
- Lebenserwartung (2015):
  79 Jahre
- Altersstruktur (2016):
  0–14 Jahre: ca. 19 %
  15–64 Jahre: ca. 66 %
  > 64 Jahre: ca. 15 %
- Städtische Bev. (2016): 82 %

II. Ökonomische Daten (2016)

- Bruttoinlandsprodukt:
  18 569 Mrd. US-$
- Bruttonationaleinkommend pro
  Einw. (PPP): 58 030 US-$
- BIP-Wachstumsrate: 1,6 %
- Inflationsrate: 1,3 %
- Anteile der Wirtschaftssektoren
  am BIP
  Primärer Sektor: 1 %
  Sekundärer Sektor: 20 %
  Tertiärer Sektor: 79 %
- Arbeitslosenrate: 4,9 %
- Staatsverschuldung:
  keine Angaben
- Anteil am Welthandel:
  13,9 % (Import), 9,1 % (Export)

- Beschäftigte nach Wirtschafts-
  sektoren
  Primärer Sektor: 2 %
  Sekundärer Sektor: 18 %
  Tertiärer Sektor: 80 %
- Exporte: 1453 Mrd. US-$
- Importe: 2250 Mrd US-$
- Wichtigste Exportgüter: Maschi-
  nen (11 %), Elektronik (10 %), Kfz
  und -Teile (8 %), Nahrungsmittel
  (7 %), Rohstoffe (5 %)
- Wichtigste Importgüter: Elektro-
  nik (20 %), Kfz und -Teile (13 %),
  Maschinen (6 %), Textilien und
  Bekleidung (5 %)

III. Klimadaten

Seattle: T=11,1; N=945	Miami: T=24,4; N=1420
El Paso: T=17,3; N=224	Chicago: T= 9,2; N= 910
Denver: T=10,1; N=391	Boston: T=10,7; N=1054

T = Jahresdurchschnittstemperatur (°C), N = durchschnittlicher Jahresniederschlag (mm),
K/F = Kinder pro Frau
Quellen: Fischer Weltalmanach 2018, Angewandte Klimageographie (Braunschweig 2006)

Volksrepublik China

Fläche: 9596961 km^2
Einwohnerzahl: 1386,624 Mio. (2016)
Bevölkerungsdichte: 144 Einw./km^2

I. Demographische Daten
- Bevölkerungsentwicklung (1990–2015): 0,7%
- Bevölkerungsentwicklung (2015–2030): 0,2%
- Geburtenrate (2015): 12 ‰
- Sterberate (2015): 7 ‰
- Fertilitätsrate: 1,6 K/F (2015)
- Säuglingssterblichkeit (2015): 9 pro 1000 Lebendgeburten
- Kindersterblichkeit bis 5 Jahre (2015): 11 ‰
- Lebenserwartung (2015): 76 Jahre
- Altersstruktur (2016):
  0–14 Jahre: ca. 17%
  15–64 Jahre: ca. 73%
  > 64 Jahre: ca. 10%
- Städtische Bev. (2016): 57 %

II. Ökonomische Daten (2016)
- Bruttoinlandsprodukt: 11 199 Mrd. US-$
- Bruttonationaleinkommen pro Einw. (PPP): 15 500 US-$
- BIP-Wachstumsrate: 6,7%
- Inflationsrate: 2,0%
- Anteile der Wirtschaftssektoren am BIP
  Primärer Sektor: 8%
  Sekundärer Sektor: 40%
  Tertiärer Sektor: 52%
- Arbeitslosenrate: 4,6%*
- Auslandsverschuldung: 13% des BNE (2015)
- Anteil am Welthandel: 9,8% (Import), 13,2% (Export)**
- Beschäftigte nach Wirtschaftssektoren
  Primärer Sektor: 28%
  Sekundärer Sektor: 30%
  Tertiärer Sektor: 42%
- Exporte: 2119 US-$
- Importe: 15 889 US-$
- Wichtigste Exportgüter: Elektronik (26%), Textilien und Bekleidung (13%), Elektrotechnik (8%), Maschinen (8%), Metallwaren (4%)
- Wichtigste Importgüter: Elektronik (23%), Rohstoffe (13%), Erdöl (7%), Elektrotechnik (5%)

III. Klimadaten

Kashi: T=11,8; N= 64
Altay: T= 4,3; N=175
Qingdao: T=12,3; N=720

Shantou: T=21,2; N=1531
Haikou : T=23,8; N=1625
Chengdu: T=16,0; N= 921

T = Jahresdurchschnittstemperatur (°C), N = durchschnittlicher Jahresniederschlag (mm), K/F = Kinder pro Frau

* offiziell in Städten; hohe Zahl von Unterbeschäftigten und Arbeitslosen auf dem Land
** ohne Hongkong

Quellen: Fischer Weltalmanach 2018, Angewandte Klimageographie (Braunschweig 2006)

Brasilien

Fläche: 8 515 767 km^2
Einwohnerzahl: 207,653 Mio. (2016)
Bevölkerungsdichte: 24 Einw./km^2

I. Demographische Daten

- Bevölkerungsentwicklung (1990–2015): 1,3 %
- Bevölkerungsentwicklung (2015–2030): 0,6 %
- Geburtenrate (2015): 15 ‰
- Sterberate (2015): 6 ‰
- Fertilitätsrate: 2,8 K/F (2015)
- Säuglingssterblichkeit (2015): 35 pro 1000 Lebendgeburten

- Kindersterblichkeit bis 5 Jahre (2015): 16 ‰
- Lebenserwartung (2015): 75 Jahre
- Altersstruktur (2016):
  0 – 14 Jahre: ca. 23 %
  15 – 64 Jahre: ca. 69 %
  > 64 Jahre: ca. 8 %
- Städtische Bev. (2016): 86 %

II. Ökonomische Daten (2016)

- Bruttoinlandsprodukt: 1796 Mrd. US-$
- Bruttonationaleinkommend pro Einw. (PPP): 14 810 US-$
- BIP-Wachstumsrate: –3,6 %
- Inflationsrate: 8,7 %
- Anteile der Wirtschaftssektoren am BIP
  Primärer Sektor: 6 %
  Sekundärer Sektor: 21 %
  Tertiärer Sektor: 73 %
- Arbeitslosenrate: 11,5 %
- Staatsverschuldung: 31 % des BNE (2015)
- Anteil am Welthandel: 0,9 % (Import), 1,2 % (Export)

- Beschäftigte nach Wirtschaftssektoren
  Primärer Sektor: 10 %
  Sekundärer Sektor: 21 %
  Tertiärer Sektor: 69 %
- Exporte: 185,2 Mrd. US-$
- Importe: 137,6 Mrd US-$
- Wichtigste Exportgüter: Rohstoffe (26 %), Nahrungsmittel (24 %),Maschinen (7 %), Kfz und -Teile (6 %), Erdöl (5 %)
- Wichtigste Importgüter: Maschinen (14 %), Elektronik (9 %), chemische Erzeugnisse (7 %), Kfz und -Teile (7 %), Nahrungsmittel (6 %)

III. Klimadaten

Belém:	T=25,9, N=2893	Recife:	T=25,5, N=2458
Tefé:	T=26,2, N=2464	Rio de Janeiro:	T=23,7, N=1173
Cuiabá:	T=25,6, N=1315	Porto Alegre:	T=19,5, N=1347

T = Jahresdurchschnittstemperatur (°C), N = durchschnittlicher Jahresniederschlag (mm),
K/F = Kinder pro Frau

Quellen: Fischer Weltalmanach 2018, Angewandte Klimageographie (Braunschweig 2006)

Register

A

absolute Armut   91
Agenda 2030   121
Agglomerationsvorteile   52, 63
Agrargesellschaft   49
Agrarreform   122
Agrobusiness   33
Akkulturation   89, 138
Aktivraum   130
Altersstruktur   113
Altersstrukturdiagramm   113
Altersstruktureffekt   110, 114
altindustrialisierte Räume   50
Aridität   16
Armutssegregation   154
Ausbreitungseffekte   127, 173
ausländische Direktinvestitionen
    (ADI)   70
autogerechte Stadt   158

B

B2B-Geschäft   212
B2C-Geschäft   212
Backwash-Effekt   127
Basisinnovationen   56
Beschäftigungseffekte   137
Bestandserhaltungsniveau   110
Bewässerungsfeldbau   16
Billigfluggesellschaft   135
Biokapazität   40
Bottom-up-Prinzip   96
Brachfläche   184
Braindrain   95, 101
Braingain   95, 102
Brandrodung   14
BRICS-Staaten   76, 87
Bruttoinlandsprodukt (BIP)
    71, 82
Bruttonationaleinkommen
    (BNE)   82

C

Cash Crops   16
Central Business District
    (CBD)   160
Charta von Athen   157
Chicagoer Schule   160
City   151
Club of Rome   115
Cluster   34, 64, 65, 216
Clustermodell nach Porter
    („Porter Diamant")   66
Container   210
Cradle to Cradle   215
Crowdsourcing   209

D

Daseinsgrundfunktionen   157
Deindustrialisierung   51
demographische Dividende   113
demographische Primacy   171
demographische Segrega-
    tion   155
Dependenztheorie   95, 129
Deregulierung   212
Developing Countries   86
Dienstleistungsgesellschaft   49
Digital divide   217
Digitalisierung   208
direkte Effekte   137
Diversifizierung   50
Dritte Welt   86
Dust-Bowl-Syndrom   31

E

Ecofarming   15
Edge City   163, 216
Einkommenseffekt   137
Emigration   102
End-of-Runway-Konzept   214
Entwicklungsachse   193
Entwicklungsindikator   83

Entwicklungsmodell der
    Tourismuswirtschaft nach
    Karl Vorlaufer   140
Entwicklungspol   75
Entzugseffekte   127, 173
EPZ   73
ethnische Segregation   155
Europäischer Fonds für
    Regionale Entwicklung
    (EFRE)   130
Europäischer Landwirtschafts-
    fonds (ELER)   130
Exportproduktionszone   73, 124
Exportsubstitution   124
extensive Landwirtschaft   29

F

Face-to-face-Kontakt   64, 198
Feedership   210
Fertigungstiefe   58
Fertilität   109
Filialisierung   152
Filtereffekt   161
Filtering-down-Prozess   183
FIRE-Sektoren   198
Food Crops   14
Fordismus   57
FPZ   72
Fragmentierung   174
Freihandel   75
Freihandelszone   74
Fruchtbarkeitsrate   109
Fruchtwechsel   16
FTZ   74
funktionale Primacy   172
funktionelle Stadt   157
Funktionsentmischung   152
Funktionstrennung   157

G

Gartenstadt   157
Gated Community   174
Geburtenrate   108

Gegenstromprinzip   188
gegliederte und aufgelockerte
    Stadt   158
Gemeinsame Agrarpolitik der
    Europäischen Union
    (GAP)   37
Gentechnik   22
Gentrifizierung   155
Geofaktor   12
geographischer Stadtbegriff   164
geschlossener Nährstoffkreis-
    lauf   14
Gewinnretransfer   95
Gini-Koeffizient   87
Global City   198
Globaler Süden   86
Global Governance   121
Global Player   70, 199
Global sourcing   70, 74, 212
Good Governance   122
Großwohnsiedlung   153
Grundbedürfnis   85
Grundbedürfnisstrategie   129
Gründerzeit   153
grüne Gentechnik   22
Grüne Revolution   21
Gruppenarbeit   60

H

harte Stadterneuerung   183
harte Standortfaktoren   52
Haupterwerbsbetrieb   28
Hilfe zur Selbsthilfe   126
Home-Office   209
horizontale Integration   33
Hub   210
Hub-and-Spoke-Modell   213
Human Development Index
    (HDI)   85

I

immerfeuchte Tropen   12, 13
Importsubstitution   124

Index für mehrdimensionale
 Armut (MPI) 85
indirekte Effekte 137
Industrialisierung 49, 151
Industrie 4.0 60
Industriegesellschaft 49
Industrieland 87
Industriestandorttheorie nach
 Weber 54
induzierte Effekte 137
Informationsgesellschaft 48
informelle Wirtschaft 84, 144
Innovation 55
intensive Landwirtschaft 28
Intensivierung 21
internationale Handels-
 politik 75
intrasektorale Struktur-
 wandel 48
irreguläre Einwanderer 106
Isothermie 12

J

Joint Venture 71
just in sequence 59
just in time 59, 212

K

katalytische Effekte 137
Kationenaustauschkapazität 13
Kaufkraftparität (KKP) 84
Kleiner Tiger 87
Kohäsion 130
Kohlekrise 50
Kolonialzeit 88
kompakte Stadt 158
Konkurrenzfähigkeit auf dem
 Weltmarkt 93

L

Länder des Südens 86
Landesentwicklungs-
 programm 188

Land Grabbing 20
Landlocked Developing
 Countries 87
Landwechselwirtschaft 16
Lean production 60, 212
Least Developed Countries
 (LDC) 86
Lebenszyklus eines Tourismus-
 standortes nach Richard W.
 Butler 139
Leitbild 189
Less Developed Countries 86
Localisation economies 64
Logistik 211
Lokale Agenda 21 158
Lokalisierungsvorteile 64
Lorenzkurve 87
low cost carrier 135, 215

M

Malthus 114
Mangelernährung 92
Manufacturing Belt 167
Maquiladora 73
Marginalisierung 173
Massentourismus 135
Megastadt 170
Mehrkernmodell 161
Metastadt 170
Metropole 172
Metropolisierung 172
Migration 100
Mikrokredit 125
Millenniumsentwicklungs-
 ziele 129
Milpa-System 15
Minimalnetz 213
Modell der fragmentierten
 Stadt 175
Modell der Gentrifizierung 156
Modell der globalen und lokalen
 Fragmentierung nach Fred
 Scholz 94

Modell der lateinamerikanischen
  Stadt   177
Modell der traditionellen und
  intermodalen Transport-
  kette   211
Modell der zentralen Orte nach
  Christaller   193
Modell des demographischen
  Übergangs   111
Modell des Polarisations-
  prozesses nach Gunnar
  Myrdal   173
Modell des Produktlebens-
  zyklus von Vernon und
  Hirsch   55
Modernisierungstheorie   95, 128
Monokultur   17
Monostruktur   49, 50, 65
Montanindustrie   49
multinationales Unternehmen
  (MNU)   71
Mykorrhizae   14

N

Nachfrageorientierung   62
nachhaltige Entwicklung
  120, 129
nachhaltige Nutzung   15
nachhaltige Stadtentwick-
  lung   158, 176, 194
Nachhaltigkeit   136
nasse Hütten   51
Nebenerwerbsbetrieb   28
neue Produktionsverfahren   55
Newly Industrializing
  Countries   87
New Urbanism   202
Next Eleven (N-11)   76
NGO (non-governmental
  organization)   121
NIC   87
Nukleus-Plantage   18

O

ökologischer Fußabdruck   40
ökologischer Landbau   38
ökologischer Rucksack   214
Ökosystem   12
Operator   220
Outsourcing   48, 59

P

Parallelgesellschaft   155
Paris 2050   159
Passivraum   130
Peripherie   89, 173
personenbezogene Dienst-
  leistung   46
personenbezogener Dienst-
  leister   62
Phasenmodell der Entwicklung
  des touristisch informellen
  Sektors (TIS) und des touris-
  tisch formellen Sektors (TFS)
  nach Vorlaufer   146
Plantage   17
Plattformstrategie   57
Polarisationsprozess nach
  Gunnar Myrdal   127
Polarisationsumkehr-
  strategie   128
Polarisationsumkehrtheorie nach
  H. W. Richardson   128
Postfordismus   57
Primacy Index   171
primärer Sektor   46
Primatstadt   171
Produktinnovation   55
Produktlebenszyklus   54
Protektionismus   77
Prozessinnovation   55
Push-Pull-Modell der
  Migration   101
Push- und Pull-Faktoren   100

Q

quartärer Sektor   47

R

räumliche Disparität   172
Raumordnung   186
Raumordnungsverfahren   188
Raumplanung   186
Regenfeldbau   16
regionale Disparitäten   187
regionaler Strukturwandel   48
Regionalpolitik   130
Reindustrialisierung   51
Remisse   101
Reurbanisierung   183
Revitalisierung   159, 185
Ringmodell   160
Rückbau   186

S

sanfter Tourismus   136
sanfte Stadterneuerung   183
Schlafstadt   154
Schwarzerde   30
Schwellenland   87
Segregation   154
sektorale Strukturwandel   48
Sektorenmodell (Stadtstruktur-
   modell)   161
Sektorenmodell von
   Fourastié   49, 123
sekundärer Sektor   46
Sharing-Konzepte   201
Sickerrate   138
Smart City   201
Sonderwirtschaftszone   72, 124
soziale Segregation   154
Spin-off-Betrieb   65
Spoke   210
Spread-Effekt   127
Stadt der kurzen Wege   158
städtebauliches Leitbild   157
Stadterneuerung   183

Stadtstrukturmodelle   160
Stadtumbau   183
Stahlkrise   50
Standortfaktor   52
Start-up-Unternehmen   65
Steppe   30
Sterberate   108
Stockwerkanbau   15
Struktur des Außenhandels   93
Strukturmodell der europäischen
   Stadt   159
Strukturmodell der nordamerika-
   nischen Stadt   163
Subsistenzwirtschaft   14
suburbaner Raum   151
Suburbanisierung   151, 154
Supply-Chain-Management   211
Sustainable Development   120
Sustainable Development Goals
   (SDG)   121
Synergieeffekte   64

T

Tagebau   50
Temperaturamplitude   12
Terms of Trade   90, 93
tertiärer Sektor   46
Tertiärisierung   48
TFS   145
Theorie der globalen
   Fragmentierung   94
Theorie der langen Wellen nach
   Kondratieff   56
TIS   144
Tourismusart   134
Tourismusform   134
touristisch formeller Sektor
   (TFS)   145
touristisch informeller Sektor
   (TIS)   144
Tragfähigkeit   15
transnationales Unternehmen
   (TNU)   71

Transportkette   210
Transportkostenminimal-
    punkt   54
Triade   76, 213
Trickle-Down-Effekt   137
Trockenfeldbau   16
tropische Böden   13

U
Überalterung   114, 186
Umweltbelastung   143
Umweltverträglichkeits-
    prüfung   188
Unterernährung   92
unternehmensorientierte
    Dienstleister   64
unternehmensorientierte
    Dienstleistungen   46
Unternehmen von
    Zukunftsbranchen   65
Untertageabbau   50
Urban Blight   182
Urban gardening   201
Urbanisation economies   64
Urban Sprawl   162, 203

V
Verbundwirtschaft   49
Verfahrensinnovation   55

verlängerte Werkbank   73
Verstädterung   151
Verstädterungsvorteile   64
vertikale Integration   33
Vertical farming   201
vollständiges Netz   213
Vorstadt   153
Vulnerabilität   91

W
Wachstumspol   127
Wachstumsrate   108
Wanderfeldbau   14
wechselfeuchte Tropen   12, 13
weiche Standortfaktoren   53
weiße Gentechnik   22
Wertschöpfung   58
Wertschöpfungskette   65, 74
wirtschaftlicher Struktur-
    wandel   47
wirtschaftliche Transforma-
    tion   178

Z
zentrale Handlungsfelder   190
zentraler Ort   188, 192
Zulieferbetrieb   58

Notizen